完全合格！
普通免許
総まとめ問題集 1800

学科試験問題研究所【著】

永岡書店

Contents

序章 普通免許受験案内
免許取得までの手順／4　普通免許の受験資格と提出書類／5
普通免許試験とは／6

第1章 大事なとこだけ総まとめ 交通ルールの基本

車の種類／8　　　　　　　　　　運転免許の種類／9
運転者の基本的な心得／10　　　　信号や手信号に従うこと／11
標識・標示に従うこと／14　　　　乗車と積載、けん引／16
自動車の通行できるところ、できないところ／17
緊急自動車などの優先／20　　　　路線バスなどの優先／21
歩行者の保護／22　　　　　　　　安全な速度と停止距離／25
進路変更など／27　　　　　　　　追い越し・追い抜き／28
交差点などの通行／30　　　　　　駐車と停車／33
踏切の通過方法／37　　　　　　　悪条件下の運転など／38
高速道路での運転／41　　　　　　交通事故のとき／45

コラム 本番前に大事なとこだけ総まとめ！ 直前チェックポイント／46

第2章 得点力を高める 学科試験攻略テスト

Part 1　試験によく出る！ 頻出問題・厳選100問 …………… 50
Part 2　ミスを防ぐ！ 引っかけ問題・厳選107問 …………… 65
Part 3　危険予測イラスト問題・傾向と対策 …………………… 80

第3章 合格力を養う 実力判定模擬テスト

第1回　実力判定模擬テスト／ 98　　解答&解説／106
第2回　実力判定模擬テスト／109　　解答&解説／117
第3回　実力判定模擬テスト／122　　解答&解説／130
第4回　実力判定模擬テスト／134　　解答&解説／142
第5回　実力判定模擬テスト／147　　解答&解説／156
第6回　実力判定模擬テスト／160　　解答&解説／168

第 7 回	実力判定模擬テスト／172	解答＆解説／181
第 8 回	実力判定模擬テスト／186	解答＆解説／195
第 9 回	実力判定模擬テスト／198	解答＆解説／206
第10回	実力判定模擬テスト／210	解答＆解説／218
第11回	実力判定模擬テスト／222	解答＆解説／230
第12回	実力判定模擬テスト／234	解答＆解説／242
第13回	実力判定模擬テスト／246	解答＆解説／254
第14回	実力判定模擬テスト／258	解答＆解説／266
第15回	実力判定模擬テスト／271	解答＆解説／279
第16回	実力判定模擬テスト／283	解答＆解説／291

普通免許取得を目指すみなさんへ

普通免許を取得するためには、公認の自動車教習所を卒業した上で、運転免許試験場での「学科試験」に合格するのが近道です。学科試験は国家公安委員会が作成した「交通に関する教則」の中から出題されます。出題問題は自動車を運転する上で知っておかなければならない常識的なものばかりです。そこで本書では、一発合格を確実にするために、「交通ルール」問題の正確な知識が短時間で身につけられる、出題率の高い1800題のテストを用意しました。

この本の使い方

1 出題頻度の高い問題や引っかけ問題、危険予測イラスト問題で、学科試験の傾向と対策を徹底的につかむ。

2 模擬テスト95題×16回という数多い問題を解くことにより、交通ルールを正しく理解し、正解率を飛躍的にアップさせる。

3 交通ルールのポイント解説で必須項目の総まとめを行い、「おさらいチェックテスト」で正確な知識を最終確認する。

序章
普通免許受験案内

◆免許取得までの手順

●指定自動車教習所を卒業した人は
本試験での①適性試験と②学科試験に卒業後1年以内に合格すればよい。

●指定外の教習所や個人指導などで運転を覚えた人は
仮免許試験に合格し、路上練習をした上で、本試験での①適性試験、②学科試験、③技能試験などに合格しなければならない。

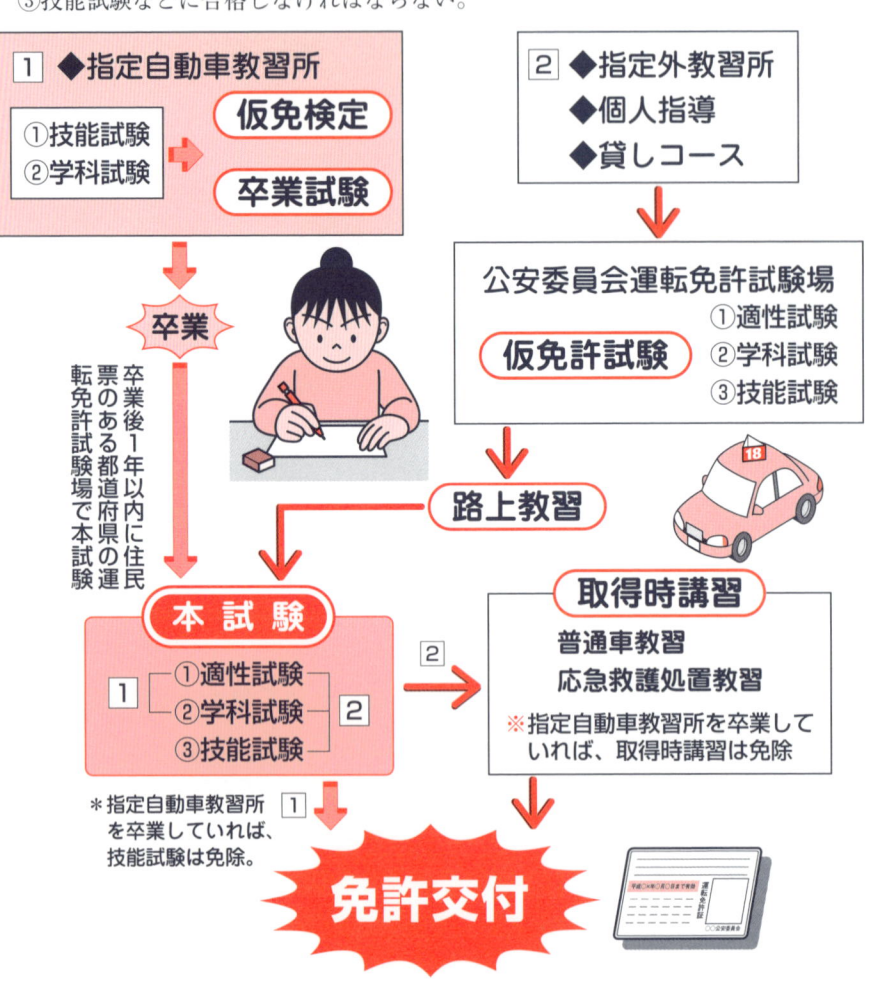

1 ◆指定自動車教習所
- ①技能試験
- ②学科試験
- 仮免検定
- 卒業試験

卒業

卒業後1年以内に住民票のある都道府県の運転免許試験場で本試験

2 ◆指定外教習所
◆個人指導
◆貸しコース

公安委員会運転免許試験場
- 仮免許試験
- ①適性試験
- ②学科試験
- ③技能試験

路上教習

本試験
1 ①適性試験
②学科試験 2
③技能試験

＊指定自動車教習所を卒業していれば、技能試験は免除。

取得時講習
普通車教習
応急救護処置教習
※指定自動車教習所を卒業していれば、取得時講習は免除

免許交付

＊試験場の所在地は、最寄りの警察署にお問い合わせください。

◆普通免許の受験資格と提出書類

●受験資格のない人

①18歳未満の人。
②免許を拒否されて指定された欠格期間（免許を受けることができない期間）を経過していない人、または免許を保留されている人。
③免許の取り消し（行政処分）を受けて指定された欠格期間を経過していない人、または取り消し処分講習を受けていない人。

●心身的な理由で免許が取得できない人

①幻覚の症状を伴う精神病者。
②発作による意識障害、または運動障害がある人。
③自動車などの安全な運転などに支障を及ぼすおそれがある人。
④アルコール、麻薬、大麻、アヘンまたは覚せい剤の中毒者。

●受験に必要な書類

①初めて運転免許証を取得する人は住民票（本籍記載のもの）、及び本人確認書類（健康保険被保険者証、住民基本台帳カード、パスポート、学生証など）。すでに他の運転免許証を取得している人は、その免許証が必要。
②申請書提出用の写真（申請前6カ月以内に撮影したもの）。
③運転免許申請書（用紙は試験場にある）。提出先は受験する試験場。
④指定自動車教習所の卒業証明書（卒業した日から1年以内のもの）。
⑤印鑑（必要のない試験場もある）。
⑥受験料・免許交付手数料（指定教習所卒業者と一般受験者では料金が異なる）。

写真サイズ
タテ・30ミリ
ヨコ・24ミリ

◆普通免許試験とは

●本試験の内容

適性試験

- ◆**視力検査**：両眼で0.7以上あれば合格（メガネ、コンタクトレンズの使用可）。片方の目が見えない人でも、見えるほうの視力が0.7以上で視野角度が150度以上あればよい。
- ◆**色彩識別能力検査**：信号機の青色、黄色、赤色が識別できれば合格。
- ◆**聴力検査**：10m離れた位置で90デシベルの音が聞こえれば合格。補聴器の使用も可。

  （聴覚に障害のある人も条件付きで免許取得が可能です。詳細は窓口でご相談ください）

- ◆**運動能力検査**：腕や足首、ひざの屈伸、首の回転、指の開閉など運転に支障がなければ合格。

学科試験

- ◆**仮免許試験**：文章問題が50問出題され<u>45問以上正解で合格</u>。
- ◆**本免許試験**：文章問題が90問（1問1点）、イラスト問題が5問（1問2点）出題され<u>90点以上で合格</u>。

技能試験

- ◆**仮免許試験**：合格基準は100点満点中、<u>70点以上で合格</u>。

  場内コースを2,000m走行する。
  ① 幹線コースおよび周回コースの走行。
  ② 交差点の通行。
  ③ 横断歩道および踏切の通過。
  ④ クランク、S字コースの通過。
  ⑤ 坂道コースの走行。

- ◆**本免許試験**：合格基準は100点満点中、<u>70点以上で合格</u>。

  ① 一般道路で約4,500mの距離を係官の指示する順路で走行。
  ② 場内コースで方向転換または縦列駐車を行う。

〈注〉試験の内容や手数料などは、変更になることがあります。

第 1 章

大事なとこだけ総まとめ

交通ルールの基本

Check!

学科試験出題のもとになる「交通の教則」の中から、出題頻度の高い必修項目をとり上げ、イラストで分かりやすく解説します。

☆おさらいチェックテスト付き！

車の種類

車（車両）など

「車（車両）など」には自動車、原動機付自転車、軽車両に路面電車が含まれる。

路面電車

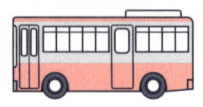

自動車

大型自動車
大型自動車は定員30人以上、車両総重量11,000kg以上、最大積載量6,500kg以上。

中型自動車
中型自動車は定員11人以上29人以下、車両総重量7,500kg以上11,000kg未満、最大積載量4,500kg以上6,500kg未満。

準中型自動車
準中型自動車は定員10人以下、車両総重量3,500kg以上7,500kg未満、最大積載量2,000kg以上4,500kg未満。

普通自動車
普通自動車は三輪か四輪で定員10人以下、車両総重量3,500kg未満、最大積載量2,000kg未満。

大型自動二輪車
大型自動二輪車は総排気量400ccを超える二輪車（側車付のものを含む）。

普通自動二輪車
普通自動二輪車は総排気量50ccを超え400cc以下の二輪車。

大型特殊自動車
大型特殊自動車は、カタピラ式や装輪式など特殊構造をもち、建設現場などの特殊な作業に使用する自動車のうち小型特殊自動車以外の最高速度が35km/h以上のもの。

小型特殊自動車
小型特殊自動車は、長さ4.7m以下、幅1.7m以下、高さ2.0m以下（ヘッドガード等含め高さは2.8m以下）、最高速度15km/h以下（ただし、農耕作業車は35km/h未満）の特殊構造をもつもの。

車だが自動車ではない

原動機付自転車※
原動機付自転車は総排気量50cc以下か定格出力600ワット以下の原動機を持つミニカー以外の二輪か三輪の車。

軽車両
自転車・リヤカー・牛馬車・そりなど。

※特定小型原動機付自転車は電動キックボード等で一定の基準を満たすもの。運転免許不要等のルールが適用される（2023年7月1日から）。なお、電動キックボード等のすべてが16歳以上であれば運転免許不要で運転できるものではない。

運転免許の種類

免許の種類

第一種運転免許…自動車や原動機付自転車を運転するとき必要な免許。
第二種運転免許…バスやタクシーなどの旅客運送のために必要な免許。
仮運転免許………自動車などの運転を一般道路で練習するときに必要な免許。

■第一種免許で運転できる車

免許の種類＼運転できる車	大型自動車	中型自動車	準中型自動車	普通自動車	大型特殊自動車	大型自動二輪車	普通自動二輪車	小型特殊自動車	原動機付自転車
大型免許※3（19歳以上）	◎	◎	◎	◎				◎	◎
中型免許※3（19歳以上）		◎	◎	◎				◎	◎
準中型免許（18歳以上）			◎	◎				◎	◎
普通免許（18歳以上）				◎※1				◎	◎
大型特殊免許（18歳以上）					◎			◎	◎
大型二輪免許（18歳以上）						◎※1	◎	◎	◎
普通二輪免許（16歳以上）							◎※1※2	◎	◎
小型特殊免許（16歳以上）								◎	
原付免許（16歳以上）									◎

※1…AT限定免許ではAT車に限る。　※2…小型二輪限定免許では総排気量125cc以下に限る。
※3…大型は21歳未満、中型は20歳未満で他条件あり。

けん引免許	大型、中型、準中型、普通、大型特殊自動車のけん引自動車で、車両総重量が750kgを超える車（重被けん引）をけん引する場合に必要な免許。受験年齢は18歳以上。

Check! おさらいチェックテスト

〈問1〉原動機付自転車は総排気量100cc以下の自動二輪車のことで、自動車の仲間に入る。
〈問2〉車などには路面電車や原動機付自転車、軽車両も含まれる。
〈問3〉原付免許では、原動機付自転車のほかに、農業用の小型特殊自動車も運転することができる。

【解答】問1…誤　問2…正　問3…誤

運転者の基本的な心得

万全な体調で運転しよう。

疲労していたり、飲酒しているときは運転しない。

運転中に携帯電話を使用しない。
※運転中の使用には罰金が科される

※アルコール検査の拒否に対する罰則が強化された

幼児はチャイルドシートを使用する。

後部座席に乗せる。

■シートベルトの正しい着用のしかた

肩ベルトは首にかからないようにして、たるませない。

シートの背は倒さずに深く腰かける。

腰ベルトは骨盤を巻くようにして、しっかり締める。

ベルトが外れないようにバックルにしっかり差し込む。

ベルトがねじれないように締める。

■正しい運転姿勢

目の高さは死角が最も少なくできる位置にする。

ひじがわずかに曲がるようにする。

クラッチペダル（ＡＴ車はブレーキ）を踏み込んだとき、ひざがわずかに曲がるようにする。

◆シートベルトは普通自動車に乗る全員が着用しなければならない。

Check! おさらいチェックテスト

〈問４〉 走行中は携帯電話などを使用したり、カーナビゲーション装置などに表示された画像を注視したりしてはならない。

〈問５〉 シートベルトは骨盤を巻くようにし、ベルトがねじれないように着用する。

〈問６〉 シートの前後の位置はクラッチペダルを踏み込んだとき、ひざが伸びる状態に合わせる。

信号や手信号に従うこと

信号の意味

■青色の灯火

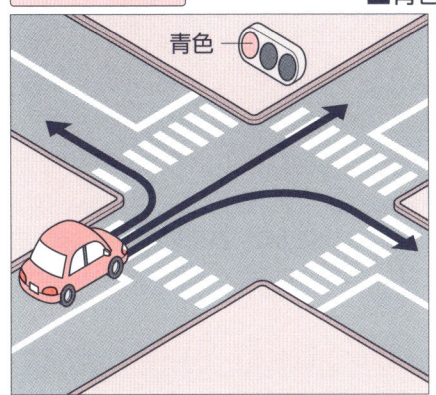

車（軽車両を除く）や路面電車は、直進、左折、右折することができる。

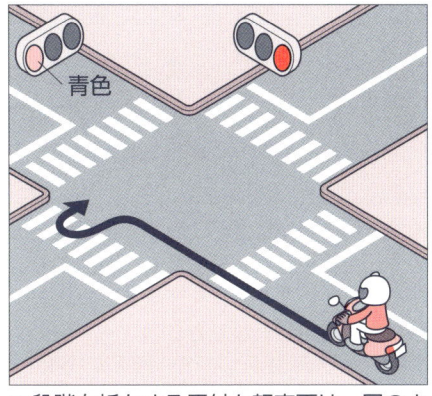

二段階右折をする原付と軽車両は、図のように直進してから右折する。

■黄色の灯火

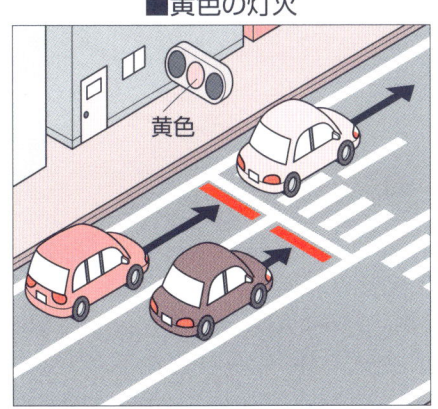

車などは停止位置から先に進んではならない。しかし、すでに停止位置に近づいていて安全に停止できないときは、そのまま進むことができる。

■赤色の灯火

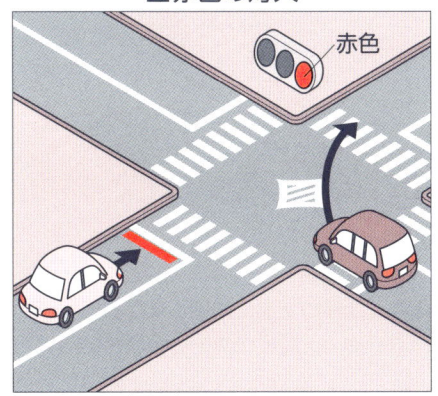

車などは停止位置を越えて進んではならない。しかし、すでに交差点で右左折している車は、そのまま進むことができる（二段階右折の原付と軽車両は除く）。

Check! おさらいチェックテスト

〈問7〉 前方の信号が黄色に変わったが、急ブレーキをかけないと停止位置で止まれそうもなかったので、そのまま進行した。

【解答】問7⇒〇

■青色の灯火の矢印

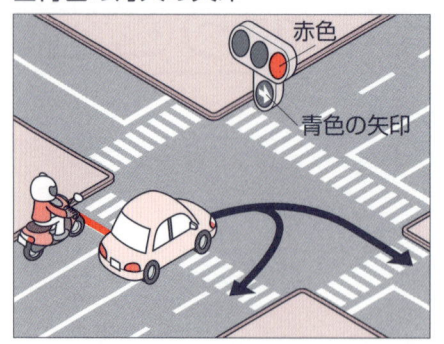

車は矢印の方向に進むことができる。右折の矢印の場合、右折に加えて、転回することができる。ただし、軽車両と二段階右折の原付は進むことができない。
※道路標識等で転回が禁止されている交差点や区間では、転回できない。

■黄色の灯火の矢印

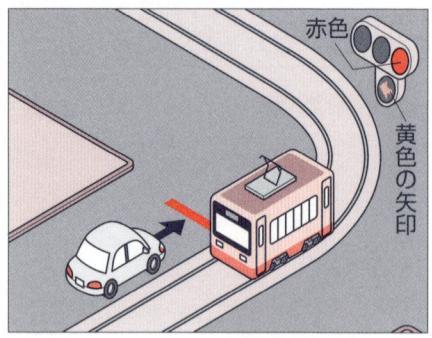

路面電車の信号で、路面電車は矢印の方向へ進めるが、車は進行できない。

■黄色の灯火の点滅

車などは他の交通に注意しながら進むことができる。一時停止や徐行の義務はない。

■赤色の灯火の点滅

車などは停止位置で一時停止し、安全を確認してから進むことができる。

「左折可」の標示板がある場合

白地に青の左向き矢印の標示板（左折可）があるときは、車は前方の信号が赤や黄色であっても（警察官の手信号も同じ）、歩行者などに注意しながら左折することができる。
この場合、歩行者などの通行を妨げてはならない。

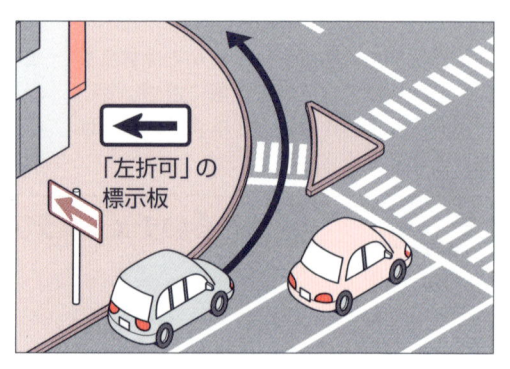

12

警察官、交通巡視員による信号

■腕を水平に上げているとき

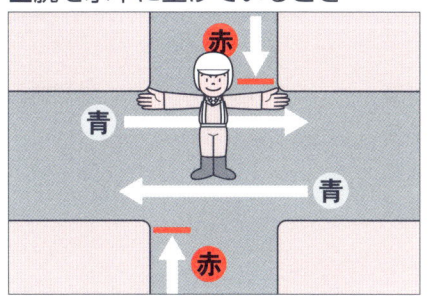

身体に平行する交通は青信号と同じ。
身体に対面する交通は赤信号と同じ。
（腕を下ろしているときも同じ）

■腕を垂直に上げているとき

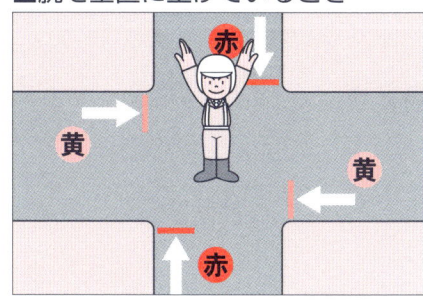

身体に平行する交通は黄信号と同じ。
身体に対面する交通は赤信号と同じ。

■灯火を横に振っているとき

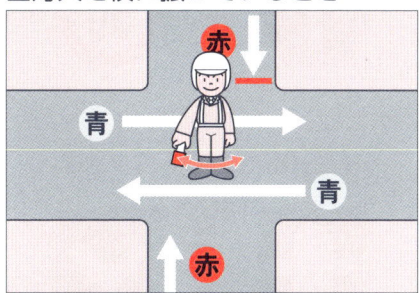

身体に平行する交通は青信号と同じ。
身体に対面する交通は赤信号と同じ。

■灯火を頭上に上げているとき

身体に平行する交通は黄信号と同じ。
身体に対面する交通は赤信号と同じ。

信号機の信号と手信号が違う場合は、手信号に従う

信号機と警察官や交通巡視員の手信号や灯火による信号とが違う場合は、警察官などの手信号や灯火信号に従って通行する。

Check! おさらいチェックテスト

〈問8〉 前方の信号が赤色または黄色であっても、青色の左向きの灯火の矢印が出ているときは、車は矢印の方向に進むことができる。

〈問9〉 交差点で警察官が腕を垂直に上げているときは、警察官に対面する交通については信号機の青色の灯火と同じ意味である。

〈問10〉 交通巡視員の手信号が信号機の信号と異なっているときには、信号機の信号に従って通行する。

【解答】問8－○　問9－誤　問10－誤

標識・標示に従うこと

※巻頭の道路標識・標示一覧表を参照してください。

- ■標識
  - 本標識
    - ①規制標識
    - ②指示標識
    - ③警戒標識
    - ④案内標識
  - ⑤補助標識
- ■標示
  - ①規制標示
  - ②指示標示

● 主な標識とその意味

❶ 規制標識

特定の交通方法を禁止したり、特定の方法に従って通行するように指定したりするもの。

- 通行止め
- 指定方向外進行禁止 — 青色
- 最高速度（50）

❷ 指示標識

特定の交通方法ができることや道路交通上決められた場所などを指示するもの。

- 停車可（停）— 青色
- 優先道路 — 青色
- 安全地帯

❸ 警戒標識

道路上の危険や注意すべき状況などを前もって道路利用者に知らせて注意を促すもの。

- 踏切あり — 黄色
- 幅員減少 — 黄色
- すべりやすい — 黄色

❹ 案内標識

地点の名称、方面、距離などを示して、通行の便宜を図ろうとするもの。

- 方面と距離（↑横浜25km 大森 5km）— 青色
- 入口の予告（名神高速 MEISHIN EXPWY 入口 150m）— 緑色
- 国道番号（国道142 ROUTE）— 青色

❺ 補助標識

本標識の上や下に取りつけられ、その意味を補足するもの。

車両の種類: 原付を除く / 大型貨物自動車等

規制理由: 騒音防止区間 / 歩行者横断多し / 対向車多し

始まりと終わり: → / ここから / ←

第1章 交通ルールの基本

●主な標示とその意味

❶ 規制標示

特定の交通方法を禁止または指定するもの。

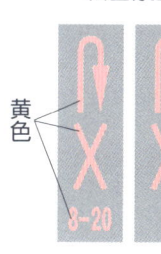

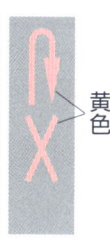

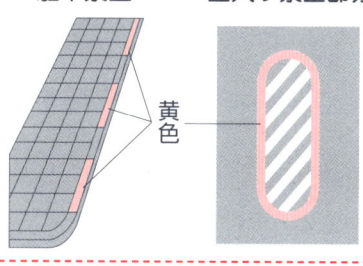

転回禁止（黄色） / 駐車禁止（黄色） / 立入り禁止部分（黄色）

❷ 指示標示

特定の交通方法ができることや道路交通上決められた場所などを指示するもの。

横断歩道 / 右側通行 / 進行方向の指示

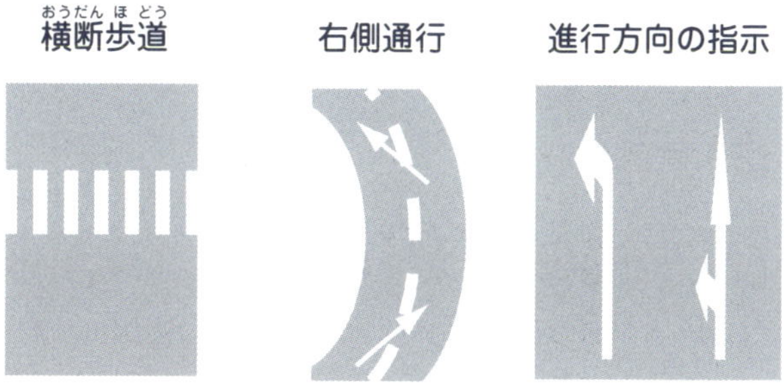

📝 Check! おさらいチェックテスト

〈問11〉 本標識には規制標識・指示標識・警戒標識・案内標識・補助標識の5種類がある。

〈問12〉 指示標識は、特定の交通方法ができることや道路交通上決められた場所などを指示するものである。

〈問13〉 右上の標識（図A）は50キロメートル毎時の速度制限が解除されたことを意味している。

〈問14〉 右の標示（図B）は、道路上に設けられた車の駐車場所であることを示している。

図A 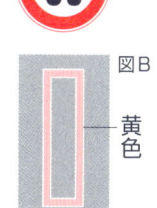 / 図B（黄色）

【解答】問11─正　問12─正　問13─正　問14─誤

乗車と積載、けん引

積載の制限

◆ 普通・準中型・中型・大型自動車

自動車の幅 ×1.2以下
自動車の長さ ×1.2以下
3.8m 以下

◆ 自動二輪車・原動機付自転車

積載装置の長さ +0.3m以下
積載装置の幅+ 左右0.15m 以下
2.0m 以下

＊三輪車と総排気量660cc以下の普通自動車の高さ制限は地上2.5m以下
＊ただし自動車は車体の前後・左右0.1倍まで

乗車定員

◆ 普通・準中型・中型・大型自動車
車検証に記載されている乗車定員
（ミニカーは1人）
＊12歳未満のこども3人を大人2人として計算する。

◆ 自動二輪車・原動機付自転車
運転者以外の座席のあるものは2人
（ただし、原動機付自転車は1人）

最大積載量

◆ 普通・準中型・中型・大型自動車→車検証に記載　◆ 小型特殊車→ 700kg
◆ 自動二輪車→ 60kg　　◆ 原動機付自転車→ 30kg

ロープでけん引するときは

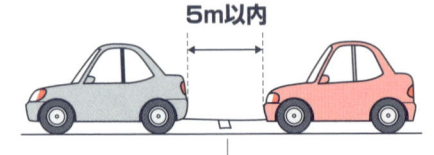

安全な間隔
5m以内
0.3m平方以上の白い布

けん引する台数の制限は

大型車、中型車、準中型車、普通車、大型特殊車→2台
大型・普通二輪車、原付→1台

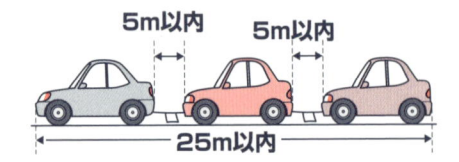

5m以内　5m以内
25m以内

Check! おさらいチェックテスト

〈問15〉総排気量が660cc以下の普通自動車には、地上から2メートルの高さまで荷物を積むことができる。

〈問16〉故障車をロープでけん引するときは、けん引される車との間を5メートル以内にし、ロープの見やすい箇所に赤い布をつける。

自動車の通行できるところ、できないところ

第1章 交通ルールの基本

車の通行するところ

■車両通行帯のない道路

センターライン

道路の左寄りを通行する。
（キープレフトの原則）

■車両通行帯のある道路

センターライン

2車線のときは左側の通行帯を通行する。

センターライン

3車線以上なら最も右側をあけそれ以外の通行帯を通行する。

通行帯の右側部分にはみ出して通行できるとき

■一方通行のとき

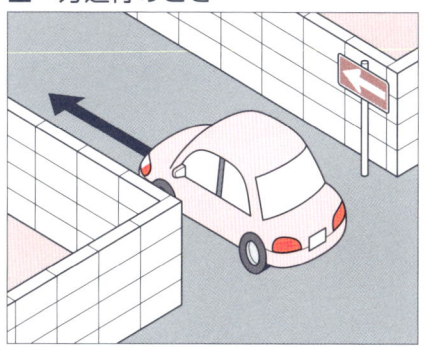

■道路工事など障害物があるとき

■「右側通行」の標示があるとき

■6m未満の狭い道路で車を追い越すとき

6m未満

反対方向の交通を妨げる場合や、標識、標示で禁止されている場合を除く。

17

自動車が通行できないところ

■標識で禁止されている

通行止　　車両通行止　　車両(組合せ)通行止　　自転車専用　　歩行者専用

■標示などで禁止されている

安全地帯　　立入り禁止部分　　軌道敷内（原則として不可）

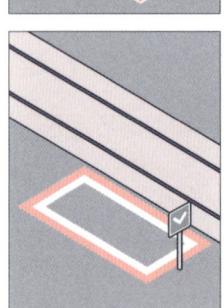

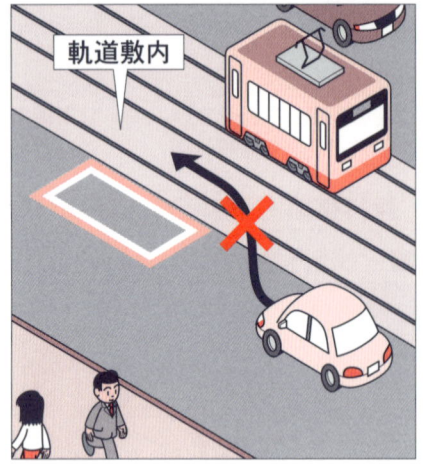

軌道敷内

通行禁止の例外

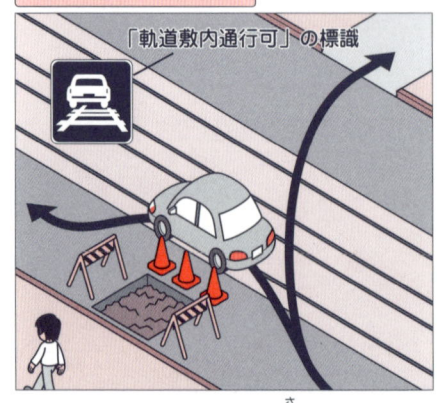

「軌道敷内通行可」の標識

許可証

軌道敷内は右左折や危険を避けるためやむを得ない場合。「軌道敷内通行可」の標識によって認められた車は通行できる。

歩行者専用道路でも沿道に車庫を持つなどとくに通行を認められた車や緊急自動車は通行できる。また、通行するときは徐行しなければならない。

渋滞中に入れない場所

前方の交通が混雑していて、以下の場所（交差点内、踏切内、横断歩道上など）で動きがとれなくなるおそれがあるときは進入してはならない。

①交差点内

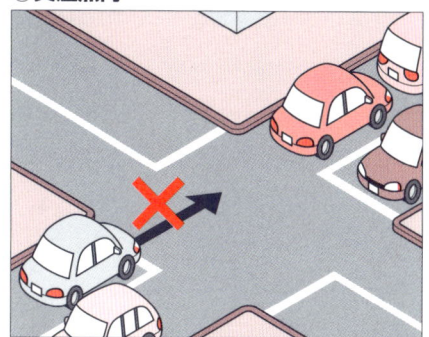

②踏切内

③横断歩道や自転車横断帯の上

④「停止禁止部分」の標示の上

Check! おさらいチェックテスト

〈問17〉 同一方向に2つの車両通行帯がある道路では、速度の遅い車は左側の通行帯を通行し、速度の速い車は右側の通行帯を通行する。

〈問18〉 車両通行帯のある道路では、追い越しなどでやむを得ないときは、右側の車両通行帯へ進路を変更して通行することができる。

〈問19〉 車は原則として軌道敷内を通行できないが、右左折・横断・転回などで軌道敷内を横切るときは通行できる。

〈問20〉 信号機の信号が青色であっても、前方の交通が混雑していて、そのまま進めば交差点内に止まってしまうおそれのあるときは、その交差点に入ってはならない。

【解答】問17―誤 問18―正 問19―正 問20―正

第1章 交通ルールの基本

緊急自動車などの優先

交差点やその付近で緊急自動車が近づいてきたとき

交差点を避けて道路の左側に寄って一時停止する。

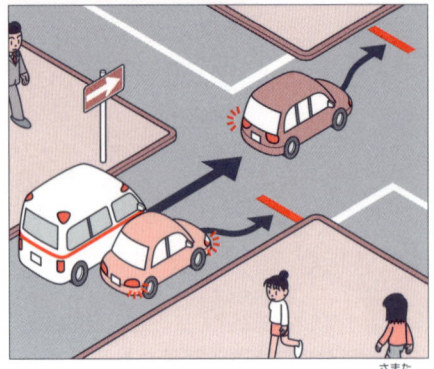

一方通行で左側に寄ると緊急自動車の妨げになるときは、右側に寄り一時停止する。

交差点以外の場所で緊急自動車が近づいてきたとき

道路の左側に寄って進路を譲る。

一方通行で左側に寄ると緊急自動車の妨げになるときは、道路の右側に寄る。

Check! おさらいチェックテスト

〈問21〉 一方通行でない交差点付近で緊急自動車が近づいてきたときは、道路の左側に寄って進路を譲らなければならない。

〈問22〉 交差点やその付近以外の場所で緊急自動車が近づいてきたときは、車は道路の左側に寄って徐行しなければならない。

路線バスなどの優先

バスの発進を妨げない

停留所で止まっている路線バスが発進の合図をしたときは、その発進を妨げてはならない（急ブレーキなどで避けなければならないときを除く）。

バス専用通行帯

小型特殊自動車や原動機付自転車、軽車両以外の車は通行してはならない（右左折や道路工事などやむを得ない場合を除く）。

バス優先通行帯

通行はできるが、路線バスが近づいてきたら、速やかに通行帯から出なければならない（原付、小型特殊、軽車両を除く）。

交通が混雑して通行帯から出られなくなるおそれのあるときは、初めから通行してはいけない（原付、小型特殊、軽車両を除く）。

Check! おさらいチェックテスト

〈問23〉路線バスなどの優先通行帯は、路線バスのほか軽車両だけが通行できる。

〈問24〉停留所で止まっている路線バスが方向指示器などで発進の合図をしたときは、後方の車は急いで通過する。

歩行者の保護

歩行者や自転車のそばを通るとき

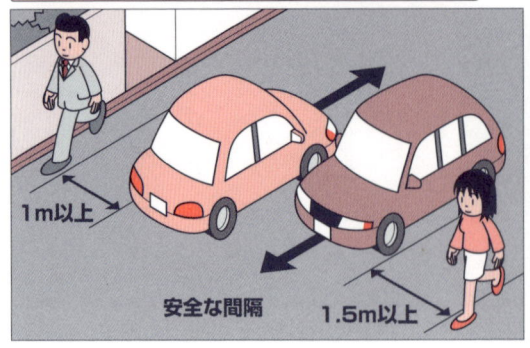

1m以上　安全な間隔　1.5m以上　徐行する

安全な間隔をあけるか、安全な間隔がとれないときは徐行(じょこう)する。

水たまりなどがあるところ

泥や水をはねて他人に迷惑をかけないように、徐行するなど注意して通る。

停止中(ていしちゅう)の車のそばを通るとき

急にドアが開いたり、車のかげから人が飛び出すことがあるので注意する。

安全地帯(あんぜんちたい)のそばを通るとき

安全地帯に歩行者がいるときは徐行する。

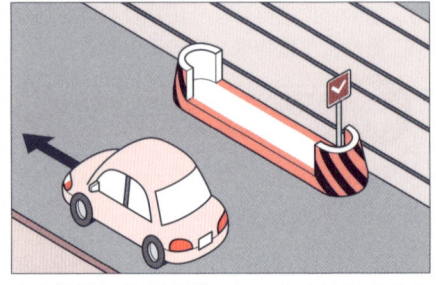

安全地帯に歩行者がいないときはそのまま通過できる。

第1章 交通ルールの基本

停止中の路面電車のそばを通るとき

乗降客や道路を横断する人がいるときは一時停止する。

安全地帯があるときは徐行して進むことができる。

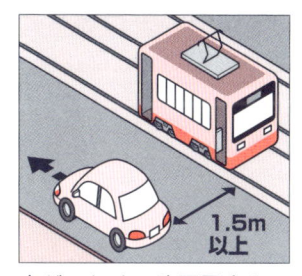

人がいなくて路面電車との間隔が1.5m以上あるときは徐行して進むことができる。

こどもの保護

■ひとり歩きのこども

一時停止か徐行して、安全に通行させる。

■乗降のため停止中の通学通園バスのそばを通るとき

徐行して安全を確かめる。

身体の不自由な人や高齢者などの保護

白や黄色のつえをついた人

車いすの人

盲導犬を連れた人

上記のイラストのように通行に支障のある高齢者や身体障害者が歩いているときは、一時停止するか徐行して、安全に通行できるようにする。

横断中の歩行者などの保護

■歩行者や自転車が横断しているときや横断しようとしているとき

停止線の手前で一時停止をして、歩行者や自転車に道を譲る。

■横断するかどうか判断がつかないとき

横断歩道の手前で停止できるように速度を落として進む。

■横断歩道や自転車横断帯の手前に停止車両があるとき

停止車両の前に出る前に一時停止しなければならない。

Check! おさらいチェックテスト

〈問25〉 歩行者や自転車の近くを通行するときは、安全な間隔をあけて通行できないときは、徐行しなければならない。

〈問26〉 安全地帯のない停留所で路面電車が止まっていて、乗降客や道路を横断する人がいないときは、路面電車との間に1.5メートル以上の間隔をとることができれば徐行して進むことができる。

〈問27〉 白や黄色のつえを持った人や盲導犬を連れて歩いている人がいる場合でも、これらの人との間に安全と思われる間隔をあけられれば徐行する必要はない。

安全な速度と停止距離

法定速度

【一般道路の最高速度】

自動車		原動機付自転車	
大型自動車 / 中型自動車 / 準中型自動車 / 大型特殊自動車 / 大型貨物自動車 / 普通貨物自動車 / 普通自動車 / 自動二輪車	60 km/h		30 km/h

＊標識や標示で最高速度が規制されているときはその速度以内で走行する。

〈停止距離とは〉

空走距離 ＋ 制動距離 ＝ 停止距離

空走距離	制動距離	停止距離
危険を感じてからブレーキをかけ、ききはじめるまでに走る距離	ブレーキがききはじめてから完全に停止するまでに走る距離	危険を感じてからブレーキをかけ、完全に停止するまでに走る距離

安全な車間距離

車の状態、道路環境を考えて前車が急停止しても追突しないような車間距離をとる。乾燥路面であれば、右の停止距離を目安とする。路面がぬれて滑りやすい場合やタイヤがすり減っている場合は、停止距離が2倍以上のびる。

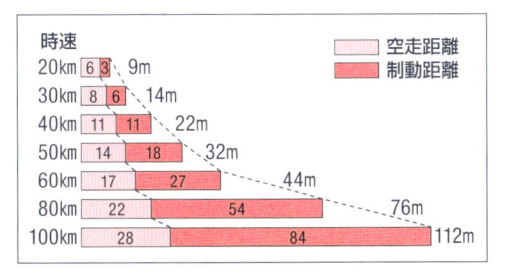

時速	空走距離	制動距離	停止距離
20km	6	3	9m
30km	8	6	14m
40km	11	11	22m
50km	14	18	32m
60km	17	27	44m
80km	22	54	76m
100km	28	84	112m

第1章 交通ルールの基本

徐行しなければならない場所

■徐行の標識があるところ

■左右の見通しがきかない交差点
（交通整理が行われている場合や優先道路を除く）

■道路の曲がり角付近

■上り坂頂上付近やこう配の急な下り坂

Check! おさらいチェックテスト

〈問28〉 車を運転するときは、法令や標識などで定められた速度の範囲内のできるだけ速い速度で走行する。

〈問29〉 運転者が疲れていると、危険を認知してから判断するまでに時間がかかるので、空走距離は長くなる。

〈問30〉 道路の曲がり角付近では、見通しが悪いときは徐行しなければならないが、見通しがよければ徐行の必要はない。

進路変更など

ミラーなどで安全確認する

進路変更や転回、後退などをしようとするときは、あらかじめバックミラーなどで安全を確認してから合図を送る。

進路変更が禁止されている場合

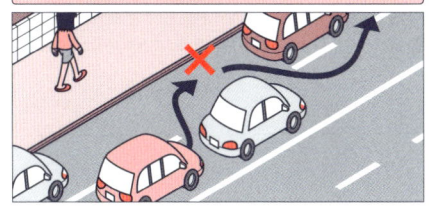

後ろから来る車が急ブレーキや急ハンドルで避けなければならない場合は、進路変更できない。

車両通行帯が黄色の線で標示された道路では進路変更できない

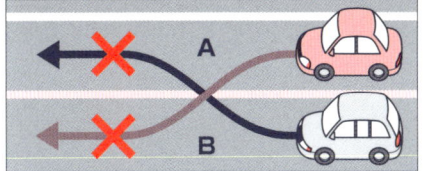

A、Bのどちらへも進路変更できない。

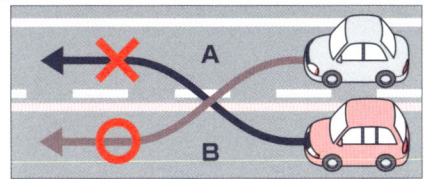

AからBへは可。BからAへは不可。

- ◆右左折・転回をするときは、それを行う地点から30m手前で合図する（環状交差点を除く）。
- ◆進路変更するときは、その約3秒手前で合図する。
- ◆環状交差点で右左折・転回するときは、出ようとする地点のひとつ手前の出口を通過したときに合図する。

●横断や転回、後退の禁止

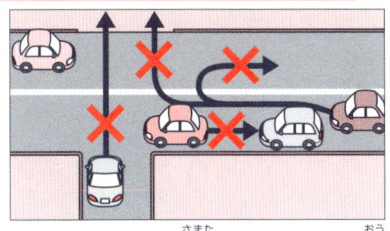

ほかの車の通行の妨げになるときは横断や転回、後退をしてはならない。

●割り込みや横切りなどの禁止

ほかの車の前方に急に割り込んだり、その前を横切ったり、並んで走っている車に幅寄せをしてはいけない。

Check! おさらいチェックテスト

〈問31〉黄色の線で車両通行帯が標示されている道路では進路変更ができる。

追い越し・追い抜き

追い越しと追い抜きの違い

■追い越し…進路を変えて進行中の車の前方に出ること。

■追い抜き…進路を変えないで進行中の車の前方に出ること。

追い越しが禁止されている場合

①前の車がその前の自動車を追い越そうとしているとき（二重追い越し）

②前の車が右折などのため右側に進路を変えようとしているとき

③道路の右側部分にはみ出して追い越すと対向車の進行の妨げになるとき

④後ろの車が自分の車を追い越そうとしているとき

追い越しが禁止されている場所

①追い越し禁止の標識がある場所

②道路の曲がり角付近

③上り坂の頂上付近やこう配の急な下り坂

④車両通行帯のないトンネル

⑤交差点とその手前30m以内の場所
（優先道路を通行中は追い越しできる）

⑥踏切と横断歩道、自転車横断帯とその手前30m以内の場所

Check! おさらいチェックテスト

〈問32〉 横断歩道とその手前30メートル以内のところでは、追い越しは禁止されているが、追い抜きはしてもよい。

〈問33〉 道路の曲がり角付近、上り坂の頂上付近やこう配の急な下り坂では追い越しが禁止されている。

【解答】問32－誤　問33－正

第1章　交通ルールの基本

交差点などの通行

右折・左折のしかた（環状交差点を除く）

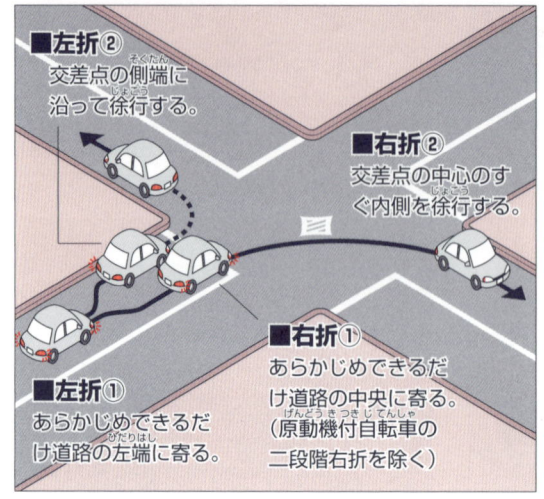

■左折②
交差点の側端に沿って徐行する。

■右折②
交差点の中心のすぐ内側を徐行する。

■左折①
あらかじめできるだけ道路の左端に寄る。

■右折①
あらかじめできるだけ道路の中央に寄る。
（原動機付自転車の二段階右折を除く）

■一方通行の道路で右折するとき（環状交差点を除く）

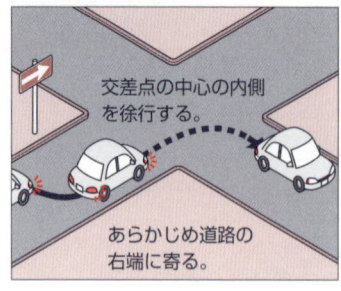

交差点の中心の内側を徐行する。

あらかじめ道路の右端に寄る。

■右折時は対向車（直進・左折）が優先（環状交差点を除く）

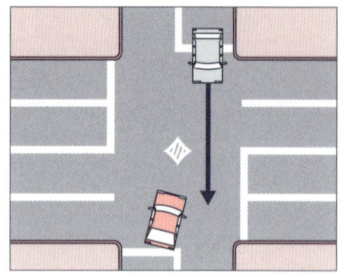

右折するときは、直進や左折する対向車の進行を妨げてはいけない。

環状交差点の通行のしかた

■環状交差点とは
図のように通行部分が環状（ドーナツ状）の、右回りに通行することが指定されている交差点。

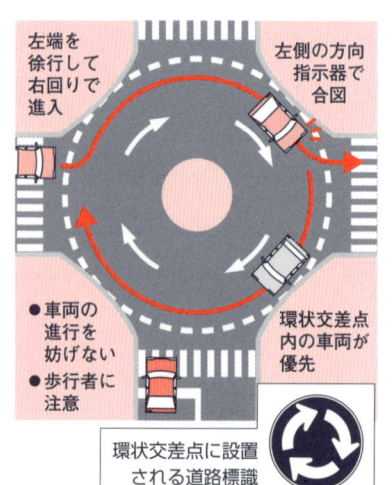

左端を徐行して右回りで進入

左側の方向指示器で合図

● 車両の進行を妨げない
● 歩行者に注意

環状交差点内の車両が優先

環状交差点に設置される道路標識

■環状交差点の通行のしかた
① 環状交差点に入るときは、あらかじめ道路の左端に寄り、徐行して進入する（方向指示器の合図は不要）。
② 環状交差点進入時は、横断歩行者の通行や交差点内を通行中の車両の進行を妨げてはならない。
③ 環状交差点内は、できるだけ交差点の左側端に沿って、右回り（時計回り）に徐行して通行する。
④ 環状交差点内通行中は優先車両となる（左方から環状交差点に進入する車に優先して通行できる）。
⑤ 環状交差点から出るときは、出る地点のひとつ前の出口通過直後に左折の合図をし、交差点を出るまで合図を継続する（進入直後の出口を左折するときは進入後ただちに合図を始める）。

標識や標示にしたがって通行する

車両通行帯がある交差点で進行方向ごとに通行区分が指定されているときは、指定された区分にしたがって通行しなければならない。

進行方向別通行区分

指定方向外進行禁止

進行方向別通行区分

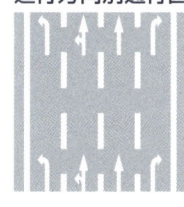

右左折の方法

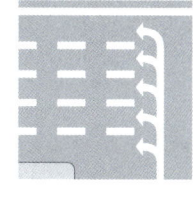

原動機付自転車の二段階右折の方法

■二段階右折しなければならない場合（環状交差点を除く）
- 「右折方法（二段階）」の標識のある交差点
- 信号機のある車両通行帯が3車線以上の交差点

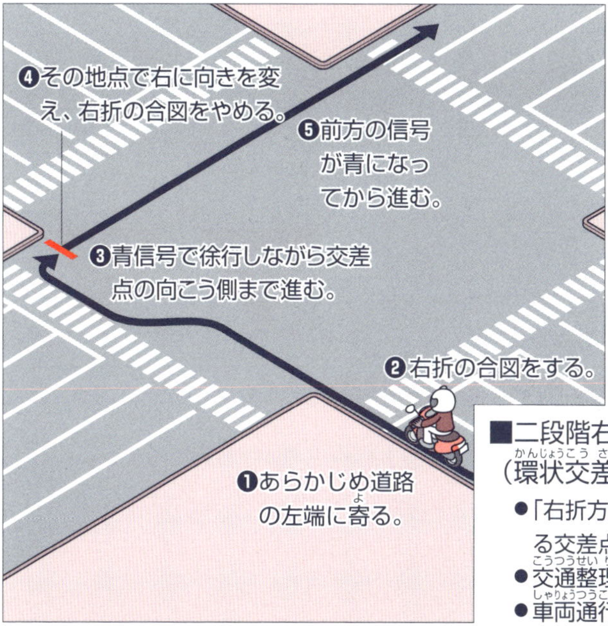

❶あらかじめ道路の左端に寄る。
❷右折の合図をする。
❸青信号で徐行しながら交差点の向こう側まで進む。
❹その地点で右に向きを変え、右折の合図をやめる。
❺前方の信号が青になってから進む。

一般原動機付自転車の右折方法（二段階）

一般原動機付自転車の右折方法（小回り）

■二段階右折しない場合（環状交差点を除く）
- 「右折方法（小回り）」の標識のある交差点
- 交通整理のされていない交差点
- 車両通行帯が2車線以下の交差点

31

交通整理が行われていない交差点の通行のしかた

■交差する道路が優先道路のとき
（環状交差点を除く）

■交差する道路の幅が広いとき
（環状交差点を除く）

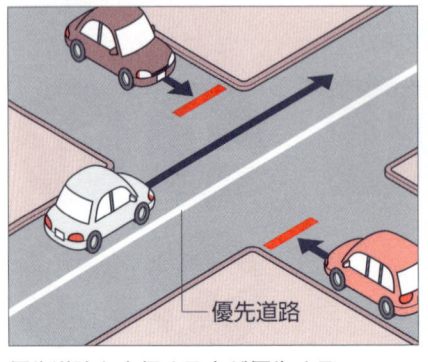

優先道路を走行する車が優先する。

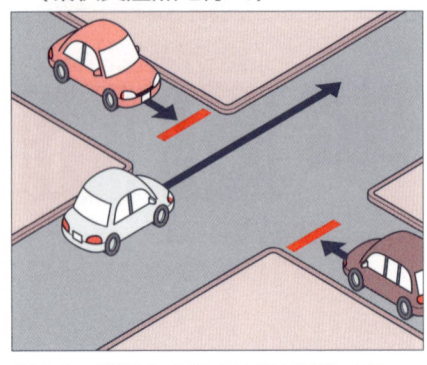

幅の広い道路を走行する車が優先する。

■道幅が同じような交差点（環状交差点を除く）

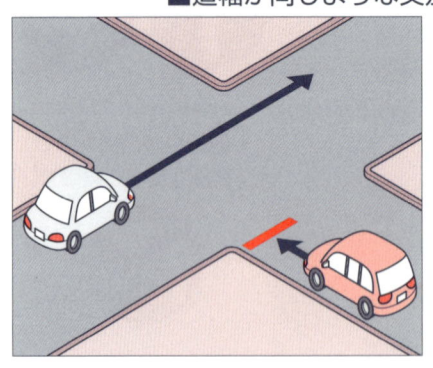

左方向から来る車が優先する。

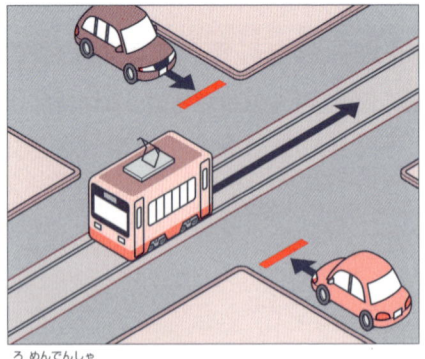

路面電車が優先する。

■「一時停止」の標識のあるとき
停止線の直前（停止線のないときは交差点の直前）で一時停止し、交差する道路を通行する車や路面電車の進行を妨げてはならない。

一時停止

Check! おさらいチェックテスト

〈問34〉右折や左折をするときには、必ず徐行しなければならない。

〈問35〉左側部分の通行帯が2つある道路の交差点を原動機付自転車で右折するとき、標識による右折方法の指定がなければ小回り右折をする。

駐車と停車

駐車とは

車が継続的に停止すること。運転者が車から離れていてすぐに運転できない状態。

停車とは

駐車にあたらない短時間の車の停止。人の乗り降りや5分以内の荷物の積卸しなど。

駐停車禁止の場所

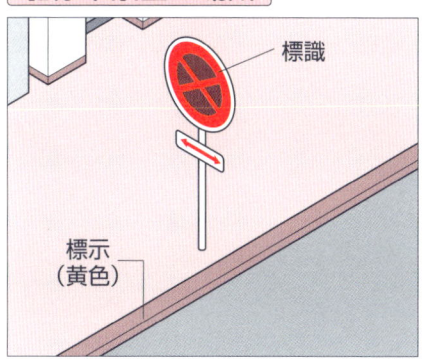

①標識や標示のある場所

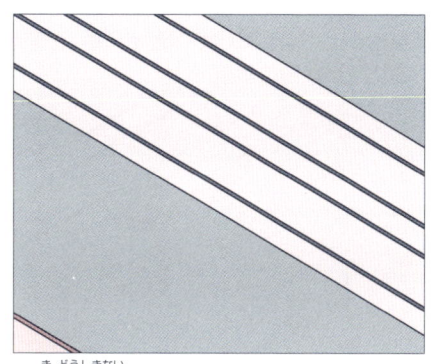

②軌道敷内

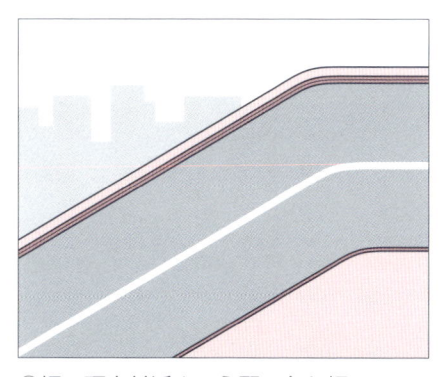

③坂の頂上付近やこう配の急な坂

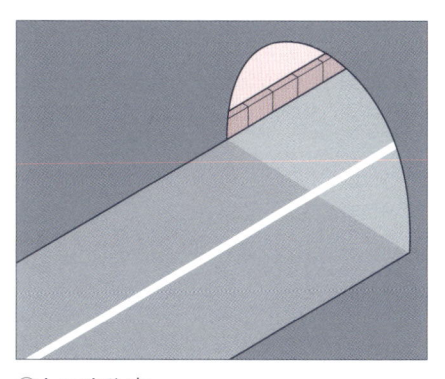

④トンネル内

第1章 交通ルールの基本

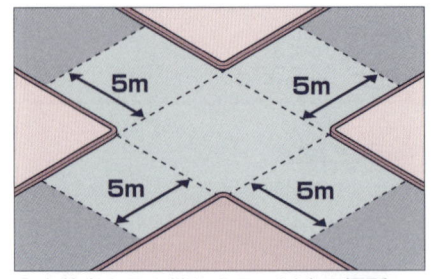

⑤交差点とその端から5m以内の場所

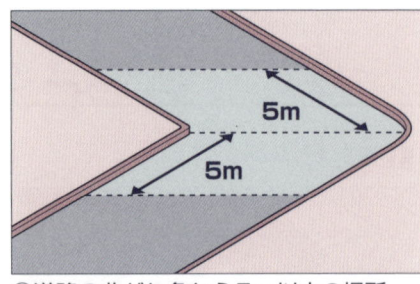

⑥道路の曲がり角から5m以内の場所

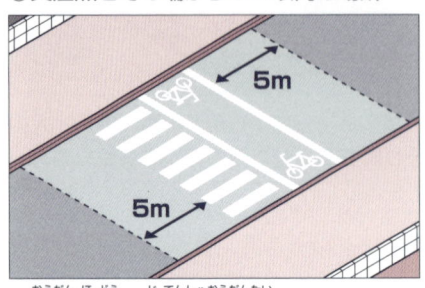

⑦横断歩道、自転車横断帯とその端から前後に5m以内の場所

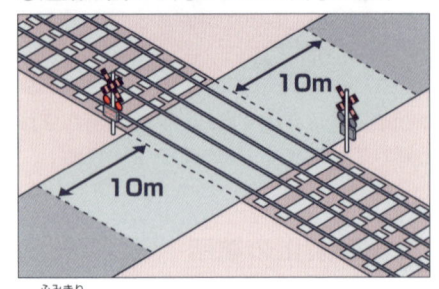

⑧踏切とその端から前後10m以内の場所

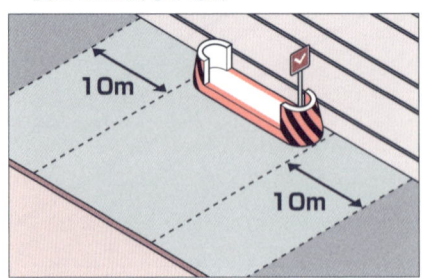

⑨安全地帯の左側とその前後10m以内の場所

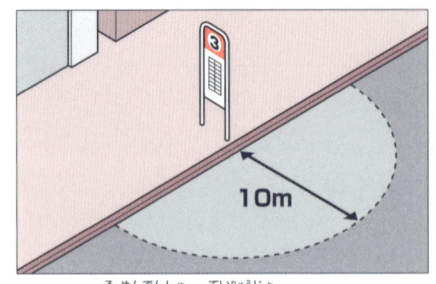

⑩バス、路面電車の停留所の標示板（柱）から10m以内の場所（運行時間中に限る）

駐車禁止の場所

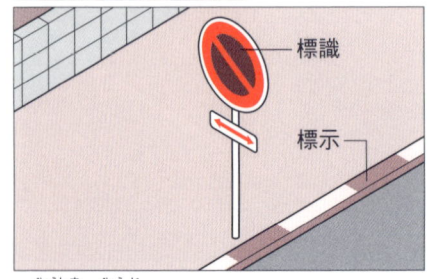

①標識や標示のある場所

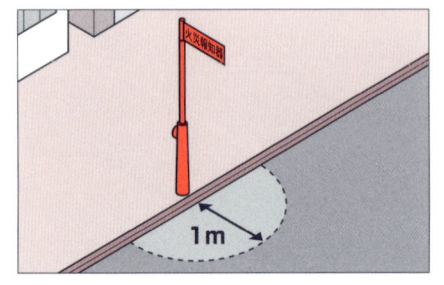

②火災報知機から1m以内の場所

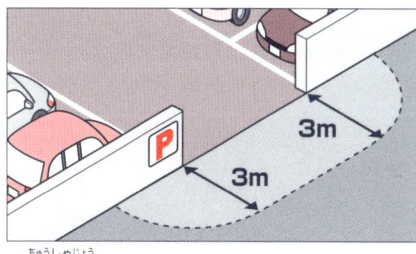

③駐車場、車庫などの自動車専用の出入口から3m以内の場所

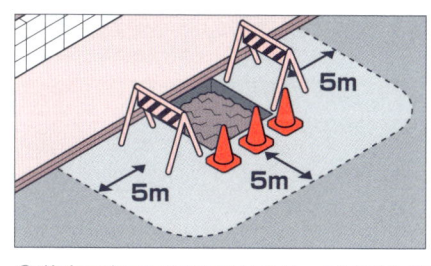

④道路工事の区域の端から5m以内の場所

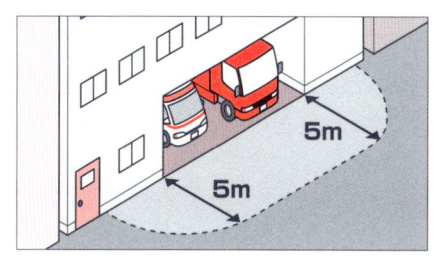

⑤消防用機械器具の置場、消防用防火水そう、これらの道路に接する出入口から5m以内の場所

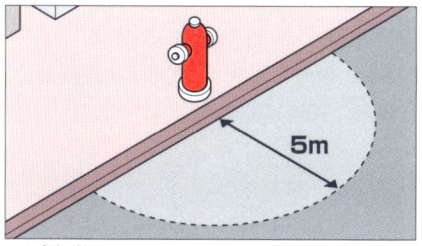

⑥消火栓、指定消防水利の標識が設けられている位置や消防用防火水そうの取り入れ口から5m以内の場所

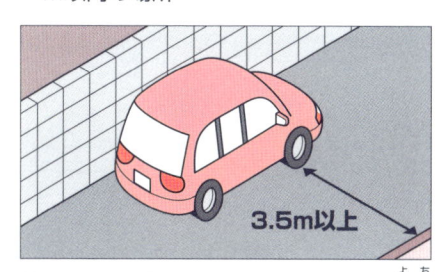

⑦狭い道路(車の右側に3.5m以上の余地がないと駐車できない)

⑧駐車余地の標識(補助標識に指定された余地のないときも駐車できない)

駐停車のしかた

■歩道や路側帯のない道路

道路の左端に沿う

■歩道や路側帯のある道路

車道の左端に沿う

第1章 交通ルールの基本

35

■1本線の路側帯のある道路
〈幅が0.75m以下の場合〉　〈幅が0.75mを超える場合〉

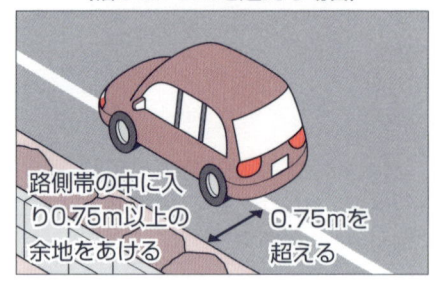

車道の左端に沿う　0.75m以下

路側帯の中に入り0.75m以上の余地をあける　0.75mを超える

■2本線の路側帯がある道路
〈実線と破線の場合（駐停車禁止路側帯）〉　〈実線が2本の場合（歩行者用路側帯）〉

車道の左端に沿う

幅が広くてもその中に入れず、車道の左端に沿う

■道路に平行して駐停車している車と並んで駐停車はできない。

Check! おさらいチェックテスト

〈問36〉駐車禁止の場所であっても、荷物の積卸しの場合は時間に関係なく駐車できる。

〈問37〉トンネルの中は、車両通行帯の有無にかかわらず駐停車が禁止されている。

〈問38〉道路工事の区域の端から5メートル以内のところでは駐車も停車も禁止されている。

〈問39〉駐車や停車が禁止されている場所でも右の標識によって認められていれば駐車や停車ができる。

〈問40〉路側帯や歩道のないところで駐車するときには、道路の左端に沿って行う。

【解答】問36－誤　問37－正　問38－正　問39－正　問40－正

踏切の通過方法

①一時停止と安全確認

踏切の手前で必ず一時停止し、自分の目と耳で左右の安全を確認する。

前の車に続いて通過するときも同じ。

②低速ギアで一気に通過

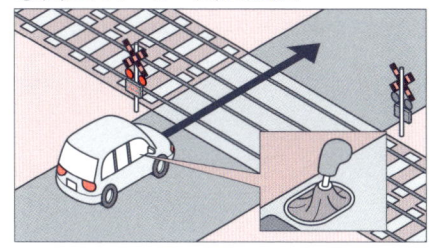

エンスト防止のため、発進したときの低速ギアのまま一気に通過する。

③中央寄りを通過

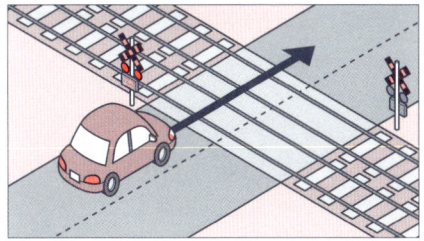

落輪防止のため、歩行者や対向車に注意し、やや中央寄りを通過する。

■信号機のある踏切を通過する場合

安全確認をすれば信号機にしたがって通過できる。

■渋滞時の進入禁止

踏切の向こう側が混雑していたら、踏切に進入しない。

■警報機、しゃ断機による進入禁止

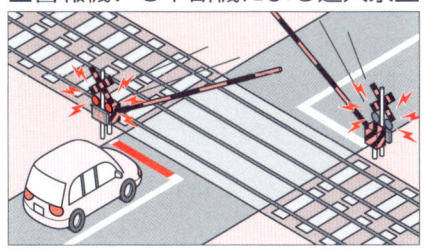

警報機が鳴っているときやしゃ断機が下りてきたときは、踏切に入ってはいけない。

Check! おさらいチェックテスト

〈問41〉 見通しのよい踏切では、安全を確認できれば一時停止しなくても通過することができる。

悪条件下の運転など

夜間の運転

①昼間より速度を落とし、視線をできるだけ先に向けて少しでも早く障害物を発見するようにする。

②走行中に自車と対向車のライトで、道路の中央付近の歩行者が見えなくなる（蒸発現象）ことがあるので十分注意する。

雨の日の運転

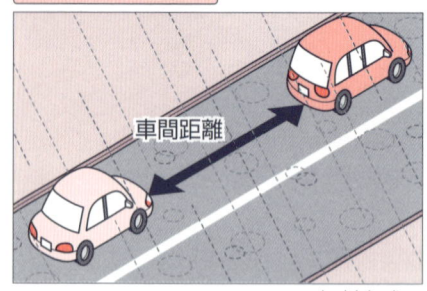

①晴れの日より速度を落とし、車間距離を十分とって慎重に運転する。

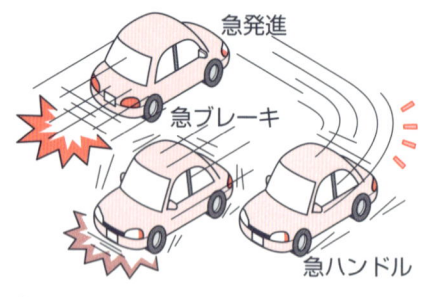

②雨の日は悪条件が重なるので、急発進や急ハンドル、急ブレーキは避ける。

雪道での運転

①できるだけ車の通った跡（わだち）を選んで走るようにする。

②タイヤチェーンをつけるか、スノータイヤ、スタッドレスタイヤなどの雪道用タイヤをつけ、車間距離を十分とり、速度を落として運転する。

霧のときの運転

①霧灯（フォグランプ）か前照灯をつける。

②前照灯は上向きにすると光が乱反射して見づらくなるので、下向きにする。

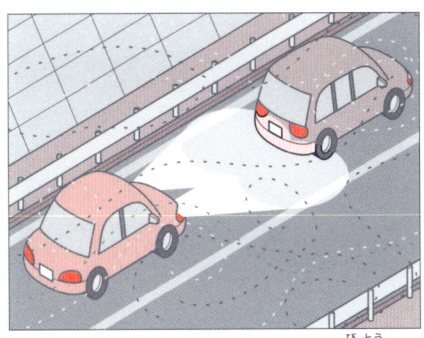

③中央線やガードレール、前車の尾灯を目安に、速度を落として走行する。

④危険防止のため、必要に応じて警音器を使う。

前照灯などを点灯しなければならないとき

日没から日の出まで

①夜間、道路を通行するときは明るい暗いに関係なく前照灯や車幅灯、尾灯などを点灯しなければならない。

②昼間でもトンネルの中や濃い霧の中などで50m（高速道路では200m）先が見えないような場所を通行するときは点灯しなければならない。

第1章 交通ルールの基本

③対向車と行き違うときは前照灯を減光するか、下向きに切り替えなければならない。

④交通量の多い市街地では常に前照灯を下向きに切り替えて運転する。

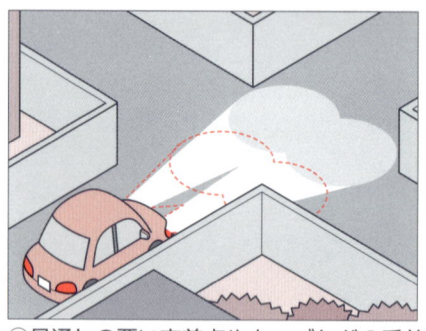

⑤見通しの悪い交差点やカーブなどの手前では前照灯を上向きにするか点滅して、ほかの車や歩行者に交差点への接近を知らせるようにする。

⑥室内灯はバスを除いて走行中につけてはいけない。

Check! おさらいチェックテスト

〈問42〉 夜間、照明の明るい道路を通行するときは前照灯をつけないで運転してもよい。

〈問43〉 雨の日は、前方の見通しが悪いので、車間距離を短めにとるようにする。

〈問44〉 雪道を走行するときは、チェーンや雪道用タイヤを使用しても、車間距離を十分にとり速度を落として走行する。

〈問45〉 霧の中を走行するときは、前方を見やすいようにライトを上向きにする。

高速道路での運転

※高速道路には「高速自動車国道」と「自動車専用道路」の2種類あります。

高速道路を通行できない車

ミニカー　　125cc以下の普通自動二輪車　　原動機付自転車

高速自動車国道のみ通行できない車

小型特殊自動車　　故障車をけん引している車

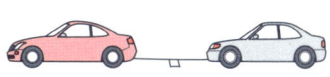

最低速度	最高速度	自動車の種類
50 km/h	100 km/h	大型乗用自動車（乗車定員30人以上） 中型自動車 準中型自動車 普通自動車 （三輪のもの・けん引自動車を除く） 大型自動二輪車 普通自動二輪車 （小型二輪を除く）
	90 km/h	大型貨物自動車 特定中型貨物自動車 （車両総重量が8t以上、最大積載量が5t以上）
	80 km/h	三輪の普通自動車 大型特殊自動車 けん引自動車 （トレーラー）

◆上記の最高速度や最低速度が適用されない場合

本線車道が道路の構造上往復の方向別に区分されていない区間では、上記の最高、最低速度は適用されず、一般道路と同じ法定速度が適用される。

高速道路で禁止されていること

① 路側帯や路肩を通行してはならない。

② 本線車道では転回や後退、中央分離帯を横切ってはならない。

③ 緊急自動車の本線車道への出入りを妨げてはならない。

④ 大型自動二輪車や普通自動二輪車は2人乗り禁止（ただし、20歳以上で3年以上の免許保有者は可）。

駐停車できる場合

高速道路では原則として駐停車が禁止だが、次の場合は駐停車できる。

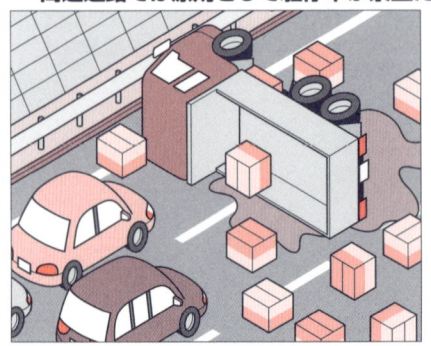

① 危険防止のため一時停止する。

② 故障などのため、十分な幅のある路肩や路側帯にやむを得ず駐車する。

③パーキングエリアで駐車するとき。

④料金の支払いのため停車するとき。

本線車道への合流のしかた

本線車道に入るときは、加速車線で十分加速しなければならない。
ただし、本線車道を通行している車の進行を妨げてはならない。

本線車道と本線車道が合流しているところで、標示により前方の本線車道の優先が指定されているときは、その本線車道を通行している車の進行を妨げてはいけない。

第1章 交通ルールの基本

本線車道からの離脱のしかた

減速車線に入ってから速度を落とす（感覚に頼らず速度計で確かめながら、速度を落とす）。

ランプウェイでの運転

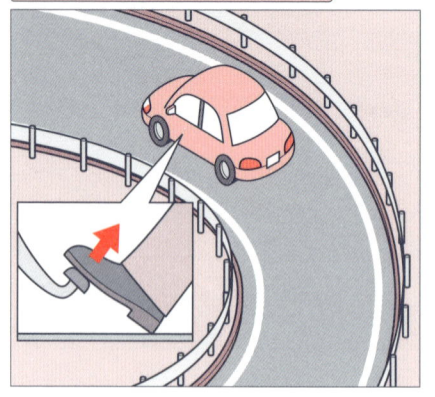

カーブがきついところが多いので、十分速度を落とし安全運転を心がける。

一般道路に出たら

一般道路に出たら、一般道路に見合った運転方法をとる。高速運転に慣れて感覚が麻痺し、速度超過になりがちなので、速度には十分注意する。

Check! おさらいチェックテスト

〈問46〉 総排気量125cc以下の普通自動二輪車は、高速道路を通行することができない。

〈問47〉 高速自動車国道の本線車道における法定最低速度は50キロメートル毎時である。

〈問48〉 高速自動車国道で故障した場合、やむを得ないときは登坂車線や減速車線に駐車して救援を待つ。

交通事故のとき

交通事故の発生

①事故の続発を防ぐ
ほかの交通の妨げにならないように車を安全な場所に移動し、エンジンを切る。

②負傷者を救護する
救急車が到着するまでの間、可能な応急処置をする。頭部に傷を受けている場合などはむやみに動かさない。

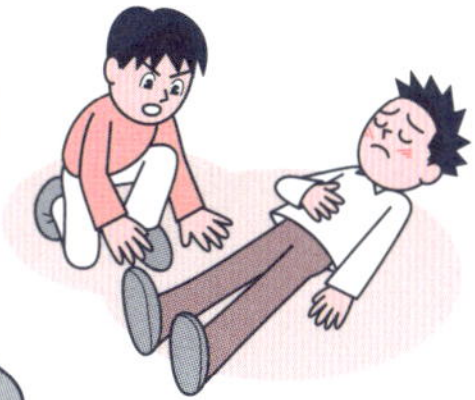

③警察官に報告する
警察官が現場にいない場合は、110番通報する。警察官が現場にいれば、警察官の指示に従う。

◆被害者になったとき
軽いけがでも必ず警察に届け、医師の診断を受ける。 

◆ひき逃げを見かけたら
負傷者を救護するとともに、車のナンバーや特徴を警察に届け出る。

Check! おさらいチェックテスト

〈問49〉 交通事故が起きたときは、事故の続発を防ぐため、ほかの交通の妨げにならない場所に車を移動し、エンジンを切る。

〈問50〉 交通事故を起こしたときは、救急車を待つ間に止血などの応急処置をする。

[解答】問49→正 問50→正]

第1章 交通ルールの基本

● 本番前に大事なとこだけ総まとめ！

直前チェックポイント

● 通行できないとき・場所
① 標識や標示によって通行が禁止されている場所。
② 路側帯や歩道、自転車道は原則として通行できない。ただし、道路に面した場所に出入りするために横切ることはできる。
③ 路肩は通行できない（二輪車を除く）。
④ 軌道敷内は原則として通行できない。ただし、標識によって認められている車や右左折、横断、転回する場合、左側部分の幅が車の通行のために十分ではない場合には通行できる。
（注）学校や幼稚園などの付近や通学路の標識のある場所では、とくに注意して通行する。

● 徐行しなければいけないとき・場所
① 「徐行」の標識のある場所。
② 左右の見通しのきかない交差点（信号機のある場合や優先道路を通行している場合を除く）。
③ 道路の曲がり角付近。
④ 上り坂の頂上付近とこう配の急な下り坂。
⑤ 交差点を右左折するとき。
⑥ 交差する道路が優先道路か道幅が広いとき。
⑦ 歩行者や自転車との間に安全な間隔があけられないとき。
⑧ 乗降のため停車している通学通園バスのそばを通るとき。
⑨ 安全地帯のない停留所に路面電車が止まっていて、乗降客がなく、路面電車との間隔が1.5m以上あるとき。
⑩ 歩行者のいる安全地帯のそばを通るとき。

徐行

優先道路

✏ Check! おさらいチェックテスト

〈問51〉 歩道や路側帯のない道路を通行するときには、路肩（路端から0.5メートルの部分）にはみ出して通行してはならない。

〈問52〉 上り坂の頂上付近とこう配の急な上り坂は必ず徐行しなければならない。

⑪ 特に通行が認められた車が歩行者用道路を通るとき。
⑫ ぬかるみや水たまりのある場所。

一時停止か徐行するとき・場所

① こどもがひとり歩きしているとき。
② 身体障害者用の車いすで通行している人がいるとき。
③ 盲導犬をつれた人や、つえをついた人が歩いているとき。
④ 歩行に支障のある高齢者が通行しているとき。

安全地帯

止まれ

一時停止

一時停止をするとき・場所

① 「一時停止」の標識のある場所。
② 安全地帯のない停留所で路面電車が止まっていて、乗降客がいるとき。
③ 歩行者や自転車が横断歩道や自転車横断帯を横断しているとき。
④ 横断歩道やその手前に停止している車のそばを通って前に出るとき。
⑤ 交差点近くを通行中に緊急自動車が接近してきたとき。
⑥ 信号機のない踏切を通過するとき。
⑦ 片側ががけの道路で、がけ側の車が安全に行き違いできないとき。
⑧ 赤の信号が点滅しているとき。

追い越しできないとき・場所

① 標識によって禁止されている場所。
② 道路の曲がり角付近。
③ 上り坂の頂上付近やこう配の急な下り坂。
④ 車両通行帯のないトンネルの中。
⑤ 交差点（優先道路を通行している場合を除く）、踏切、横断歩道、自転車横断帯とその手前から**30m以内**の場所。
⑥ 前の車が自動車を追い越そうとしているとき（二重追い越し）。
⑦ 前の車が右側へ進路を変更しようとしているとき。

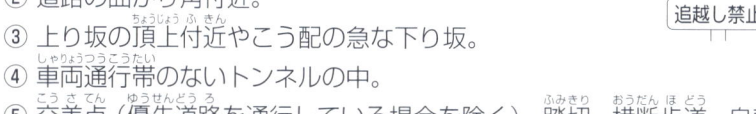

追越し禁止

✏️ Check! おさらいチェックテスト

〈問53〉 こどもがひとりで歩いているそばを通るときは、一時停止か徐行して安全に通行できるようにしなければならない。

〈問54〉 信号機のある踏切でも、必ず一時停止して左右の安全を確認してから通過しなければならない。

〈問55〉 上り坂の頂上付近や急なこう配の下り坂は追い越し禁止だが、急なこう配の上り坂は追い越し禁止ではない。

[解答] 問53－正　問54－誤　問55－正

第1章 交通ルールの基本

⑧ 反対方向からの車などの進行の妨げになるとき。
⑨ 前の車を追い越しても前の車の進行を妨げなければもとの車線へ戻れないとき。
⑩ 後ろの車が自分の車を追い越そうとしているとき。

駐停車できない場所
① 標識や標示により禁止されている場所。
② 坂の頂上付近やこう配の急な坂。
③ 軌道敷内やトンネルの中。
④ 交差点とその端から5m以内の場所。
⑤ 道路の曲がり角から5m以内の場所。
⑥ 横断歩道、自転車横断帯とその端から前後5m以内の場所。
⑦ 踏切とその端から前後10m以内の場所。
⑧ 安全地帯の左側とその前後10m以内の場所。
⑨ バス、路面電車の停留所の標示板から10m以内の場所。
（注）停止禁止の標示部分に停止するおそれのあるときは、その部分に進入してはいけない。

上り急こう配あり

踏切あり

駐車できない場所
① 標識や標示により禁止されている場所。
② 火災報知機から1m以内の場所。
③ 駐車場、車庫などの自動車の出入口から3m以内の場所。
④ 消防用機械器具の置場や消防用防火水そう、これらの道路に接する出入口から5m以内の場所。
⑤ 消火栓、指定消防水利の標識や、消防用防火水そうの取り入れ口から5m以内の場所。
⑥ 道路工事の区域の端から5m以内の場所。
⑦ 駐車した車の右側に3.5m以上の余地がない場所。
⑧ 標識で指定された余地がとれない場所。

駐車禁止

道路工事中

✏ Check! おさらいチェックテスト

〈問56〉駐停車禁止の場所でも、標識によりとくに認められた場所は駐停車できる。
〈問57〉車両通行帯のあるトンネルなら、駐停車することができる。
〈問58〉上り坂の頂上付近やこう配の急な上り坂や下り坂では、駐停車が禁止されている。

第2章

得点力を高める
学科試験攻略テスト

Check!

Part 1
試験によく出る！ 頻出問題・厳選100問
出題率の高い問題を解き、正解を導き出す判断力をアップさせます。

Part 2
ミスを防ぐ！ 引っかけ問題・厳選107問
間違いやすい引っかけ問題を見破り、正解を導き出す力を養います。

Part 3
危険予測 イラスト問題・傾向と対策
危険予測イラスト問題では、安全運転のコツと正解を導き出す攻略法を学びます。

Part1

試験によく出る！頻出問題

ここだけは押さえたい！
厳選100問

　学科試験は国家公安委員会が作成した「交通に関する教則」からまんべんなく出題されます。ここに掲載されているのは核となる問題ばかりなので、実際の学科試験問題の中でかなりの割合を占めています。これをマスターすれば交通ルールの理解も早まりますが、逆にこの基本がわからなければ合格することが難しくなります。

攻略のPOINT
- ●問題文は最後まで読んでから解答する。
- ●数字を覚える（駐車禁止・駐停車禁止、追い越し禁止の場所、合図の時期、徐行や一時停止の場所など）。
- ●標識と標示の意味や目的を理解する。

◆次の問題のうち正しいものは「正」、誤っているものは「誤」のワクの中をぬりつぶしなさい。

■ 運転するときの心得

正 誤 【問 1】 運転中に携帯電話などを使用したり、カーナビゲーション装置に表示された画像を注視してはならない。

正 誤 【問 2】 少しぐらい酒を飲んでいても、酔っていない場合は、とくに注意すれば、車を運転することができる。

■ 信号は絶対に守ろう

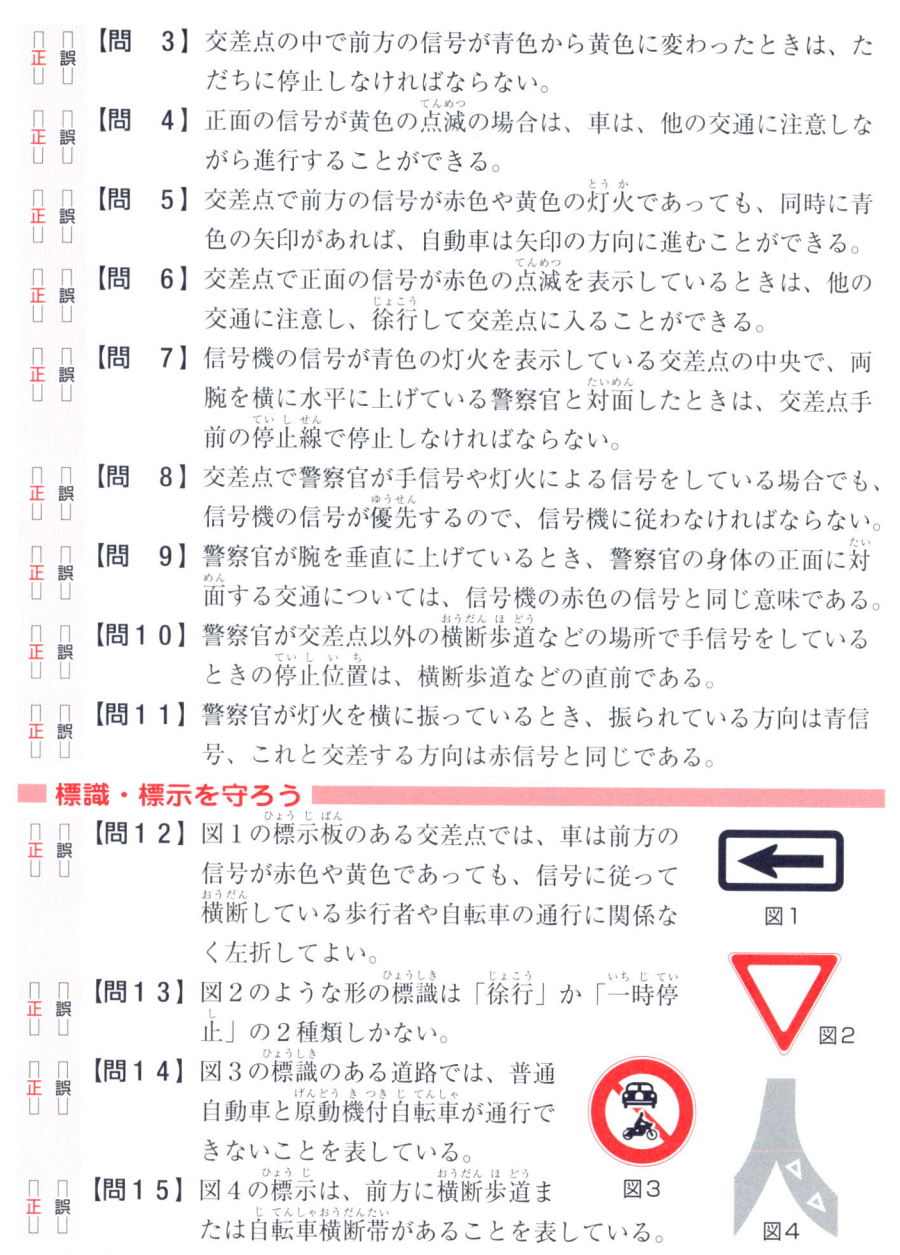

□正 □誤 【問 3】 交差点の中で前方の信号が青色から黄色に変わったときは、ただちに停止しなければならない。

□正 □誤 【問 4】 正面の信号が黄色の点滅の場合は、車は、他の交通に注意しながら進行することができる。

□正 □誤 【問 5】 交差点で前方の信号が赤色や黄色の灯火であっても、同時に青色の矢印があれば、自動車は矢印の方向に進むことができる。

□正 □誤 【問 6】 交差点で正面の信号が赤色の点滅を表示しているときは、他の交通に注意し、徐行して交差点に入ることができる。

□正 □誤 【問 7】 信号機の信号が青色の灯火を表示している交差点の中央で、両腕を横に水平に上げている警察官と対面したときは、交差点手前の停止線で停止しなければならない。

□正 □誤 【問 8】 交差点で警察官が手信号や灯火による信号をしている場合でも、信号機の信号が優先するので、信号機に従わなければならない。

□正 □誤 【問 9】 警察官が腕を垂直に上げているとき、警察官の身体の正面に対面する交通については、信号機の赤色の信号と同じ意味である。

□正 □誤 【問10】 警察官が交差点以外の横断歩道などの場所で手信号をしているときの停止位置は、横断歩道などの直前である。

□正 □誤 【問11】 警察官が灯火を横に振っているとき、振られている方向は青信号、これと交差する方向は赤信号と同じである。

■ 標識・標示を守ろう

□正 □誤 【問12】 図1の標示板のある交差点では、車は前方の信号が赤色や黄色であっても、信号に従って横断している歩行者や自転車の通行に関係なく左折してよい。

□正 □誤 【問13】 図2のような形の標識は「徐行」か「一時停止」の2種類しかない。

□正 □誤 【問14】 図3の標識のある道路では、普通自動車と原動機付自転車が通行できないことを表している。

□正 □誤 【問15】 図4の標示は、前方に横断歩道または自転車横断帯があることを表している。

■ 車が通行できるところは

□正 □誤 【問16】 車両通行帯のない道路では、車は道路の中央より左側部分であればどの部分を走行してもよい。

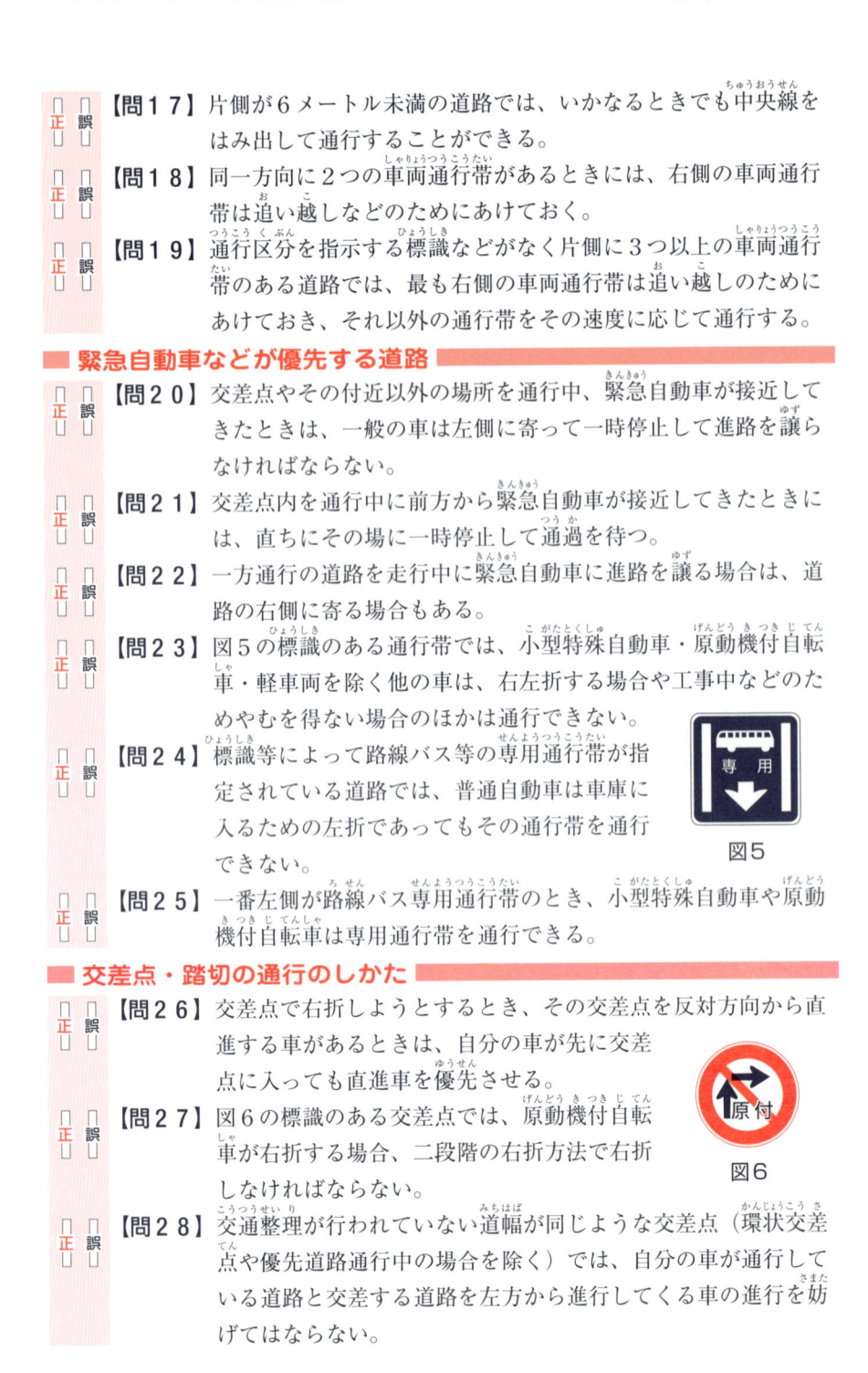

【問17】片側が6メートル未満の道路では、いかなるときでも中央線をはみ出して通行することができる。

【問18】同一方向に2つの車両通行帯があるときには、右側の車両通行帯は追い越しなどのためにあけておく。

【問19】通行区分を指示する標識などがなく片側に3つ以上の車両通行帯のある道路では、最も右側の車両通行帯は追い越しのためにあけておき、それ以外の通行帯をその速度に応じて通行する。

■ 緊急自動車などが優先する道路

【問20】交差点やその付近以外の場所を通行中、緊急自動車が接近してきたときは、一般の車は左側に寄って一時停止して進路を譲らなければならない。

【問21】交差点内を通行中に前方から緊急自動車が接近してきたときには、直ちにその場に一時停止して通過を待つ。

【問22】一方通行の道路を走行中に緊急自動車に進路を譲る場合は、道路の右側に寄る場合もある。

【問23】図5の標識のある通行帯では、小型特殊自動車・原動機付自転車・軽車両を除く他の車は、右左折する場合や工事中などのためやむを得ない場合のほかは通行できない。

【問24】標識等によって路線バス等の専用通行帯が指定されている道路では、普通自動車は車庫に入るための左折であってもその通行帯を通行できない。

図5

【問25】一番左側が路線バス専用通行帯のとき、小型特殊自動車や原動機付自転車は専用通行帯を通行できる。

■ 交差点・踏切の通行のしかた

【問26】交差点で右折しようとするとき、その交差点を反対方向から直進する車があるときは、自分の車が先に交差点に入っても直進車を優先させる。

【問27】図6の標識のある交差点では、原動機付自転車が右折する場合、二段階の右折方法で右折しなければならない。

図6

【問28】交通整理が行われていない道幅が同じような交差点（環状交差点や優先道路通行中の場合を除く）では、自分の車が通行している道路と交差する道路を左方から進行してくる車の進行を妨げてはならない。

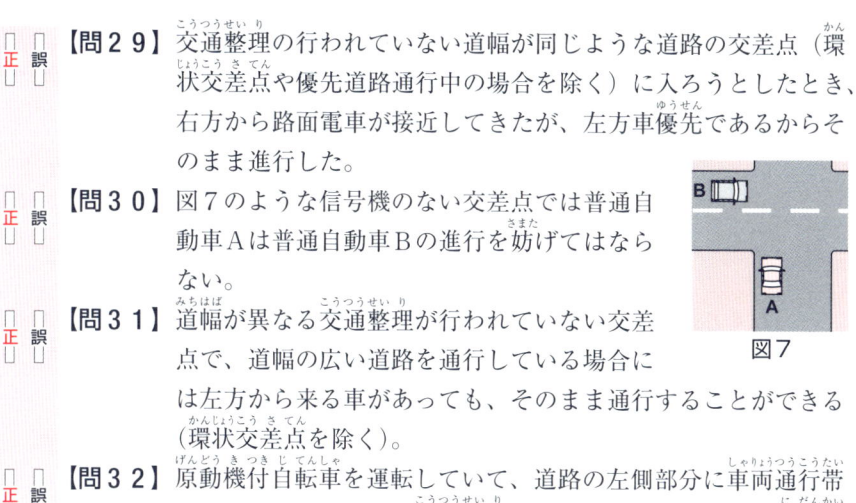

| 正 誤 |【問29】交通整理の行われていない道幅が同じような道路の交差点（環状交差点や優先道路通行中の場合を除く）に入ろうとしたとき、右方から路面電車が接近してきたが、左方車優先であるからそのまま進行した。

| 正 誤 |【問30】図7のような信号機のない交差点では普通自動車Aは普通自動車Bの進行を妨げてはならない。

図7

| 正 誤 |【問31】道幅が異なる交通整理が行われていない交差点で、道幅の広い道路を通行している場合には左方から来る車があっても、そのまま通行することができる（環状交差点を除く）。

| 正 誤 |【問32】原動機付自転車を運転していて、道路の左側部分に車両通行帯が3つ設けられている交通整理が行われている交差点で二段階右折をした。

| 正 誤 |【問33】見通しの悪い踏切では自分の目で確認できる位置まで徐行で踏切内に入り、そこで一時停止をして安全を確かめるようにする。

| 正 誤 |【問34】踏切に信号機がある場合、青信号であれば一時停止しないで信号機に従って通過できる。

| 正 誤 |【問35】踏切の手前で警報機が鳴り出したときは、急いで踏切を通過しなければならない。

| 正 誤 |【問36】踏切では直前で一時停止後、踏切の前方に自分の車が入る余地があることを確かめてからでなければ、発進してはならない。

■ **安全な速度と車間距離を保つ**

| 正 誤 |【問37】標識や標示で最高速度が指定されていない一般道路では、普通自動車は60キロメートル毎時を超えて運転してはならない。

| 正 誤 |【問38】40キロメートル毎時から20キロメートル毎時に速度を落とせば徐行となる。

| 正 誤 |【問39】運転者が疲れていると、危険を認知し判断して操作するまでに時間がかかるので、空走距離は長くなる。

| 正 誤 |【問40】停止距離は、空走距離と制動距離を加えた距離である。

| 正 誤 |【問41】アンチロックブレーキシステム（ABS）を備えた自動車で急ブレーキをかけるときは、ブレーキペダルを数回に分けて踏む。

| 正 誤 |【問42】深い水たまりを通るとブレーキドラムに水が入って、一時的にブレーキのききがよくなる。

| 正 | 誤 | 【問43】タイヤがすり減っている車で、雨の日に高速道路を走行するときは、通常の場合の約2倍程度の車間距離をとる必要がある。

| 正 | 誤 | 【問44】すべりやすい道路で停止しようとするときは、エンジンブレーキを用いながらブレーキを軽く数回に分けて踏むのがよい。

■ 歩行者を保護し安全を保つ

| 正 | 誤 | 【問45】横断歩道のない交差点やその近くを歩行者が横断しているとき、その通行を妨げてはならない。

| 正 | 誤 | 【問46】横断歩道の手前にさしかかったとき、横断する歩行者や自転車の有無がはっきりしないときは、直前で停止できるように減速しながら進まなければならない。

| 正 | 誤 | 【問47】横断歩道の手前に停止車両があるときは、そのそばを通り抜けるときは徐行して安全を確かめる。

| 正 | 誤 | 【問48】車は、道路に面した場所に出入りするためであっても、歩道や路側帯を横切ってはならない。

| 正 | 誤 | 【問49】ガソリンスタンドから出るとき、スタンドの店員の指示に従い徐行して歩道を横切った。

| 正 | 誤 | 【問50】通学通園バスが、こどもの乗り降りをさせているときに、バスの側方を通過する場合には、バスとの間に十分な間隔がとれれば、徐行しないで通過することができる。

| 正 | 誤 | 【問51】人が乗り降りしている路面電車がいるときで安全地帯がないときは、路面電車の後方で停止しなければならない。

| 正 | 誤 | 【問52】路面電車が安全地帯のない停留所に停止して乗降客がいない場合、路面電車との間隔を1.5メートルあければ徐行して通過できる。

| 正 | 誤 | 【問53】歩行者用道路の通行ができる車は、特に歩行者に注意して徐行しなければならないが、歩行者がいないときは徐行の必要はない。

| 正 | 誤 | 【問54】目の不自由な人が盲導犬を連れて歩いているときは、一時停止か徐行をしてその通行を妨げてはならない。

| 正 | 誤 | 【問55】図8の標識をつけている普通自動車に幅寄せをしたり、前方に無理に割り込んではならない。　図8

| 正 | 誤 | 【問56】肢体不自由であることを理由に普通免許に条件を付された者は、普通自動車の定められた位置に身体障害者マークを付けるようにする。

■ 安全確認と右左折のしかた

| 正 | 誤 | 【問57】右左折や転回をする場合の合図はそれらを行う地点の30メートル手前で行うが、徐行や停止をする場合の合図はそのときでよい（環状交差点での右左折・転回を除く）。

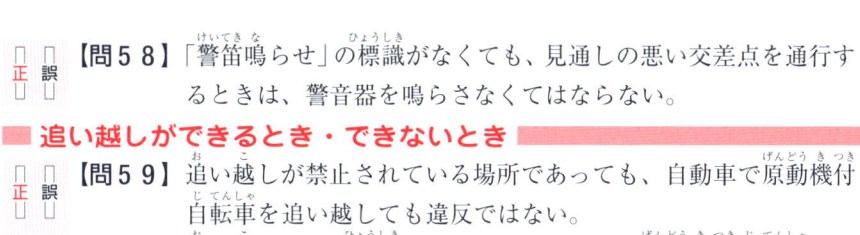

【問58】「警笛鳴らせ」の標識がなくても、見通しの悪い交差点を通行するときは、警音器を鳴らさなくてはならない。

■ 追い越しができるとき・できないとき

【問59】追い越しが禁止されている場所であっても、自動車で原動機付自転車を追い越しても違反ではない。

【問60】追い越し禁止の標識等がなくても橋の上で原動機付自転車を追い越すのは違反である。

【問61】横断歩道の直前で歩行者の横断がないと確認できる場合は、前の車を追い越してもよい。

【問62】二輪車で自動車を追い越すときには、左右どちらから追い越してもよい。

【問63】交差点の中まで中央線が引かれている道路を通行中のときには、交差点の中でも追い越すことができる。

【問64】前の車が信号待ちで停止しているとき、その車の横を通過して前を横切ったのは違反である。

■ 運転免許制度について

【問65】普通免許を受けている者は、普通自動車のほか、小型特殊自動車と原動機付自転車を運転できる。

【問66】タクシーを修理のために回送するときは、第一種免許でも運転することができる。

【問67】普通免許を取得後1年未満の人が原動機付自転車を運転するときには、初心者マークを付ける必要はない。

【問68】故障車をロープなどでけん引する場合に、故障車のハンドルを操作する者は、その車を運転できる免許を持っている者でなければならない。

■ 車に働く自然の力と運転のしかた

【問69】遠心力の大きさは、カーブの半径が小さいほど大きくなり、速度の2乗に比例して大きくなる。

【問70】明るいところから暗いところに入ったときは視力が低下するが、暗いところから明るいところへ出たときは視力は低下しない。

■ 悪条件下での運転のしかた

【問71】一般道路のトンネルの中で50メートル前方まで確認できる照明がついている場合は、灯火をつけなくてもよい。

【問72】雨の日は、視界が悪いので対向車との接触を避けるため、できるだけ山道などでは路肩に寄って通行したほうがよい。

【問73】霧の中では、道路の中央線やガードレール、前の車の尾灯などを目安にし、速度を落として運転する。

【問74】四輪車で走行中にエンジンの回転数が上がったまま下がらなくなったときは、ギアをニュートラルにして安全な場所で停止してからエンジンスイッチを切る。

【問75】車を運転中に大地震が発生したときは、急ブレーキを避け、道路の左側に停止し、エンジンキーを抜き、ドアはロックしないで避難する。

■ 自動車の保安管理のしかた

【問76】オートマチック車はチェンジレバーが「P」または「N」の位置にないときはエンジンが始動しない構造になっているので、エンジン始動時は「P」または「N」のどちらでもよい。

【問77】ブレーキを踏んだときは、踏みごたえの柔らかい感じのほうが、ブレーキはよくきく。

■ 駐停車できる場合と場所

【問78】荷物の積卸しのため停止する場合、運転者が車から離れていてすぐに運転できなくても5分以内であれば停車である。

【問79】道路工事の区域の端から5メートル以内の場所は駐車も停車も禁止されている。

【問80】自動車の右側に3.5メートル以上の余地がない道路で、荷物の積卸しのため、自動車のそばを離れずに10分間止めたのは違反ではない。

【問81】横断歩道の手前10メートルのところでは、標識等で駐停車が禁止されていなければ駐車も停車もできる。

【問82】道路に平行して駐車や停車をしている車の右側には、駐車や停車をしてはならない。

【問83】消防用機械器具の置場と、その道路に接する出入口から5メートル以内の場所は、駐車や停車が禁止されている。

【問84】交差点とその端から5メートル以内は駐停車禁止であり、たとえ危険防止といえども停止してはならない。

【問85】夜間、道路に駐停車するとき、道路照明などにより50メートル後方から見える場合は、非常点滅表示灯、駐車灯または尾灯をつけなくてもよい。

【問86】車が故障してやむを得ず道路上で駐車する場合は、車に「故障」と書いた紙を張っておけばよい。

| 正 誤 | 【問87】安全地帯の左側とその前後10メートル以内の場所は駐車してはならないが、停車することはよい。

| 正 誤 | 【問88】駐車禁止でない場所に駐車するときは、昼夜を問わず同じ場所に引き続き12時間まで駐車することができる。

| 正 誤 | 【問89】路側帯の幅が1メートルの1本の白線によって区分されている場合、その場所に駐車するときは路側帯に入り0.75メートルの余地を残さなければならない。

■ 乗車定員と最大積載量について

| 正 誤 | 【問90】普通貨物自動車の積み荷の幅は自動車の車幅を、長さは自動車の長さの1.2倍をそれぞれ超えてはならない。

| 正 誤 | 【問91】原動機付自転車の積み荷の幅の制限は、ハンドルの幅いっぱいまでである。

| 正 誤 | 【問92】二輪車の積み荷の高さの制限は、地上から2メートル以下、長さは荷台の長さプラス30センチメートル以下までである。

| 正 誤 | 【問93】原動機付自転車であっても、同乗する人がヘルメットをかぶれば、二人乗りすることができる。

■ 交通事故が起きたとき

| 正 誤 | 【問94】交通事故を起こしたときは、直ちに運転を中止して、他の交通の妨げにならない安全な場所に車を止め、負傷者がいる場合は、医師や救急車が到着するまで可能な応急処置を行う。

■ 自動車の所有者などの心得

| 正 誤 | 【問95】自動車を無断で運転されて事故を起こされたときは、その車の所有者にはいっさい責任がない。

| 正 誤 | 【問96】自動車損害賠償責任保険証明書（強制保険）は、交通事故を起こしたときに必要なので、自宅に保管しておく。

■ 高速道路での運転のしかた

| 正 誤 | 【問97】原動機付自転車であっても、運転者がヘルメットをかぶっていれば高速道路を運転することができる。

| 正 誤 | 【問98】標識等で特に最高速度が定められていない自動車専用道路における最高速度は一般道路と同じである。

| 正 誤 | 【問99】普通自動車（三輪を除く）の高速自動車国道での最高速度は、標識等で最高速度の指定がなければ100キロメートル毎時である。

| 正 誤 | 【問100】高速自動車国道で中央分離帯がない場合、普通自動車の最高速度は80キロメートル毎時である。

Part1
試験によく出る！頻出問題 厳選100問
解答＆解説

問1：正　運転中の携帯電話などの使用や、カーナビゲーション装置に表示された画像を注視すると、**周囲の交通の状況**などに対する**注意が不十分**になり危険です。

問2：誤　**たとえ少量でも酒を飲んで運転**することはできません。また、**運転することが分かっている者に酒を勧める**ことも違反です。

問3：誤　**信号が青色から黄色に変わったときに交差点内**を走行しているときには、そのまま交差点を通過することができます。

問4：正　**黄色の点滅信号**のときは、車は**他の交通に注意して進行**することができます。

問5：正　信号が赤色や黄色の灯火であっても同時に**青色の矢印**があれば、自動車は、**矢印の方向に進む**ことができます。

問6：誤　信号が**赤色の点滅**のときには、停止位置で**一時停止**し、**安全を確認**した後に進むことができます。

問7：正　信号機の表示する**信号と警察官や交通巡査員の手信号や灯火信号**が異なる場合には**警察官等の指示に従わ**なければなりません。

問8：誤　警察官等が手信号や灯火による信号をしている場合は、信号機の信号に**優先**するので警察官等の指示に**従わ**なければなりません。

問9：正　警察官が腕を垂直に上げているとき、**対面する交通**については**赤色**、**平行する交通**については**黄色**と同じ意味です。

問10：正　交差点以外の横断歩道や自転車横断帯、踏切などがあるところで警察官が手信号や灯火による信号をしているときの**停止位置**は、それらの**場所の直前**です。

問11：正　警察官が灯火を横に振っているとき、**振られている方向は青信号**、これと**交差する方向は赤信号**と同じです。

問12：誤　**左折可の標示板**のある交差点では、車は信号が赤色や黄色であっても左折することができますが、この場合、信号に従って横断している**歩行者等の通行を妨げて**はいけません。

問13：正　問題の**標識**は「**徐行**」と「**一時停止**」の2種類に使われています。

問14：誤　問題の**標識**は**自動車**と**自動二輪車**、**原動機付自転車**などが通行できな

いことを表しています。

問15：誤　問題の標示は、交差する**前方の道路が優先道路**であることを表しています。

問16：誤　車両通行帯のない道路では、追い越しなどでやむを得ない場合のほかは、道路の**左に寄って通行**します。

問17：誤　左側部分の幅が6メートル未満であっても、追い越しややむを得ない場合以外では中央線をはみ出して通行することはできません。

問18：正　2つの車両通行帯があるときは、**右側の車両通行帯は追い越しなどのためにあけておきます**。

問19：正　同一方向に3つ以上の車両通行帯が設けられているときは、その最も**右側の車両通行帯は追い越しなどのためにあけておき**、それ以外の通行帯をその速度に応じて通行することができます。

問20：誤　交差点やその付近以外の場所で緊急自動車が接近してきたときは**道路の左側に寄り進路を譲ればよく、必ずしも一時停止の必要はありません**。

問21：誤　**交差点内で緊急自動車が接近してきたときは、交差点を避けて、道路の左側に寄り一時停止します**。

問22：正　一方通行の道路で左側に寄ると、かえって緊急自動車の通行の妨げとなるようなときは、**右側に寄らなければなりません**。

問23：正　問題の標識は「路線バス等の専用通行帯」を表しているので、**普通自動車などは右左折する場合や工事中などのためやむを得ない場合のほかは通行できません**。

問24：誤　標識等によって、路線バス等の専用通行帯が指定されている道路では、**普通自動車などは左折などのためや工事のためやむを得ない場合は通行できます**。

問25：正　路線バス専用通行帯であっても、**小型特殊自動車、原動機付自転車、軽車両は通行できます**。

問26：正　右折しようとする場合に、その交差点で**直進か左折をする車**があるときは、自分の車が先に交差点に入っていても、**その進行を妨げてはいけません**。

問27：誤　問題の**標識は**「一般原動機付自転車の右折方法（小回り）」を表示しているので、**自動車と同じ方法**で右折できます。

問28：正　道幅が同じような交差点（環状交差点や優先道路通行中の場合を除く）では、路面電車や**左方から来る車**があるときは、路面電車やその車の**進行を妨げてはいけません**。

問29：誤　交通整理の行われていない交差点（環状交差点や優先道路通行中の場合を除く）に入ろうとするときに路面電車が接近してきたときは、**路面電車が優先**します。

問30：正　普通自動車Ｂが通行している道路は交差点内まで中央線が引かれている**優先道路**なので、Ａ車はＢ車の進行を妨げてはいけません。

問31：正　交通整理が行われていない道幅が異なる交差点（環状交差点を除く）では、道幅の狭い道路を通行する車は、道幅の広い道路を通行する車の進行を妨げてはいけません。

問32：正　原動機付自転車で３車線以上ある交通整理の行われている交差点で右折するときには、小回り右折の標識がなければ**二段階右折**をしなければなりません。

問33：誤　踏切では、踏切の直前で必ず**一時停止**し、安全を確認します。このとき見通しが悪いときには警報機の音や列車の音で安全を確認します。踏切内での一時停止は危険です。

問34：正　信号機のある踏切では、信号に従えば**一時停止**せずに通過することができます。

問35：誤　踏切の手前で**警報機**が鳴り出したときは、踏切の手前で**一時停止**しなければなりません。

問36：正　**踏切の向こう側が混雑**しているため、そのまま進むと踏切内で動きがとれなくなるおそれがあるときは踏切に入ってはいけません。

問37：正　標識や標示で最高速度が指定されていない**一般道路**では、自動車は60キロメートル毎時、原動機付自転車は30キロメートル毎時を超えて運転してはいけません。

問38：誤　徐行とは、ただちに停止できる速度をいうので、20キロメートル毎時では徐行にはなりません。一般に10キロメートル毎時以下を徐行といいます。

問39：正　**空走距離**とは、運転者が危険を感じてからブレーキを踏み、ブレーキが実際にきき始めるまでの間に走る距離をいいます。

問40：正　**停止距離**は、運転者が危険を感じてブレーキを踏んでから車が完全に停止するまでの距離です。

問41：誤　ＡＢＳを備えた自動車で急ブレーキをかけるときは、システムを作動させるため、一気に強く踏み込み、踏み続けます。

問42：誤　ブレーキドラムに水が入ると一時的にブレーキのききが悪くなります。

問43：正　路面が雨にぬれ、タイヤがすり減っていると乾燥した路面でタイヤの状態が良い場合に比べて２倍程度の**車間距離**が必要となります。

問44：正　道路がすべりやすい状態のときは、**ブレーキは数回に分けて踏む**ようにします。

問45：正　横断歩道のない交差点やその近くを**歩行者が横断**しているときには、その通行を妨げないようにすればよく、必ずしも一時停止や徐行の規定はありません。

問46：正　横断歩道に接近するときは、歩行者等がいないことが明らかな場合以外では、**横断歩道の直前で一時停止**できるような速度で進行しなければなりません。

問47：誤　横断歩道の手前に停止している車があるときには、そのそばを通って前方に出る前に**一時停止をして安全を確認**しなければなりません。

問48：誤　原則として車は歩道や路側帯、自転車道などを通行できませんが、**道路に面した場所に出入りするために横切る場合**は別です。

問49：誤　**歩道や路側帯を横切るとき**は歩道や路側帯の直前で**一時停止**をして、歩行者の通行を妨げないようにします。

問50：誤　こどもの乗降のため停車している**通学通園バスの側方を通過**するときには**徐行**しなければなりません。

問51：正　**安全地帯のない停留所で人が乗り降りしている路面電車**がいるときは、路面電車の後方で停止していなければいけません。

問52：正　**乗降客や道路を横断する人がいないときには路面電車との間隔を1.5メートル以上あければ徐行**して通過できます。

問53：誤　**歩行者用道路を通行**するときには、歩行者の有無に関係なく**徐行**しなければなりません。

問54：正　**目の不自由な人**だけでなく、こどもがひとり歩きしているとき、通行に支障のある**高齢者**が通行しているときも同様です。

問55：正　**初心者マーク、聴覚障害者マーク、高齢者マーク、身体障害者マーク、仮免許練習標識**を付けた普通自動車には、危険を避けるためやむを得ない場合のほかは、その**車の側方に幅寄せ**したり、**前方に無理に割り込ん**ではいけません。

問56：正　普通・準中型免許を受けた者で肢体不自由であることを理由に免許に条件を付されている**身体の不自由な運転者**は、自動車の定められた位置に**身体障害者マークを付ける**ようにしましょう。

問57：正　**右左折や転回は30メートル手前**から、**徐行や停止はそのとき**に合図を行います（環状交差点での右左折・転回を除く）。

問58：誤　見通しのきかない交差点であっても、「**警笛鳴らせ**」の標識がある場所や、「**警笛区間**」の標識がある区間内、危険を避けるためやむを得

問59：誤　ない場合以外は鳴らすことはできません。

問59：誤　追越し禁止の場所では、**自動車で原動機付自転車を追い越すことはできません。**

問60：誤　標識等で追い越しが禁止されていなければ、**橋の上での追い越しは禁止されていないので**違反にはなりません。

問61：誤　横断歩道およびその手前30メートル以内の部分では**追い越しや追い抜き**は禁止されています。

問62：誤　他の車を追い越そうとするときは、前車が右折するため道路の中央または右側端に寄って通行しているときを除いて、**前車の右側を追い越します。**

問63：正　優先道路を通行している場合には、交差点であっても**追い越しは禁止されていません。**

問64：正　駐停車している車の前方を横切ることはよいが、**信号待ちなどで停止している車の前方を横切ることは禁止**されています。

問65：正　普通免許では、普通自動車のほか、**小型特殊自動車と原動機付自転車**を運転できます。

問66：正　タクシーなどの旅客自動車を**営業の目的以外で運転するときは、第一種免許**で運転することができます。

問67：正　初心者マークをつける必要があるのは普通免許を取得後1年未満の者で、**普通自動車を運転するとき**です。

問68：正　故障車をロープなどでけん引する場合は、故障車にはその車を運転できる免許を持っている者にハンドルを操作させます。

問69：正　遠心力の大きさは、カーブの半径が小さいほど大きくなり、速度の2乗に比例して大きくなります。

問70：誤　明るさが急に変わると、視力は一時急激に低下します。

問71：正　昼間でもトンネルの中など50メートル先が見えないような場所を通行するときは**灯火をつけなければなりません。**

問72：誤　山道などでは地盤がゆるんでいることがあるので、路肩に寄りすぎないようにします。

問73：正　霧は視界を極めて狭くするので、**速度を落として運転**します。

問74：正　四輪車では、ギアをニュートラルにして車輪にエンジンの力をかけないようにしながら、路肩など安全な場所で停止してから、エンジンスイッチを切るようにします。

問75：誤　運転中に**大地震が発生**したときは、エンジンキーはそのままつけておき、ドアはロックしないで避難します。

問76：誤　オートマチック車のエンジン始動時はハンドブレーキを掛け、チェンジレバーが「P」の位置にあることを確認します。

問77：誤　ブレーキペダルを踏んだとき、踏みごたえが柔らかく感じるときは、ブレーキ液の液漏れ、空気の混入によるブレーキのききが不良のおそれがあります。

問78：誤　5分以内の貨物の積卸しであっても、**運転者が車から離れて直ちに運転することができない状態にある場合は駐車**です。

問79：誤　道路工事の区域の端から5メートル以内の場所は駐車のみが禁止されています。

問80：正　駐車した場合に車の右側の道路上に3.5メートル以上の余地がない場所でも、荷物の積卸しで運転者がすぐ運転できるときには駐車できます。

問81：正　横断歩道とその端から**前後に5メートル以内の場所は駐停車**が禁止されていますが、10メートルの場所では禁止されていません。

問82：正　道路に平行して駐停車している車と**並んで駐停車**することはできません。

問83：誤　消防用機械器具の置場、消防用防火水そう、これらの道路に接する出入口から5メートル以内の場所は、駐車のみが禁止されています。

問84：誤　駐停車が禁止されている場所であっても、**警察官の命令や危険防止のため一時停止する場合**などは、これらの場所に**停止**することができます。

問85：正　夜間、駐停車するときに照明などにより50メートル後方から見える場合や、停止表示器材を置いている場合は非常点滅表示灯などをつけなくてもかまいません。

問86：誤　故障のために道路上に駐車する場合でも、停止表示器材を置くなどして、ただちにレッカー車などを呼んで移動のための措置を行います。

問87：誤　安全地帯の左側とその前後10メートル以内の場所は駐停車禁止です。

問88：誤　駐車禁止でない場所であっても原則として同じ場所に引き続き12時間以上、夜間は8時間以上駐車することはできません。

問89：正　1本の白線によって区分されている路側帯であれば、**0.75メートルの余地**を残せばその**路側帯に入って駐車**することができます。

問90：誤　普通貨物自動車には自動車の車幅×1.2メートル以下、自動車の長さ×1.2メートル以下まで積載物を積むことができます（ただし車体の前後・左右0.1倍まで）。

問91：誤　原動機付自転車には積載装置の幅＋左右0.15メートル以下、長さは積載装置の長さ＋0.3メートル以下まで積むことができます。

問92：正　二輪車には、高さは地上から2メートル以下、長さは積載装置の長さ＋0.3メートル以下まで積載することができます。

問93：誤　原動機付自転車の乗車定員は1人です。

問94：正　交通事故を起こしたときは、事故の続発を防ぐため、他の交通の妨げにならないような安全な場所（路肩、空き地など）に車を止め、エンジンを切ります。負傷者がいる場合は、医師、救急車が到着するまで、可能な応急救護処置を行います。むやみに負傷者を動かしてはいけませんが、後続事故のおそれがある場合は、安全な場所へ移動させます。

問95：誤　車の所有者は、車を勝手に持ち出されないように、車の鍵の保管に十分に注意しなければならず、管理が不十分の場合には所有者にも責任が生じます。

問96：誤　自動車損害賠償責任保険証明書または責任共済証明書は車に備えておかなければなりません。

問97：誤　二輪車のうち原動機付自転車や125cc以下の普通自動二輪車は、高速道路を通行することはできません。

問98：正　**自動車専用道路**における**最高速度**は、標識等で最高速度が定められていなければ**一般道路と同じ**です。

問99：正　高速自動車国道での三輪の普通自動車の最高速度は80キロメートル毎時、三輪以外の普通自動車の最高速度は100キロメートル毎時です。

問100：誤　**高速自動車国道**で**中央分離帯がなく**、最高速度の指定がない場合の**最高速度は60キロメートル毎時**です。

Part 2

ミスを防ぐ！引っかけ問題

ここだけは押さえたい！
厳選107問

学科試験では、間違いを誘発する引っかけ問題が数多く出題されます。さまざまな規制のある場所を数字や言葉の表現のしかたで表したりするため、正確な数字と表現をしっかり理解していないと、出題者のワナにはまってしまいます。それを見破るためのコツを、ここに掲げた「厳選107問」で身につけましょう。

攻略のPOINT
- 距離などの数字の問題に注意する。
- 問題中の「絶対」「必ず」といった言葉に注意する。
- 問題中の数字の「以下」と「未満」、「以上」と「超える」の違いに要注意。

◆次の問題のうち正しいものは「正」、誤っているものは「誤」のワクの中をぬりつぶしなさい。

■ 運転するときの心得

【問 1】 車とは、自動車と原動機付自転車のことをいう。

【問 2】 四輪車のシートの背は、ハンドルに両手をかけたとき、ひじがいっぱいに伸びる状態に合わせるのがよい。

【問 3】 自動車を後退させるとき運転者は、シートベルトを着用しなくてもよい。

| 正 | 誤 | 【問 4】エアバッグを備えている車を運転するときは、シートベルトを着用しなくてもよい。

| 正 | 誤 | 【問 5】普通自動車を運転中に、幼稚園児を乗車させるときには、チャイルドシートの使用義務は免除される。

| 正 | 誤 | 【問 6】幼児らを乗用車に乗せるときには、前部座席に乗せるほうが後部座席に乗せるよりも目が届き安全である。

| 正 | 誤 | 【問 7】運転中に携帯電話をかけることは禁止されているが、かかってきた電話に出ることは禁止されていない。

■ 信号は絶対に守ろう

| 正 | 誤 | 【問 8】正面の信号が黄色のときは、他の交通に注意しながら進行することができる。

| 正 | 誤 | 【問 9】片側3車線の交差点で信号が「赤の灯火」と「右折の青色の灯火の矢印」を表示しているときには、普通自動車は右折することができるが、原動機付自転車は右折することができない。

| 正 | 誤 | 【問10】信号が「赤の灯火」と「左折の青色の灯火の矢印」を表示している交差点では、自動車や原動機付自転車は矢印の方向に進むことができるが、軽車両は進むことができない。

| 正 | 誤 | 【問11】赤色の灯火の点滅信号では、車は停止位置で一時停止し、安全確認をした後、徐行して進むことができる。

| 正 | 誤 | 【問12】信号機のある交差点を自動車で右折するときは、前方の信号が青であれば、横の信号が赤であっても対向車の進行を妨げなければ右折してもよい。

| 正 | 誤 | 【問13】二輪車をエンジンをかけずに押して歩いているときは、歩行者用の信号に従って通行しなければならない（側車付を除く）。

| 正 | 誤 | 【問14】警察官や交通巡視員が信号機の信号と異なった手信号をしているときは、警察官や交通巡視員の手信号が優先する。

| 正 | 誤 | 【問15】警察官が腕を垂直に上げたとき、警察官の身体に平行する交通については、信号機の赤色の信号と同じである。

| 正 | 誤 | 【問16】警察官が交差点以外の横断歩道などのないところで赤色の信号と同じ意味の手信号をしているときは、その警察官の手前1メートルのところで停止する。

■ 標識・標示を守ろう

| 正 | 誤 | 【問17】本標識には、規制標識、指示標識、警戒標識、案内標識の4種類がある。

| 正 誤 | 【問18】規制標識とは、道路上の危険や注意すべき状況などを前もって道路利用者に知らせて注意を促すものである。

| 正 誤 | 【問19】図1の標識のある道路では、車は通行できないが、歩行者は通行することができる。

| 正 誤 | 【問20】図2の標識のある道路は、自動車はすべて通行できない。

| 正 誤 | 【問21】図3の標識のある交差点では直進することはできない。

| 正 誤 | 【問22】図4の標識のある道路では、道路の右側部分にはみ出さなくても追い越しは禁止されている。

| 正 誤 | 【問23】図5の標識のある道路では、積み荷の重さが5.5トンを超える車の通行ができないことを意味している。

| 正 誤 | 【問24】図6の標識のある道路では、原動機付自転車は50キロメートル毎時の速度まで出すことができる。

| 正 誤 | 【問25】図7の標識のある道路を通行しているときは、見通しのきかない交差点を通行するときでも徐行をしなくてもよい。

| 正 誤 | 【問26】図8の標示は原動機付自転車に対してのものなので、普通自動車の運転者は従う必要はない。

| 正 誤 | 【問27】図9の標示のある路側帯は軽車両などの通行も禁止されており、自動車も路側帯部分に入って駐停車することができない。

| 正 誤 | 【問28】指定方向外進行禁止の標識のある交差点で指定方向以外の方向に進行する場合には、一時停止し、安全を確認しなければならない。

車の通行できるところは

| 正 誤 | 【問29】道路の中央から左側部分の幅が6メートル未満であれば、いつでも右側部分にはみ出して通行することができる。

| 正 誤 | 【問30】車両通行帯のある道路では、追い越しなどでやむを得ないときは、進路を右の車両通行帯に変更して通行することができる。

【問31】歩道や路側帯のない道路の左側から0.5メートルの部分の路肩を四輪自動車は通行できる。

【問32】車は、路面電車が通行していないときは、いつでも軌道敷内を通行することができる。

【問33】軌道敷内を通行している車は、後方から路面電車が近づいてきたとき、路面電車との間に十分な距離を保てば、軌道敷内の外に出る必要はない。

【問34】車両通行帯が黄色の線で区画されている道路を進行しているときは、たとえ右左折のためであっても、交差点の手前で進路を変えることはできない。

■ 緊急自動車などが優先する道路

【問35】交差点や交差点付近でないところで緊急自動車が近づいてきたときは、道路の左側に寄り、一時停止か徐行をして進路を譲らなければならない。

【問36】路線バス等優先通行帯では、小型特殊自動車・原動機付自転車・軽車両以外の車は通行することができない。

【問37】路線バス等専用通行帯の標識のある車両通行帯へは、原動機付自転車、小型特殊自動車、軽車両を除くほかの車は絶対に通行してはならない。

【問38】停留所に停車中の路線バスに追いついたときは、一時停止をして安全確認をしなければならない。

■ 交差点・踏切の通行のしかた

【問39】交通整理の行われていない同じ道幅の交差点（環状交差点や優先道路通行中の場合を除く）に入ろうとしたとき、右方から路面電車が接近してきたときには、左方車優先の原則によりそのまま進行することができる。

【問40】交差する道路が優先道路であるときや、その道幅があきらかに広いときは、交差点（環状交差点を除く）の手前で一時停止をして交差道路を通行する車の進行を妨げないようにする。

【問41】小回り右折の標識のある交差点で右折する原動機付自転車は、あらかじめできる限り道路の中央に寄り、かつ、交差点の中心のすぐ内側を徐行する。

【問42】左側に2通行帯のある道路の交差点で原動機付自転車が右折するとき、標識による右折方法の指定がなければ、小回り右折の方法をとる。

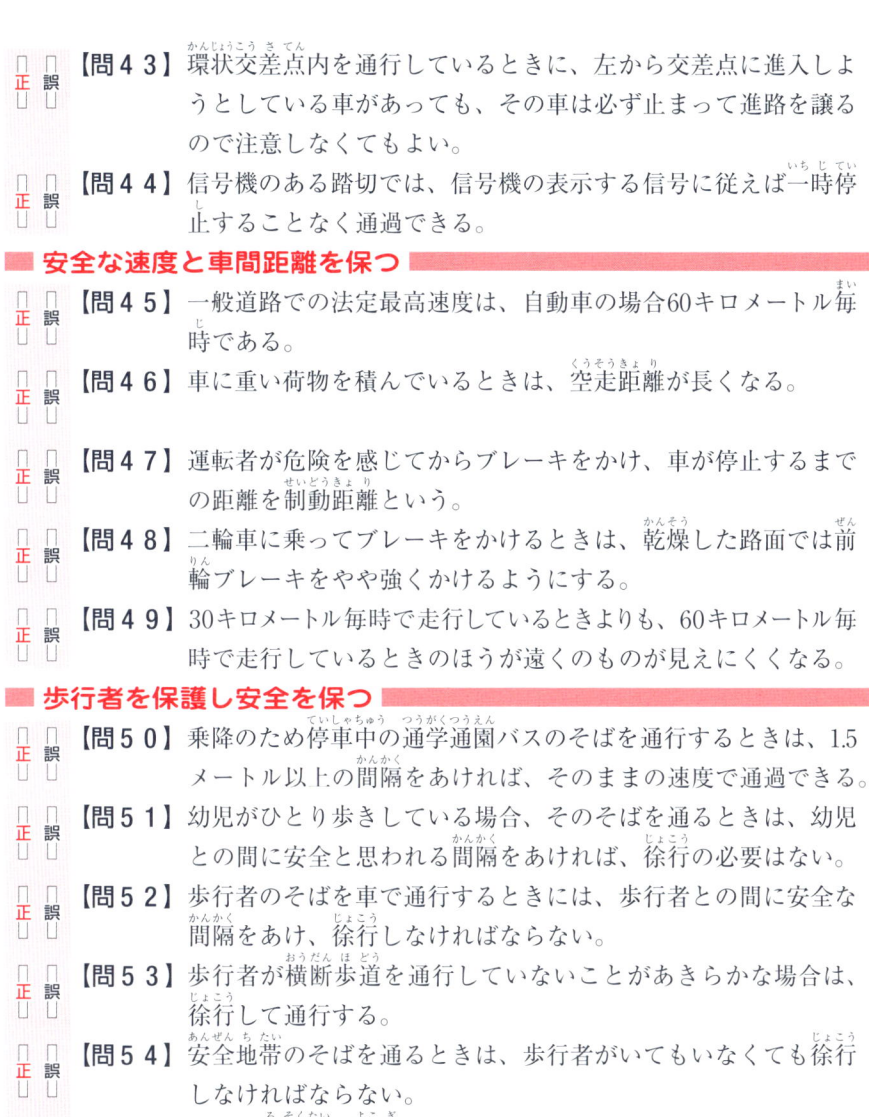

【問43】環状交差点内を通行しているときに、左から交差点に進入しようとしている車があっても、その車は必ず止まって進路を譲るので注意しなくてもよい。

【問44】信号機のある踏切では、信号機の表示する信号に従えば一時停止することなく通過できる。

■ 安全な速度と車間距離を保つ

【問45】一般道路での法定最高速度は、自動車の場合60キロメートル毎時である。

【問46】車に重い荷物を積んでいるときは、空走距離が長くなる。

【問47】運転者が危険を感じてからブレーキをかけ、車が停止するまでの距離を制動距離という。

【問48】二輪車に乗ってブレーキをかけるときは、乾燥した路面では前輪ブレーキをやや強くかけるようにする。

【問49】30キロメートル毎時で走行しているときよりも、60キロメートル毎時で走行しているときのほうが遠くのものが見えにくくなる。

■ 歩行者を保護し安全を保つ

【問50】乗降のため停車中の通学通園バスのそばを通行するときは、1.5メートル以上の間隔をあければ、そのままの速度で通過できる。

【問51】幼児がひとり歩きしている場合、そのそばを通るときは、幼児との間に安全と思われる間隔をあければ、徐行の必要はない。

【問52】歩行者のそばを車で通行するときには、歩行者との間に安全な間隔をあけ、徐行しなければならない。

【問53】歩行者が横断歩道を通行していないことがあきらかな場合は、徐行して通行する。

【問54】安全地帯のそばを通るときは、歩行者がいてもいなくても徐行しなければならない。

【問55】歩道や路側帯を横切るときには、歩行者などがいなくても、その直前で一時停止しなければならない。

【問56】歩道や路側帯のない道路では、自動車(二輪のものを除く)は、路端から0.5メートルの部分が舗装道路であっても通行してはならない。

■ 追い越しができるとき・できないとき

【問57】前の原動機付自転車がその前の自動車を追い越そうとしているとき、その原動機付自転車を追い越し始めれば二重追い越しとなる。

|正|誤| 【問58】道幅が6メートル未満の追い越しが禁止されていない道路で、中央に黄色の実線が引かれているところでも右側部分にはみ出さなければ追い越しをしてもよい。

|正|誤| 【問59】バス停留所の標示板から前後に10メートル以内の場所は、バスの運行時間に限って追い越しが禁止されている。

|正|誤| 【問60】標識や標示で追い越しが禁止されていないところでも、車両通行帯がないトンネル内は追い越し禁止である。

|正|誤| 【問61】追い越しとは、進路を変えないで進行中の車の前方に出ることである。

|正|誤| 【問62】優先道路を通行しているときには、交差点の手前から30メートル以内の部分で追い越しをしてもよい。

■ 運転免許制度について

|正|誤| 【問63】普通免許を受けてから初心運転期間中に違反点数が基準に達して、再試験に合格しなかった人や再試験を受けなかった人は免許停止となる。

|正|誤| 【問64】運転免許証を自宅に忘れて運転をした場合には、無免許運転になる。

|正|誤| 【問65】普通免許では、普通自動車のほか、普通自動二輪車と原動機付自転車を運転することができる。

■ 悪条件下での運転のしかた

|正|誤| 【問66】舗装された道路では、雨の降り始めが最もスリップしやすく、降り続いているときよりも注意しなければならない。

|正|誤| 【問67】雨が降っている夜間は見通しが悪く対向車と接触するおそれもあるので、できるだけ路肩を通行するほうがよい。

|正|誤| 【問68】エンジンブレーキはフットブレーキが故障したときや緊急時に使用するので、下り坂では使用しないほうがよい。

|正|誤| 【問69】霧で視界が悪いところを走行するときは、前照灯を上向きにすると見通しがよくなる。

|正|誤| 【問70】夜間、見通しの悪い交差点で車の接近を知らせるために、前照灯を点滅した。

|正|誤| 【問71】大地震が発生してやむを得ず車を道路上に置いて避難するときは、車を道路の左端に寄せて駐車し、エンジンを止め、エンジンキーを抜き、窓を閉め、ドアをロックしておく。

|正|誤| 【問72】大地震が発生して車で避難するときは、ほかの避難者に注意して徐行しなければならない。

【問73】片側ががけの狭い道路での行き違いは、がけ側と反対側の車があらかじめ停止して、がけ側の車に進路を譲る。

【問74】見通しの悪い左カーブでは、中央線寄りを走行したほうがカーブの先を見やすいので安全である。

■ 自動車の保安管理のしかた

【問75】ブレーキペダルの点検で、ペダルをいっぱいに踏み込んだときにペダルと床板との間にすき間があってはならない。

【問76】ワイパーが動かなくても、雨が降っていなければ、運転してもよい。

【問77】高速道路を通行するときは、高速走行するためにタイヤが熱をもち、空気が膨張するので、空気圧をやや低めにしておく。

【問78】自家用の普通乗用自動車については、2年ごとに定期点検を受けなければならない。

【問79】自家用の普通乗用自動車は、定期点検を受けていれば日常点検を行わなくてもよい。

【問80】自動車の運転者は運行する前に必ず1回は日常点検を行わなければならない。

■ 正しい駐車と停車のしかた

【問81】火災報知機から1メートル以内の場所は、駐車は禁止されているが、停車は禁止されていない。

【問82】駐車するときに歩道のない場所では、歩行者のために車の左側を0.5メートル以上あけておかなければならない。

【問83】駐車禁止場所で、人を待つために長時間止めておいてもエンジンをかけておけば駐車違反にはならない。

【問84】バス停の標示板から10メートル以内はバスの運行時間中は駐停車禁止であるが、運行時間外で標識などで駐停車が禁止されていない場所であれば、バス以外の車も駐停車できる。

【問85】駐停車禁止の場所であっても、5分以内の荷物の積卸しのための停車は許されている。

【問86】人の乗り降りのための停車であれば、5分を超えても駐車にはならない。

【問87】歩道の幅が0.75メートル以上ある道路で駐車するときには、歩道に入って0.75メートルをあけて駐車する。

【問88】下り坂で車から離れるとき、マニュアル車ではギアをバックに、オートマチック車ではチェンジレバーをRに入れる。

| 正 | 誤 | 【問89】夜間、一般道路で車を駐車するとき、道路照明などにより50メートル後方からはっきり見えるところでも、非常点滅表示灯か駐車灯または尾灯をつけなければならない。

| 正 | 誤 | 【問90】自動車の右側に3.5メートル以上の余地がない道路で、荷物の積卸しのため運転者が車のそばを離れずに10分間車を止めた。

■ 乗車定員と最大積載量について ■

| 正 | 誤 | 【問91】トラックの荷台に荷物を積んで運ぶときに見張りのため荷台に人を乗せるときには、出発地の警察署長の許可を受けなければならない。

| 正 | 誤 | 【問92】乗車定員5人の乗用車には運転者のほかに、12歳未満のこどもを6人まで乗せることができる。

| 正 | 誤 | 【問93】原動機付自転車の乗車定員は1人であるが、小児用の座席をつければ2人乗りができる。

| 正 | 誤 | 【問94】普通貨物自動車に荷物を積むときは、荷台の後ろに荷台の長さの10分の1まではみ出して荷物を積むことができる。

| 正 | 誤 | 【問95】ロープで故障車をけん引する場合は、けん引する車と故障車との間のロープに0.3メートル平方以上の赤い布をつけなければならない。

| 正 | 誤 | 【問96】車両総重量が850キログラムの故障車をけん引するときは、けん引免許が必要である。

■ 高速道路での運転のしかた ■

| 正 | 誤 | 【問97】高速自動車国道の本線車道における普通自動車の最高速度は、すべて100キロメートル毎時である。

| 正 | 誤 | 【問98】最高速度が標識や標示などで表示されていない自動車専用道路での最高速度は、高速自動車国道の最高速度と同じである。

| 正 | 誤 | 【問99】高速自動車国道の本線車道が道路の構造上往復の方向別に分離されていない区間では、標識などで示されていない場合、普通自動車の最高速度は一般道路と同じである。

| 正 | 誤 | 【問100】高速自動車国道では、最低速度が定められているが、自動車専用道路では定められていない。

| 正 | 誤 | 【問101】原動機付自転車は高速道路を通行できないが、ミニカーは普通自動車なので高速道路を通行できる。

| 正 | 誤 | 【問102】高速道路の加速車線を走行する車は徐行して、本線車道を通行している車の進行を妨げてはならない。

|正 誤|【問103】|高速道路を走行して出口に近づいたときは、あらかじめ左側の路側帯を通行しなければならない。|

|正 誤|【問104】|高速自動車国道の登坂車線は、荷物を積んだ大型貨物自動車以外は通行できない。|

|正 誤|【問105】|高速道路で故障し、やむを得ず路肩に駐車するときは、必要な危険防止の措置をとった後、車外にいると危険なので車内で待機する。|

|正 誤|【問106】|高速道路を走行するためにエンジンオイルの量の点検では、オイルレベルゲージ（油量計）のFより多めに入れるようにする。|

|正 誤|【問107】|高速道路を通行中、後方から緊急自動車が接近してきたときは左側に寄って一時停止する。|

Part2
ミスを防ぐ！引っかけ問題 厳選107問
解答＆解説

問1：誤　車とは、自動車、原動機付自転車、軽車両のことをいいます。

問2：誤　四輪車のシートの背は、ハンドルに両手をかけたとき、**ひじがわずかに曲がる状態**に合わせるようにします。

問3：正　シートベルトを着用しないで自動車を運転してはいけませんが、**負傷、疾病または妊娠中**のためシートベルトを着用することが適当でないときや**自動車を後退**させるときなどは**装着が免除**されています。

問4：誤　その車がエアバッグを備えている場合でもシートベルトを着用しなければなりません。

問5：誤　6歳未満の幼児をチャイルドシートを使用しないで乗車させ、運転することはできません。

問6：誤　**幼児などを乗用車に乗せるときには、できるだけ後部座席に乗せる**ようにします。

問7：誤　運転中の携帯電話の使用は危険なので、運転中は電源を切っておくか、ドライブモードに設定するなど呼出音が鳴らないようにしておきます。

問8：誤　正面の信号が黄色のときは、安全に停止できない場合を除き、停止位置を越えて進むことはできません。他の交通に注意しながら進行することができるのは黄色の点滅信号のときです。

- 問9：正　原動機付自転車は片側3車線の交差点や二段階右折の標識のある交差点では直接右折することはできません。
- 問10：誤　「赤の灯火」と「左折の青色の灯火の矢印」を表示している交差点では、軽車両も矢印の方向に進むことができます。
- 問11：誤　赤色の灯火の点滅信号では、車は停止位置で一時停止し、安全確認をした後に進むことができます。徐行の必要はありません。
- 問12：正　右折する場合に前方の信号が青であれば右折することができますが、この場合、歩行者にも注意しなければなりません。
- 問13：正　二輪車をエンジンをかけずに押して歩いているときは、歩行者として扱われるので、歩行者用信号に従って通行します。
- 問14：正　信号機の信号が警察官や交通巡視員の手信号と異なったときは、警察官等の手信号が優先します。
- 問15：誤　警察官が腕を垂直に上げたとき、警察官の身体に平行する交通については、信号機の黄色の信号と同じ意味です。
- 問16：正　警察官等が交差点以外で、横断歩道も自転車横断帯も踏切もないところで手信号や灯火により赤色の信号と同じ信号をしているときの停止位置は、警察官などの1メートル手前です。
- 問17：正　標識には4種類の本標識と補助標識があります。
- 問18：誤　規制標識とは、特定の交通方法を禁止したり、特定の方法に従って通行するように指定するものです。記述は警戒標識です。
- 問19：正　問題の標識は「車両通行止め」であり、車は通行できません。
- 問20：誤　問題の標識は「二輪の自動車以外の自動車通行止め」であり、二輪の自動車は通行できます。
- 問21：正　問題の標識は「指定方向外進行禁止」であり、右左折はできますが、直進はできません。
- 問22：正　問題の標識は「追越し禁止」であり、追越しはすべて禁止されています。
- 問23：誤　問題の標識は「重量制限」であり、車両総重量が5.5トンを超える車の通行ができないことを意味しています。
- 問24：誤　問題の標識は「最高速度50キロメートル毎時」であり、自動車は50キロメートル毎時の速度まで出すことができますが、原動機付自転車の法定最高速度は30キロメートル毎時です。
- 問25：正　問題の標識は「優先道路」であり、見通しのきかない交差点でも徐行の必要はありません。
- 問26：誤　問題の標示は「最高速度30キロメートル毎時」であり、自動車も従わ

なければなりません。

問27：正　問題の標示は「歩行者用路側帯」であり、車の駐停車や軽車両の通行が禁止されています。

問28：誤　**指定方向外進行禁止の標識のある交差点では、表示されている指定方向以外の方向に進行することはできません。**

問29：誤　**左側部分の幅が6メートル未満で、追い越しをする場合や工事などのため通行するのに十分な幅がないときなどには通行できます。**

問30：正　車両通行帯のある道路で**追い越しをするときには、通行している通行帯の直近の右側の通行帯を通行**しなければなりません。

問31：誤　歩道や路側帯のない道路を通行するときは、路肩（路端から0.5メートル）の部分にはみ出して通行することはできません。

問32：誤　車は、原則として軌道敷内を通行してはいけません。通行できるのは軌道敷内通行可の標識により指定された車などです。

問33：正　軌道敷内を通行している車は、後方から路面電車が近づいてきたときには、軌道敷外に出るか、路面電車との間に十分な距離を保ちます。

問34：正　車両通行帯が黄色の線で区画されている場所ではその線を越えて進路変更を行うことはできません。

問35：誤　**交差点や交差点付近でないところで緊急自動車が近づいてきたときは、道路の左側に寄って進路を譲らなければなりませんが、必ずしも一時停止や徐行の必要はありません。**

問36：誤　**路線バス等優先通行帯では路線バス等が後方から接近してきた場合に、交通混雑のためその優先通行帯から出られなくなるおそれがあるとき以外には、車はその優先通行帯に入ることができます。**

問37：誤　**路線バス等専用通行帯であっても、右左折するためや道路工事などのためやむを得ない場合はほかの車も通行できます。**

問38：誤　**停留所に停車中の路線バスが発進の合図をしたときは、後方の車はその発進を妨げてはいけませんが、設問のケースでは一時停止の必要はありません。**

問39：誤　交通整理の行われていない同じ程度の幅の道路が交差する交差点（環状交差点や優先道路通行中の場合を除く）では、交差道路を**左方から進行してくる車の進行の妨害や交差道路を通行する路面電車の進行の妨害をしてはなりません。**

問40：誤　交差する道路が優先道路であるときや、交差する道路（環状交差点を除く）の道幅があきらかに広いときは、**徐行をして交差道路を通行する車の進行を妨げないようにします。必ずしも一時停止の必要はあり**

ません。

問41：正　小回り右折は自動車と同じように、二段階右折では軽車両と同じように右折します。

問42：正　標識による右折方法の指定がなく、左側3通行帯以上の交通整理が行われている交差点では二段階右折、左側2通行帯以下の交差点では小回り右折をします。

問43：誤　環状交差点内を通行する車が優先であるが、必ず止まるとは限らないので注意して進むことが必要です。

問44：正　踏切を通過しようとするときは、踏切の直前で停止し、かつ、安全を確認した後でなければ進行することはできませんが、信号機の表示する信号に従うときは、踏切の直前で停止しないで進行することができます。

問45：正　一般道路における法定最高速度は自動車が60キロメートル毎時、原動機付自転車が30キロメートル毎時です。

問46：誤　重い荷物を積んでいるときは、制動距離が長くなります。

問47：誤　運転者が危険を感じてからブレーキをかけ、ブレーキがきき始め、車が完全に停止するまでの距離を停止距離といいます。

問48：正　二輪車で乾燥した路面でブレーキをかけるときは前輪ブレーキをやや強く、路面がすべりやすいときは後輪ブレーキをやや強くかけます。

問49：誤　30キロメートル毎時で走行しているときよりも、60キロメートル毎時で走行しているときのほうが近くのものが見えにくくなります。

問50：誤　乗降のため停車中の通学通園バスのそばを通行するときは、徐行して安全を確認しなければなりません。

問51：誤　児童や幼児がひとり歩きしているときは、一時停止か徐行をしてその通行を妨げないようにします。

問52：誤　歩行者のそばを車で通行するときには、歩行者との間に安全な間隔をあけるか、安全な間隔をあけることができないときには徐行して通過します。

問53：誤　歩行者または自転車が横断歩道や自転車横断帯を通行していないことがはっきりとわかる場合には、そのまま進行できます。

問54：誤　安全地帯のそばを通るときは、歩行者がいるときは徐行しなければなりませんが、いないときは徐行しないで通行できます。

問55：正　歩道や路側帯を横切るときには、必ずその直前で一時停止しなければなりません。

問56：正　自動車（二輪のものを除く）は、歩道や路側帯のない道路を通行する

ときは、路肩（路端から0.5メートル）にはみ出して通行してはいけません。

問57：正 前の原動機付自転車がその前の「自動車」を追い越そうとしているとき、その原動機付自転車を追い越し始めれば二重追い越しとなります。ただし、**先頭の車が原付や軽車両のときは二重追い越しにはなりません。**

問58：正 中央に黄色の実線が引かれているところでは、追い越しのために道路の右側部分にはみ出しての通行が禁止されているので、**右側部分にはみ出さなければ追い越しができます。**

問59：誤 **バス停留所の標示板から10メートル以内は、バスの運行時間に限って駐停車が禁止**されていますが、**追い越し禁止場所ではありません。**

問60：正 トンネル内に車両通行帯がないときは追い越しが禁止されています。

問61：誤 追い越しは、進路を変えて進行中の車の前方に出ること。

問62：正 交差点とその手前30メートル以内の場所は追い越しが禁止されていますが、優先道路を通行している場合を除きます。

問63：誤 初心運転期間に違反点数が基準に達して、再試験に合格しなかった人や再試験を受けなかった人は免許取り消しとなります。

問64：誤 運転免許証を所持しないで運転すると免許証不携帯になります。

問65：誤 普通免許では、普通自動車のほか、小型特殊自動車と原動機付自転車を運転することができます。

問66：正 **雨の降り始めは道路上の泥などが水面に浮いて滑りやすくなり、**降り続くことにより泥などが流されます。

問67：誤 雨の日などは地盤がゆるんでいることがあるので、路肩に寄りすぎないようにします。

問68：誤 エンジンブレーキはフットブレーキの補助として使用され、停止するときや下り坂などでアクセルペダルを戻すことにより作用します。

問69：誤 **霧の中を走行するときに前照灯を上向きにすると**乱反射し視界が悪くなるので、**下向きにします。**

問70：正 **夜間、見通しの悪い交差点やカーブなどの手前では、前照灯を上向きに切り替えるか点滅**して、ほかの車や歩行者に交差点などへの接近を知らせます。

問71：誤 大地震が発生して、やむを得ず車を道路上に置いて避難するときは、エンジンを止め、エンジンキーは付けたまま、窓を閉め、ドアはロックしてはいけません。

問72：誤 大地震が発生したときは、避難のために車を使用してはいけません。

ただし、津波から避難する場合を除きます。

問73：誤　片側ががけになっている狭い道路での行き違いは、**がけ側の車**があらかじめ**停止**して、がけ側と反対側の車に**進路を譲**ります。

問74：誤　見通しの悪い左カーブでは、中央線からはみ出して走行してくる対向車との衝突のおそれがあるので、**できるだけ左寄りを走行します**。

問75：誤　ブレーキペダルをいっぱいに踏み込んだときに、ペダルと床板との間に適当なすき間がないとブレーキがきかなくなることがあります。

問76：誤　運転を始めるときに雨が降っていなくても、運転中に雨が降ってくると危険なので、修理してから運転します。

問77：誤　**高速道路を通行する**ときには、タイヤの**空気圧をやや高め**にします。

問78：誤　自家用の普通乗用自動車については、1年ごとに定期点検を受けなければなりません。

問79：誤　自家用の普通乗用自動車は定期点検を受けていても日常点検を行います。

問80：誤　タクシーやハイヤーなどの事業用の自動車や自家用の大型自動車および中型自動車、普通貨物自動車（660cc以下を除く）などは運行する前に必ず日常点検を行わなければなりませんが、普通乗用自動車などは走行距離や運行時の状況などから判断して行います。

問81：正　火災報知機から1メートル以内の場所は、駐車のみが禁止されています。

問82：誤　歩道や路側帯のない道路で**駐車**するときには、**道路の左端に沿**います。

問83：誤　**人待ちのため長時間、車を止めておくことは駐車**となるため、駐車違反になります。

問84：正　バス、路面電車の停留所の標示板（標示柱）から10メートル以内の場所では運行時間中に限り、駐停車が禁止されています。

問85：誤　**駐停車禁止**の場所では、**荷物の積卸し**のための**停車**も禁止されています。

問86：正　人の乗り降りのための停車であれば時間の制限はありません。

問87：誤　歩道に乗り上げて駐車や停車をすることはできません。

問88：誤　下り坂で車から離れるとき、オートマチック車ではチェンジレバーをPに入れておきます。

問89：誤　夜間、一般道路に普通自動車を駐車するとき、道路照明などにより50メートル後方からはっきり見えるところでは、非常点滅表示灯や駐車灯または尾灯をつけなくてもよい。

問90：正　自動車の右側に3.5メートル以上の余地がない道路で、荷物の積卸しの

問91：誤　トラックの荷台の荷物を見張るために必要最小限度の人を乗せるときには許可は必要ありません。

問92：正　12歳未満のこどもは大人2人に対して3人として計算できるので、**大人4人が乗れるのであれば12歳未満のこどもを6人まで乗せることができます。**

問93：誤　**原動機付自転車の乗車定員は1人であり、2人乗りは禁止されています。**

問94：誤　普通貨物自動車の荷台に荷物を積むときには、荷台から後ろに車の長さの10分の1まではみ出して荷物を積むことができます。

問95：誤　ロープで故障車をけん引する場合は、けん引する車と故障車との間のロープに0.3メートル平方以上の白い布をつけます。

問96：誤　車両総重量が850キログラムの車であっても故障車をけん引するときは、けん引免許は必要ありません。

問97：誤　普通自動車のうち三輪のものの最高速度は80キロメートル毎時です。

問98：誤　自動車専用道路での最高速度は、標識や標示などの指定がなければ一般道路の最高速度と同じ60キロメートル毎時です。

問99：正　高速自動車国道の本線車道が道路の構造上往復の方向別に分離されていない区間では、標識などで示されていない場合の最高速度は一般道路と同じ60キロメートル毎時です。

問100：正　高速自動車国道における**法定最低速度は50キロメートル毎時**と定められていますが、**自動車専用道路では定められていません。**

問101：誤　高速道路は原動機付自転車・ミニカー・総排気量125cc以下の普通自動二輪車は通行できません。

問102：誤　加速車線を走行する車は加速して本線車道に入らなければ追突されるおそれがあります。

問103：誤　出口に近づいたときは、あらかじめ出口に接続する車両通行帯を通行しなければなりません。

問104：誤　登坂車線は、車種に関係なく、速度の遅くなる車が通行できます。

問105：誤　高速道路で故障し、やむを得ず路肩に駐車するときは、車内にいると追突などのおそれがあるため、車外の安全な場所で待機します。

問106：誤　エンジンオイルの量はオイルレベルゲージの「L」から「F」の間になるようにします。「F」に近い量がよいでしょう。

問107：誤　高速道路では、緊急自動車が接近してきたときは進路を譲ればよく、必ずしも一時停止の必要はありません。

Part3

危険予測イラスト問題

全問正解を目指す！
傾向と対策

　交通事故の原因は、運転技術によるものより不十分な危険認知や判断ミスがほとんどです。危険予測イラスト問題は、その現実を踏まえ、危険を予知、予測するのに必要な判断力を判定するためのものです。

攻略のPOINT
- イラストと問題文を読み、イラストに現れていない危険も予想する。
- 自分が実際に運転しているイメージで危険を考える。
- 選択肢にある状況を想定して危険を予測する。

出題例

問題 15km／hで進行しています。前車に続いて交差点を左折するときはどのようなことに注意して運転しますか？

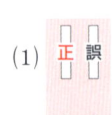

(1) □正 □誤

(2) □正 □誤

(3) □正 □誤

(1) 前車が急いで左折しようとしてこどもの存在に気づき横断歩道の直前で急停止するかもしれないので、車間距離をつめないようにする。
(2) 後続車の進行を妨げないように、できるだけ前車に接近して左折する。
(3) 急停止をすると後続車に追突されるかもしれないので、ブレーキを数回に分けて踏み、注意を促す。

解き方のアドバイス

Check 1
まず問題文をよく読みます。そしてイラストをよく見てから選択肢を読み、自分が実際に運転しているつもりになって、どのような危険があるかを判断します。とくにイラストに現れていない前車のかげの部分に右折車がいるかもしれないので、その予測を立てます。

Check 2
選択肢を読んで「適している」「正しい」と思うものには正のワクの中を、「不適当」「誤り」と思うものには誤のワクの中をぬりつぶします。ただし、正は1つとは限らず、3つとも正の場合や、3つとも誤の場合もあるので、選択肢をよく読んで解答します。

第2章 学科試験攻略テスト

信号機を確認
信号機と前車の動きを見て、横断歩道の手前で停止するかどうか決める。

前車の進行方向を確認
前車の方向指示器を見て、左折か直進かを確認する。前車が大型車なので車間距離をとる。

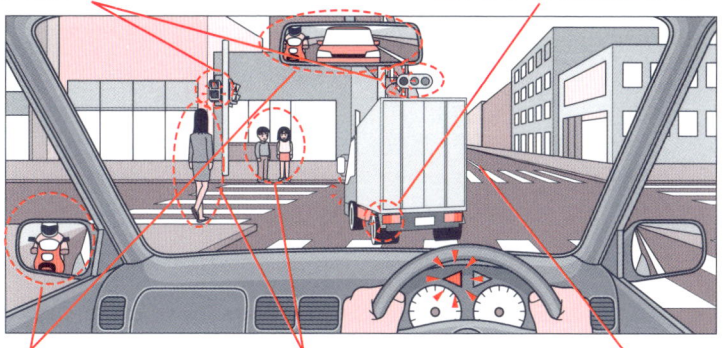

後方車両の確認
サイドとバックミラーで後方車両を確認し後続車の動きに注意する。

歩行者の確認
前車が歩行者の存在に気づいて横断歩道の直前で急ブレーキをかけるおそれもある。

対向車の確認
前車のかげに右折しようとする二輪車がいることもある。

【出題例解答】 (1)−正 (2)−誤 (3)−正

● 危険予測イラスト問題 ●
交差点の左折・直進

【問 1】30km/hで進行しています。交差点を直進するときはどのようなことに注意して運転しますか？

(1) 正 誤
(2) 正 誤
(3) 正 誤

(1) 前方の歩行者は横断を終わろうとしているので、交差点ではできるだけ左側に寄ってその動きに注意しながらこのままの速度で進行する。
(2) 交差道路の見通しが悪いので、その手前で停止できるように速度を落として進行する。
(3) 交差する道路から歩行者が飛び出てくることがあるので、カーブミラーや自分の目で左右の安全を確かめてから進行する。

【問 2】10km/hで進行しています。交差点を左折するときはどのようなことに注意して運転しますか？

(1) 正 誤
(2) 正 誤
(3) 正 誤

(1) 前の車は横断歩道の手前で停止することも考えられるので、その動きに注意して車間距離をつめながら進行する。
(2) 左のミラーで二輪車が接近しているのが確認できるが、他の二輪車がミラーの死角部分にいないか直接左側を目で確かめる。
(3) 後続の二輪車が自分の車の左側を進行してくると左折の際に巻き込むおそれがあるので、その動きに注意して左折する。

解答と解説

【問1】の Point
見通しの悪い交差点ではいつ歩行者や車が出てくるか分からないので、安全には万全を期しましょう。

【解答】

(1)—誤　交差道路からいつほかの歩行者や車が出てくるかも分からないという気持ちを常に持ち、いつでも停止できる速度で接近することが大切です。

(2)—正　交差道路から歩行者や車が飛び出してくるか分からないので、それらに最大限の注意を払うことが大事です。

(3)—正　カーブミラーでも確認できない死角部分があることを忘れてはいけません。カーブミラーだけではなく、自分の目で左右の安全を確かめ、交差点付近まで進んだときにも適切な処置ができる速度まで落としておくことが大切です。

【問2】の Point
左折する場合は左へ寄る前に左側後方の二輪車や横断歩道手前の車の動きに必ず注意してください。

【解答】

(1)—誤　横断歩道に歩行者がいるので、前の車は横断歩道の手前で停止すると考え、急に停止されても安全に対応できるように速度を落とし車間距離をあけて進行します。

(2)—正　左折する場合には左端に寄る前に必ずバックミラーと目視により死角部分がないように安全を十分に確認します。

(3)—正　左側後方に二輪車がいる場合には、自分の車の左折の合図に気づいていない場合があるので、二輪車の動きに十分注意して進行します。

● 危険予測イラスト問題 ●
交差点の左折・右折

【問 3】15km／hで進行して歩行者用信号が点滅している交差点を左折するとき、どのようなことに注意して運転しますか？

(1) 正 誤
(2) 正 誤
(3) 正 誤

(1) 自転車は横断歩道の手前で停止すると思われるので、横断歩道の手前で停止することなく左折する。
(2) 自転車が急いで横断してくるかもしれないので、横断歩道の手前で安全に停止できるような速度で進行する。
(3) 急停止すると後続車に追突されるかもしれないので、ブレーキを数回に分けて踏み、後続車に注意を促す。

【問 4】10km／hで進行しています。交差点を右折するとき、どのようなことに注意して運転しますか？

(1) 正 誤
(2) 正 誤
(3) 正 誤

(1) トラックが右折するようにパッシングをしてくれているので、急いで交差点を右折する。
(2) トラックの横にいる二輪車が通過するのを待って、安全を確認してから右折する。
(3) 対向車線のトラックや二輪車、横断中の歩行者の動きに注意して右折する。

解答と解説

【問3】のPoint
左折するときは横断歩道を渡ってくる歩行者や自転車に注意し、横断歩道の手前で止まれるような速度で進行しましょう。

【解答】

(1)—誤 自転車は必ず横断歩道の手前で停止するとは限りません。むしろ自転車は歩行者用信号が赤になる前に急いで横断してくるかもしれないので、横断歩道の手前で停止できるようにします。

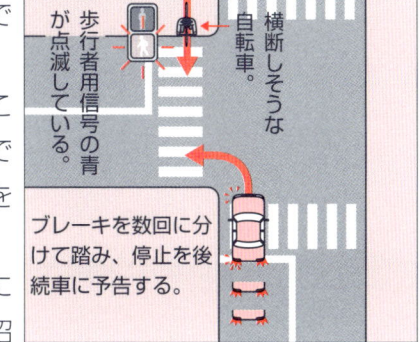

(2)—正 自転車が急いで横断してくることを考えて、横断歩道の手前で安全に停止できるように速度を落として進行します。

(3)—正 自転車の横断を妨げないように急停止すると後続車の追突を招くおそれがあるので、停止することを知らせるため制動灯を点滅させて、早めにブレーキ操作を行い、後続車の追突を防ぎます。

【問4】のPoint
対向車が道を譲ってくれても対向車やそのかげの二輪車、横断中の歩行者などの安全を確認してから右折しましょう。

【解答】

(1)—誤 対向車がパッシングをして進路を譲ってくれた場合でも、対向車のかげから二輪車が飛び出してくることもあるので、安全を確認しなければなりません。

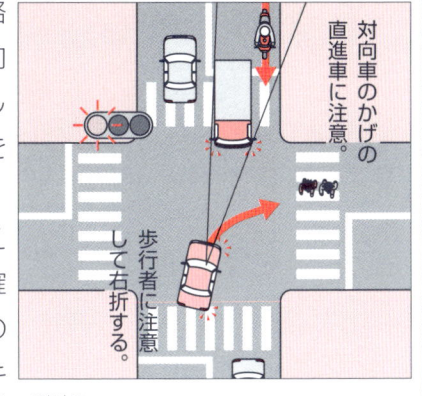

(2)—正 対向車の後方や側方部分は見える範囲が少ないので、安全を確認せず右折を始めると二輪車の存在に気づいてから急ブレーキをかけることになって、後続車に追突されるおそれがあります。

(3)—正 対向車の安全を確認できても、横断中の歩行者にも注意しなければなりません。

● 危険予測イラスト問題 ●
住宅街と通学路

【問 5】40km/hで進行しています。どのようなことに注意して運転しますか？

(1) 正 誤
(2) 正 誤
(3) 正 誤

(1) トラックの後ろに荷物を持った人がいるので、この人が前方を横断すると考えて速度を落として進行する。
(2) 左側の家から人が荷物を取りに出てくるかもしれないので、徐行してトラックの側方を通過する。
(3) 突然、車の前を横断する人がいると危険なので、警音器を鳴らして急いで通過する。

【問 6】40km/hで進行しています。どのようなことに注意して運転しますか？

(1) 正 誤
(2) 正 誤
(3) 正 誤

(1) こどもが話に夢中になって車道に出てくるかもしれないので、中央線を少しはみ出して進行する。
(2) こどもたちの横を通るときに、対向車と行き違うと危険なので、ただちに加速する。
(3) こどもが車道に飛び出してくるかもしれないので、ブレーキを数回に分けて踏んで、速度を落として進行する。

86

解答と解説

【問5】のPoint 見えている歩行者だけではなく、左側からもさらに荷物を取りに歩行者が出てくることも考え、安全を確認しましょう。

【解答】

(1)−正　荷物を持っている人が横断するだけではなく、そのほかにも見えない部分に歩行者がいると考えて進行します。

(2)−正　歩行者は1人とは限らず、左側の家からも人が出てくることも考えられるので、速度を落として通過します。

(3)−誤　警音器を鳴らすのではなく、速度を落とし安全に通過することが肝心です。

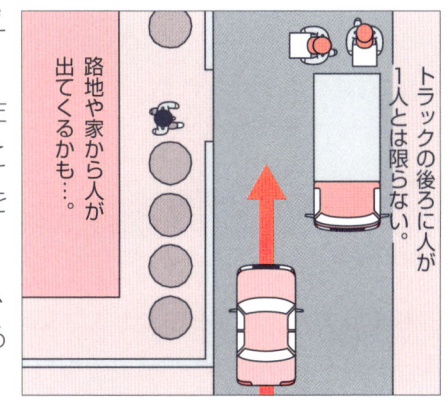

【問6】のPoint こどもはいつ車道に飛び出してくるか分からないので、こどもと対向車に対する危険を予測して運転しましょう。

【解答】

(1)−誤　こどもとの安全な間隔をとるために中央線寄りに進路を変える場合には、接近してくる対向車にも十分注意しなければなりません。速度を落として対向車をやり過ごしてから、こどもとの間に安全な間隔をとって、通過します。

(2)−誤　こどもは集団でふざけ合っているはずみで車道に飛び出してくることがあります。車道に飛び出してきても安全な速度と十分な間隔をあけて進行します。加速して通過するのは危険です。

(3)−正　こどもと対向車との安全を考え、ブレーキを数回に分けて踏み、速度を落として進行します。場合によっては停止します。

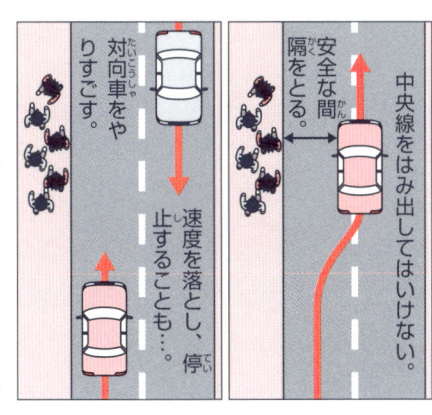

● 危険予測イラスト問題 ●
歩道のある住宅街の道

【問　7】40km／hで進行しています。どのようなことに注意して運転しますか？

(1) 正 誤
(2) 正 誤
(3) 正 誤

(1) 歩道を走る自転車が前方の歩行者をよけるために車道に出てくるかもしれないので、速度を落として注意しながら走行する。
(2) 歩道を走る自転車が前方の歩行者をよけるために車道に出てきてもよけられるように、中央線からはみ出して走行する。
(3) 歩道を走る自転車が車道に出てくる前に通過できるように、加速して通過する。

【問　8】40km／hで進行しています。どのようなことに注意して運転しますか？

(1) 正 誤
(2) 正 誤
(3) 正 誤

(1) こどもがバスの前方を横断するかもしれないので、徐行していつでも止まれるようにバスの側方を進行する。
(2) 対向車があるかどうかがバスのかげで確認できないので、前方の安全を確かめたらすぐに加速し、中央線をはみ出して進行する。
(3) 後続の車がいるので、速度を落とすときは追突されないようにブレーキを数回に分けて踏む。

解答と解説

【問7】のPoint
歩道上を走る自転車と接近してくる対向車にも注意し、安全な速度と間隔をとって走行しましょう。

【解答】

(1)—正　歩道と車道に分かれている道路でも自転車が目の前の歩行者を避けるためにガードレールの切れ目から車道に出てくることも考えられますので、速度を落とし、安全な間隔をとって進行します。また、車道に出てきた自転車と安全な間隔をとるためには、中央線からはみ出すことも考えられるので、接近してくる対向車との間にも安全な間隔をとる必要があります。

(2)—誤　中央線からはみ出すときは、走ってくる対向車と安全な間隔をとります。

(3)—誤　自転車はいつ車道に飛び出してくるか予測がつかないので、加速して通過するのは危険です。

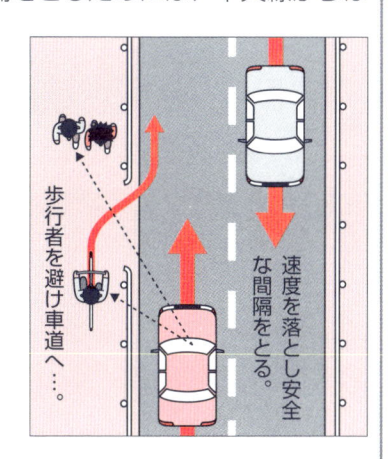

【問8】のPoint
停車中の通学通園バスのそばを通るときは、こどもの特性を考えて危険を予測し、徐行して安全を確かめなければなりません。

【解答】

(1)—正
(2)—誤
(3)—正

こどもは親を見つけて親のもとへ行こうとして、安全を確認せずに突然車道に飛び出すことがあります。この場合も、こどもを迎えに来ている母親のもとへ行こうとバスの前をこどもが飛び出してくることが予測されます。バスの側方を通過するときには対向車線の安全を確認し、バスと歩行者の両方に安全な間隔をとり、いつでも止まれる速度で進行します。

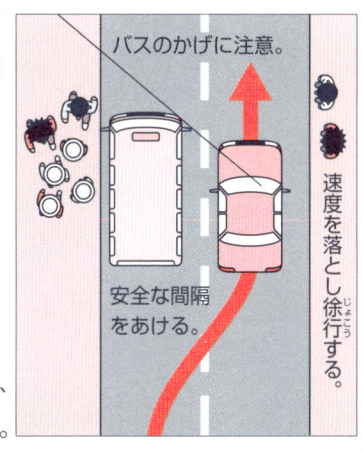

● 危険予測イラスト問題 ●
車線のない道路と交差点

【問 9】30km／hで進行しています。どのようなことに注意して運転しますか？

(1) □正 □誤
(2) □正 □誤
(3) □正 □誤

(1) 自転車もこどもも自動車の接近に気づいていないと思うので、速度を落として自転車やこどもの急な動きに対応できるようにする。
(2) こどもの横を通過するときに自転車を追い越すと危険なので、自転車だけを先に急いで追い越す。
(3) 自転車もこどもも自動車の接近に気づいていないと思うので、警音器を鳴らして注意を促し、このままの速度で走行する。

【問10】40km／hで進行しています。どのようなことに注意して運転しますか？

(1) □正 □誤
(2) □正 □誤
(3) □正 □誤

(1) 前を走行するトラックは左折のため減速すると思うので、速度を落として車間距離を保つ。
(2) 前を走行するトラックは左折の際に徐行すると思われるので、中央線からはみ出して大きく右によける。
(3) 前のトラックは左折が終わっても後ろにはみ出した積み荷が突き出ている場合があるので、安全を確認するため速度を落とす。

解答と解説

【問9】のPoint
両側に危険がある場合には、同時に両方に気を配ることは困難なので、速度を落とし、片方ずつ対応できる方法で通行します。

【解答】

(1)―正 狭い道路で両側に危険がある場合、両方に十分な間隔をあける必要があります。このまま進行すると自転車やこどもの急な動きに対処できないので、こどもの横を安全に通過するまでは速度を落として自転車の後ろを安全な間隔を保って走行し、こどもの横を安全に通過した後、十分な間隔をとって自転車を追い越します。

(2)―誤 自転車を追い越すため加速すると、こどもの安全が図れません。

(3)―誤 警音器を鳴らす場所ではなく、速度を落とさないと危険です。

【問10】のPoint
前車のトラックの積み荷などの状況を把握し、十分な車間距離を保って進行しましょう。

【解答】

(1)―正 前車がいるときには、その車の状況を把握しておく必要があります。前車がトラックなどで荷物の先端に赤い布をつけている場合には、荷物が荷台からはみ出している印です。速度を落として十分な間隔を保つ必要があります。

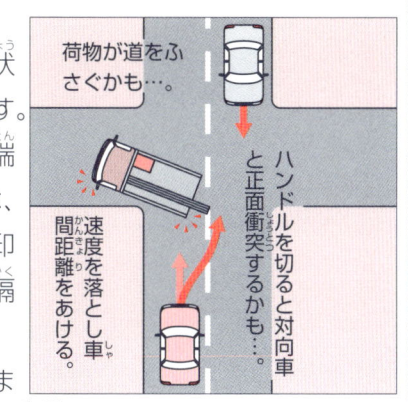

(2)―誤 対向車線のようすが分からないままに中央線を右側にはみ出すのは危険です。

(3)―正 前車に接近しすぎるとトラックからはみ出している荷物が進路をふさぐ形となり、急ブレーキや急ハンドルで避けなければならないことになり、危険です。速度を落とし、安全な間隔を保ちます。

● 危険予測イラスト問題 ●
雪・雨のときの交通

【問11】30km/hで進行しています。どのようなことに注意して運転しますか？

(1) 正 誤
(2) 正 誤
(3) 正 誤

(1) 雪道では車間距離を十分にとり、他の車が通ったわだちの部分を走行する。
(2) 雪道ではスリップして対向車線にはみ出すと危険なので、できるだけ道路の左端に寄って走行する。
(3) 自分の車はスタッドレスタイヤを装着しているので、一般道路と同じくらいの車間距離をとって運転する。

【問12】30km/hで進行しています。どのようなことに注意して運転しますか？

(1) 正 誤
(2) 正 誤
(3) 正 誤

(1) 歩行者は自動車の接近に気づいていないかもしれないので、速度を落としてその動きに注意して走行する。
(2) こどものそばを通るときは、ふざけて道路中央に飛び出してくると危険なので徐行して通過する。
(3) 歩行者のそばを通るときには、歩行者に水や泥をはねないように速度を落として通過する。

解答と解説

【問11】のPoint
雪道では左側に寄り過ぎないで走行します。スタッドレスタイヤなどを過信しないようにしましょう。

【解答】

(1)—正　雪の道路では、路面の標示や側溝、縁石などの位置が分からず、道路の左に寄りすぎると脱輪したり、縁石に乗り上げたりして危険です。このため、脱輪しないように前車が通った跡（わだち）を選んで走行するようにします。

(2)—誤　道路の左端に寄りすぎると、脱輪したりして危険です。

(3)—誤　雪道では通常の路面の3倍程度の車間距離が必要です。たとえスタッドレスタイヤやタイヤチェーンを装着した車でも、車間距離を多めにとっておくことが必要です。

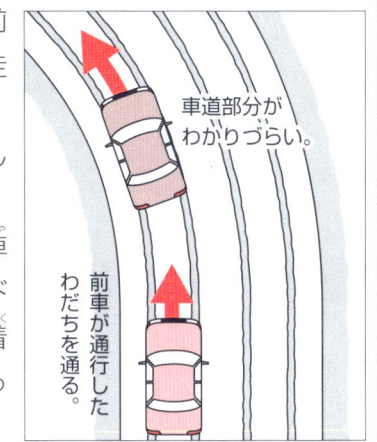

【問12】のPoint
雨の日の視界不良は車も人も同じ。いつもより慎重な走行が必要になります。歩行者に泥水をかけないように注意します。

【解答】

(1)—正　雨の日の歩行者は傘で視界をさえぎられたりなどして車に対する注意力が散漫になりがちで、車の接近に気がつかないことがあります。速度を落とし、歩行者の動きに十分注意して走行します。

(2)—正　雨の日はワイパーで拭きとる範囲内しか見えず、ふざけて道路中央に飛び出してくるこどもの発見が遅れがちになるので、徐行して通過します。

(3)—正　歩行者のそばを通るときにぬかるみや水たまりのある場所では、歩行者の動きに注意するとともに、泥水をかけないように速度を落とす必要があります。

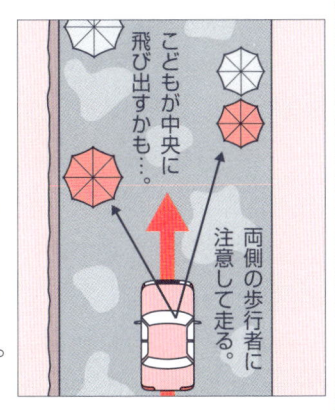

● 危険予測イラスト問題 ●
工事現場と横断歩道

【問13】30km/hで進行しています。道路工事のため鉄板が敷かれています。どのようなことに注意して運転しますか？

(1) 正 誤
(2) 正 誤
(3) 正 誤

(1) 雨でぬれている鉄板の上は非常に滑りやすいので、あらかじめ速度を落とし、車間距離を十分に保って通行する。
(2) 工事現場の横を通るときは作業員の動きなどに留意して、速度を落とし、注意しながら通行する。
(3) 工事現場は危険が多いので、できるだけ早く通過できるように速度を上げる。

【問14】40km/hで進行しています。どのようなことに注意して運転しますか？

(1) 正 誤
(2) 正 誤
(3) 正 誤

(1) 駐車中のトラックの前方に横断歩道があるので、トラックの横を通過後は横断歩道の手前で徐行する。
(2) 対向車が接近しているので、対向車が来る前に駐車中のトラックの横を通過できるように加速する。
(3) 対向車が接近しているので、駐車中のトラックの後方で停止して、安全を確認し、トラックとの間に十分な間隔をあけて安全な速度で通過する。

解答と解説

【問13】のPoint 工事現場の滑りやすい路面の状態に十分気を配って走行します。また、関係者の飛び出しにも注意しましょう。

【解答】

(1)－正　走行中は常に路面の状態に気を配る必要があります。特に雨にぬれた鉄板や路面電車のレールの上などでブレーキ操作を行うと積雪路面と同じように滑りやすくなり、停止距離も路面状態のよい場合に比べて2～3倍に延びることがあります。

(2)－正　道路にはみ出している工事現場では、工事関係者が突然道路上に飛び出してきたり、工事車両が出てくることもあるので、それらのことも考えに入れた運転を心がける必要があります。

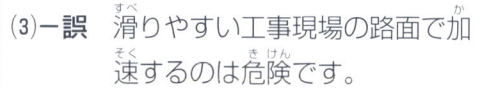

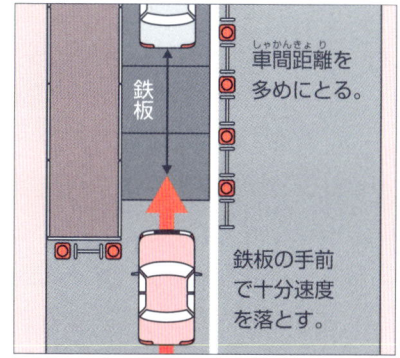

(3)－誤　滑りやすい工事現場の路面で加速するのは危険です。

【問14】のPoint 見えない横断歩道の上に歩行者がいるかもしれないので、横断歩道の手前で一時停止し、安全を確かめましょう。

【解答】

(1)－誤　横断歩道の直前に駐車している車がある場合、その車の死角部分に横断しようとしている歩行者がいるかもしれないので、駐車中のトラックの前方にある横断歩道の直前で、トラックの前方に出る前に一時停止して安全を確かめなければなりません。

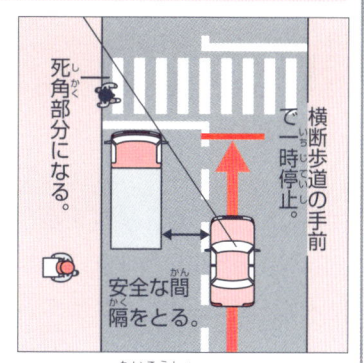

(2)－誤　横断歩道に歩行者がいるかもしれないときに、対向車が来る前にトラックの横を加速して通過するのはたいへん危険です。

(3)－正　進路の前方に駐車中の車がある場合や道路工事などのため対向車線に出なければならない場合には、一時停止などをして対向車の進路を妨げないようにしなければなりません。

● 危険予測イラスト問題 ●

高速道路での運転

【問１５】 80km／hで高速道路を走行しています。本線車道から出るとき、どのようなことに注意しますか？

(1) 正 誤
(2) 正 誤
(3) 正 誤

(1) このままの速度で減速車線に入ると危険と思われるので、本線車道上で一気に速度を落としてから減速車線に入る。
(2) 本線車道上で急激に減速すると後続車に追突されるおそれがあるので、減速車線に入ってから徐々に減速する。
(3) 減速車線に入ったら速度計で速度を確かめるなどして、感覚に頼らず確実に速度を落とす。

解答と解説

【問15】のPoint　減速は減速車線に入ってから行います。感覚に頼らず、速度計を見て確実に速度を落とし、安全運転を心がけましょう。

【解答】

(1)－誤　減速車線に入るため本線車道上で急に減速すると、後続車に追突されることがあります。

(2)－正　高速道路では車の流れにあった運転をすることが必要です。本線車道から出るときは、減速車線に入ってから十分に速度を落とすようにします。

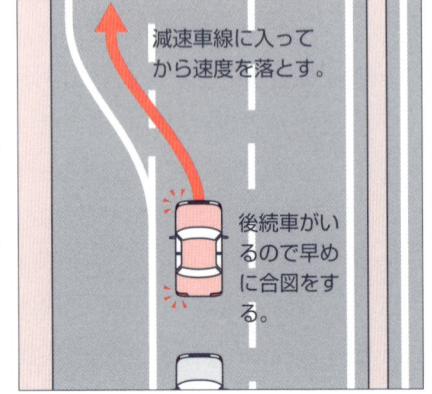

(3)－正　本線車道から出て減速車線に入ってからは、感覚に頼らず速度計で速度を確認し、確実に速度を落とします。

減速車線に入ってから速度を落とす。

後続車がいるので早めに合図をする。

第3章

合格力を養う
実力判定模擬テスト

Check!

数多くの問題を素早く解くことにより「テスト慣れ」することが、正解率をアップさせる最善の方法。繰り返し正解を導き出すことで、一発合格を確実にするための交通ルールの正しい知識が短時間で効率的に身につくはずです。

☆模擬テスト：第1回～第16回

第1回 実力判定模擬テスト

◆制限時間：50分　◆90点以上正解で合格　◆問1〜問90：各1点、問91〜問95：各2点
（ただし、問91〜問95は3つの質問すべてを正解した場合に限り得点となる）

◆次のそれぞれの問題について、正しいものは「正」、誤っているものは「誤」のワクの中をぬりつぶしなさい。

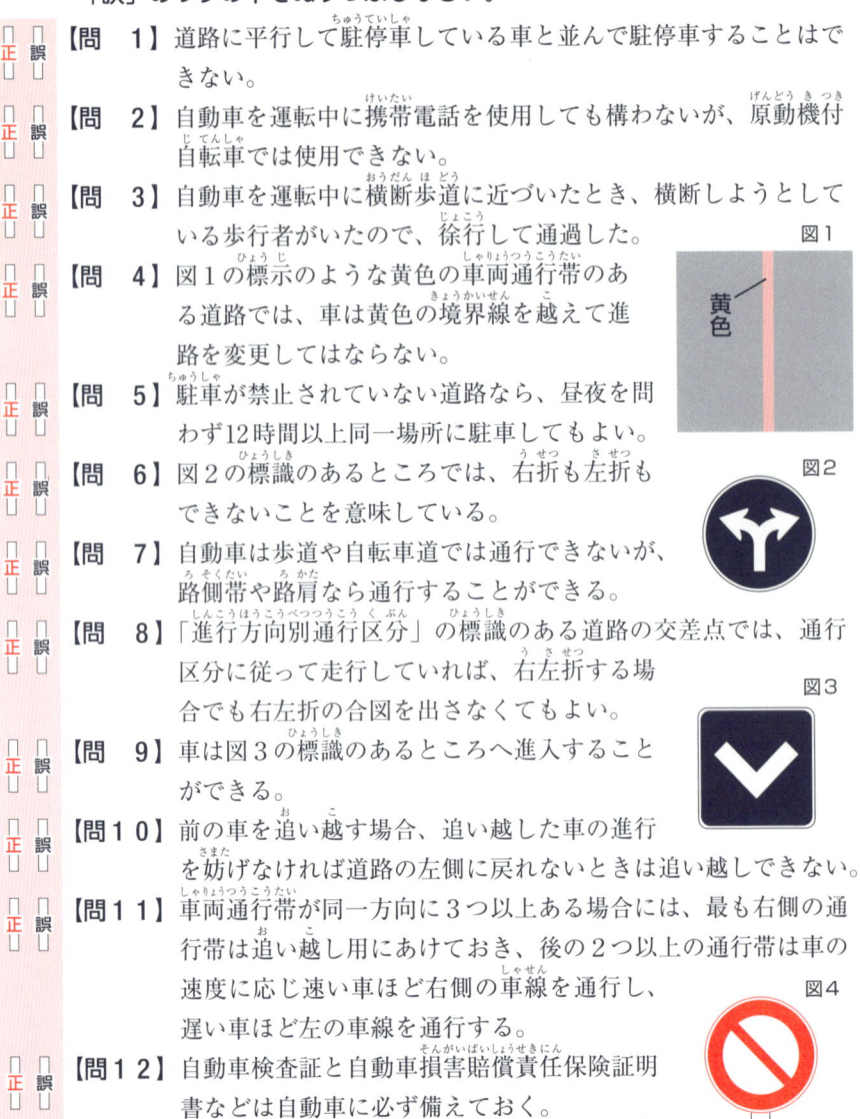

【問1】道路に平行して駐停車している車と並んで駐停車することはできない。

【問2】自動車を運転中に携帯電話を使用しても構わないが、原動機付自転車では使用できない。

【問3】自動車を運転中に横断歩道に近づいたとき、横断しようとしている歩行者がいたので、徐行して通過した。

【問4】図1の標示のような黄色の車両通行帯のある道路では、車は黄色の境界線を越えて進路を変更してはならない。

図1

【問5】駐車が禁止されていない道路なら、昼夜を問わず12時間以上同一場所に駐車してもよい。

【問6】図2の標識のあるところでは、右折も左折もできないことを意味している。

図2

【問7】自動車は歩道や自転車道では通行できないが、路側帯や路肩なら通行することができる。

【問8】「進行方向別通行区分」の標識のある道路の交差点では、通行区分に従って走行していれば、右左折する場合でも右左折の合図を出さなくてもよい。

図3

【問9】車は図3の標識のあるところへ進入することができる。

【問10】前の車を追い越す場合、追い越した車の進行を妨げなければ道路の左側に戻れないときは追い越しできない。

【問11】車両通行帯が同一方向に3つ以上ある場合には、最も右側の通行帯は追い越し用にあけておき、後の2つ以上の通行帯は車の速度に応じ速い車ほど右側の車線を通行し、遅い車ほど左の車線を通行する。

図4

【問12】自動車検査証と自動車損害賠償責任保険証明書などは自動車に必ず備えておく。

原付を除く

【問13】図4の標識のある道路で「原付を除く」の補助標識があれば、原動機付自転車はその道路

を通行することができる。

□正 □誤 【問14】オートマチック車ではハンドブレーキさえかけていれば、チェンジレバーを「D」にしたまま、ウォーミングアップしても危険はない。

□正 □誤 【問15】タイヤの点検は、空気圧を中心にタイヤのキズやみぞの深さもよく見ておく。

□正 □誤 【問16】霧が発生したときは、たとえ昼間であっても霧灯や前照灯を早めにつけるようにする。

□正 □誤 【問17】歩行者用道路でも、沿道に車庫をもつなど特に通行を認められた車は通行することができる。

□正 □誤 【問18】運転者が危険を感じブレーキをかけてから、完全に車が止まるまでの距離を停止距離という。

□正 □誤 【問19】通常、乾燥した舗装道路で50キロメートル毎時で普通乗用自動車が走っているときの安全な車間距離は32メートル以上である。

□正 □誤 【問20】標識や標示などで最高速度の指定のない道路では、普通自動車は50キロメートル毎時以下で運転しなければならない。

□正 □誤 【問21】車が道路に面した場所に出入りする場合には歩道や路側帯などを横切ることができるが、横切る場合その直前で一時停止し、歩行者の通行を妨げないようにしなければならない。

□正 □誤 【問22】エンジンのかかり具合を点検するときは、まずエンジンが速やかに始動し、スムーズに回転するかを確認する。

□正 □誤 【問23】普通貨物自動車（軽貨物を除く）を運行する場合は、1日に1回、運転する前に必ず点検しなければならない。

□正 □誤 【問24】自動車で故障した車をロープでけん引する場合、自動車とけん引する車との間を5メートル以内に保たなければならない。

□正 □誤 【問25】道路の中央から左側部分の幅が6メートル未満の見通しのよい道路では、標識や標示で禁止していない限り、追い越しのため右側部分にはみ出して通行することができる。

□正 □誤 【問26】貨物自動車に荷物を積むときは、なるべく中央に載せ、左右に片寄らせないようにする。

□正 □誤 【問27】カーブなどで後輪が横滑りを始めたときは、アクセルをゆるめ、同時にハンドルで車の向きを立て直すとよい。

図5

□正 □誤 【問28】図5の標識のある道路で自動車は、30キロメートル毎時以内の速度で走らなければならない。

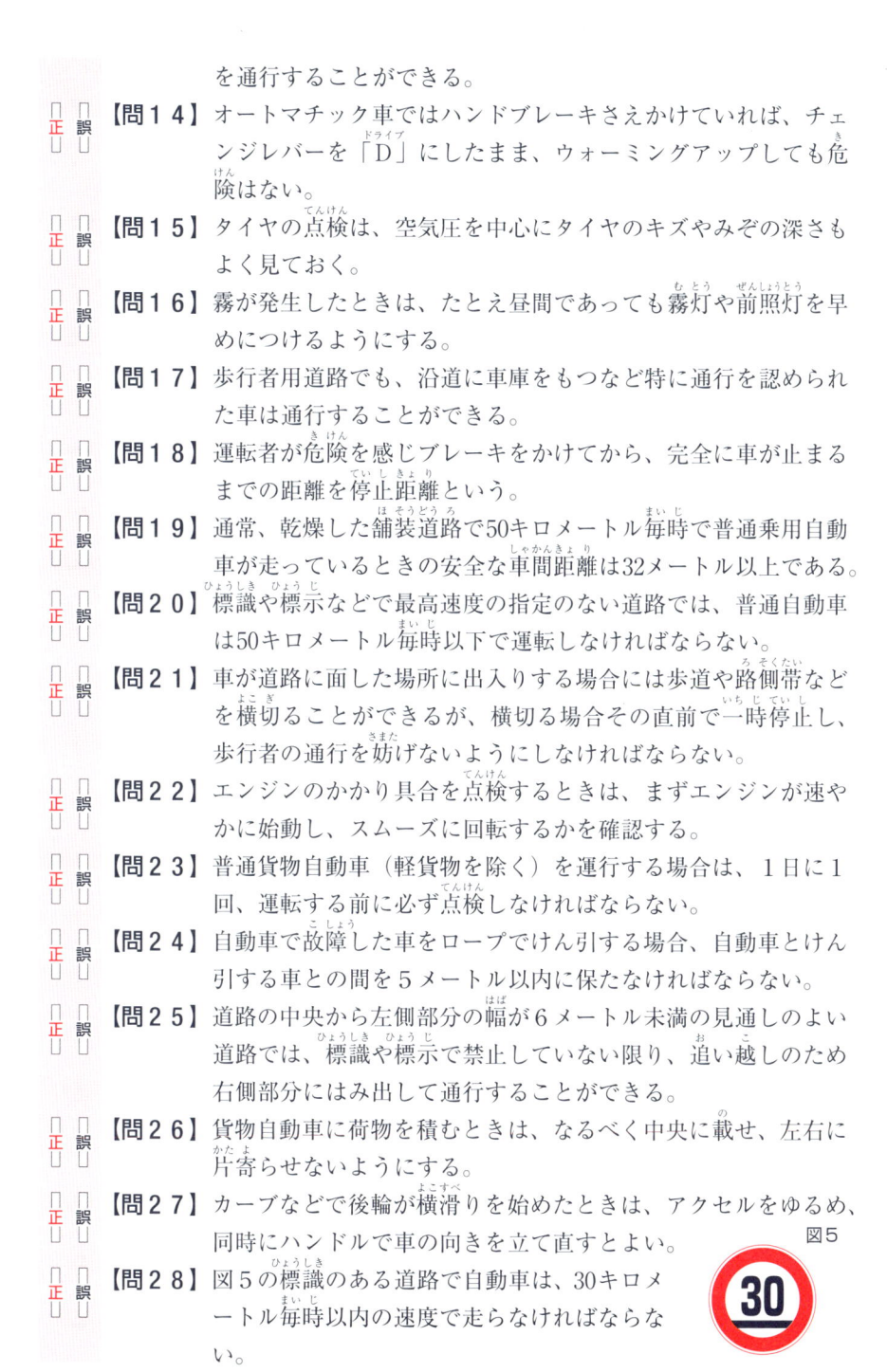

正	誤		
□	□	【問29】	車両通行帯が2つ以上あって交通が混雑しているときには、なるべく流れのよい通行帯を選んで走行するようにする。
□	□	【問30】	図6の標識のある道路では、エンジンを止め手で押している自動二輪車や原動機付自転車なども通行することができない。
□	□	【問31】	坂道での進路の譲り合いは上りの発進が難しいので、下りの車が上りの車に道を譲らなければならない。
□	□	【問32】	進行方向にある交差点の信号が黄色の点滅をしているときは、他の交通に注意して進むことができる。
□	□	【問33】	普通免許で最大積載量が3トンの貨物車を運転することができる。
□	□	【問34】	図7の標識は、前方にこう配の急な上り坂があることを表している。
□	□	【問35】	車が左折するとき車の内輪差により、歩行者や自転車などを巻き込むことのないように注意しなければならない。
□	□	【問36】	積み荷が自動車の後ろからわずかにはみ出しているときには、出発前に地元の警察署長の許可を受けなければならない。
□	□	【問37】	トンネル内ではたとえ車両通行帯があっても、追い越しは禁止されている。
□	□	【問38】	高速自動車国道では、ほかの車をけん引していて60キロメートル毎時以上の速度で走ることができない場合には通行できない。
□	□	【問39】	こどもが乗り降りしている通学バスのそばを通るときには、特に注意して通行する。
□	□	【問40】	前を走っている車の前に無理に割り込んだり、並進している車の側方に幅寄せしたりしてはいけない。
□	□	【問41】	追い抜きとは車が進路を変えずに、進行中の前の車の前方に出ることである。
□	□	【問42】	交通の状況や気象条件を考え、いかなるときも車を円滑に進めるために最高速度いっぱいで走ることが必要である。
□	□	【問43】	ブレーキは最初にできるだけ軽く踏み、徐々に必要な強さまで踏み込んでいくようにする。
□	□	【問44】	歩行者のそばを通るときは、歩行者との間に安全な間隔をあけるか徐行して、歩行者が安全に通行できるようにする。
□	□	【問45】	タイヤがすり減っていると、摩擦抵抗が小さくなり、空走距離が長くなる。

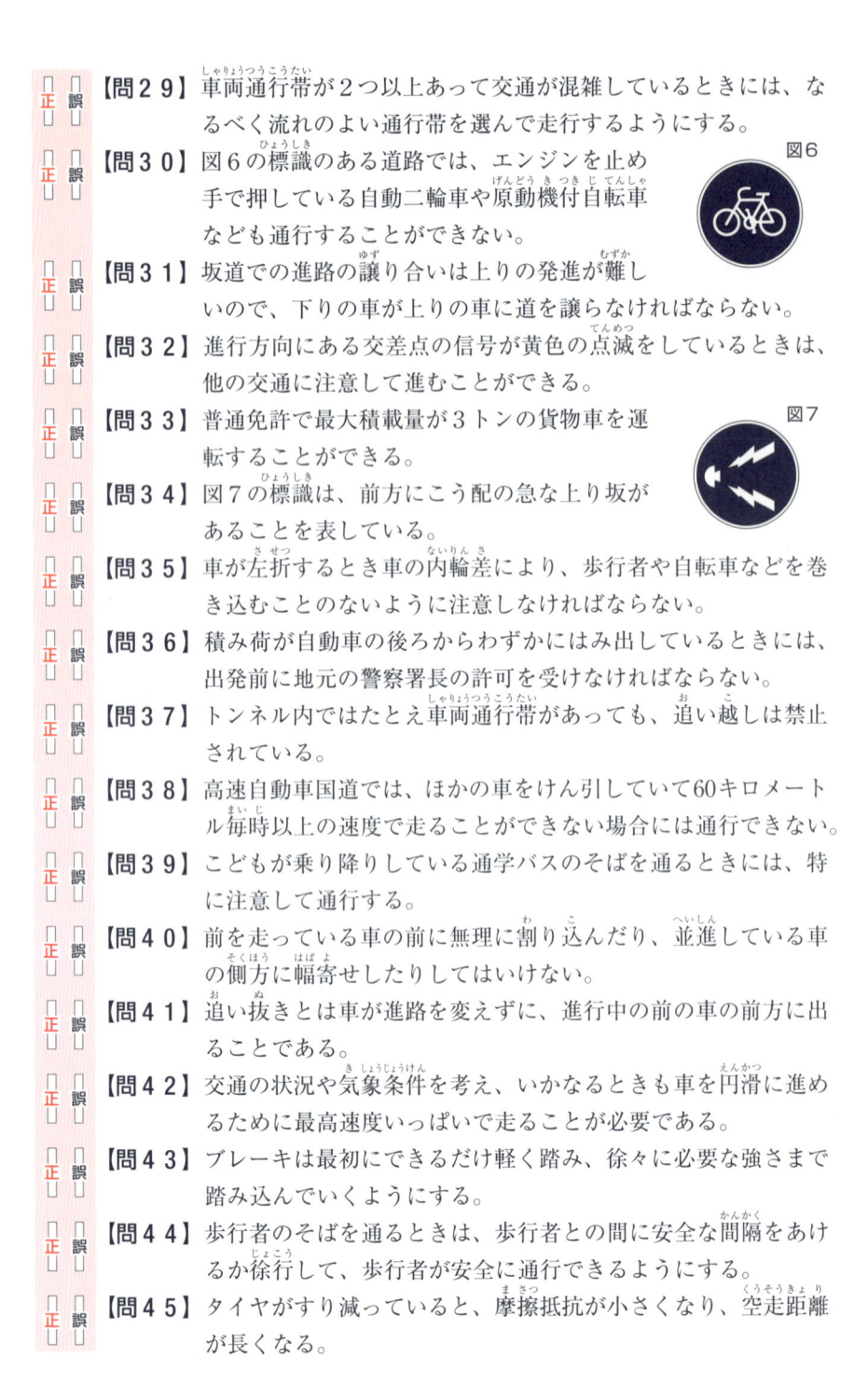

【問46】図8の標識のある道路を走行している車は、左右の見通しのきかない交差点を通るときでも徐行しなくてよい。

【問47】車は「一時停止」の標識のある交差点で停止線のない場合には、交差点の直前で一時停止する。

【問48】踏切とその端から前後10メートル以内の場所は、駐車はできないが、停車はできる。

【問49】大地震発生後に車を置き避難するときは、災害応急対策の実施や避難する人の通行の妨げになるような場所には駐車しない。

【問50】停留場に路線バスが止まっているときには、必ず一時停止して路線バスが発進するまで待たなければならない。

【問51】災害が発生し交通規制が行われた場合、通行禁止区間内に車があれば、規制区間以外の場所に移動させなければならない。

【問52】夜間、自車と対向車のライトの中に道路の中央付近を横断中の人が入ると、「蒸発現象」*を起こして見えなくなることがある。

【問53】火災報知機から1メートル以内の場所では、駐車はできないが、停車はできる。

【問54】ブレーキは数回にわけて踏むようにすれば、ブレーキ灯が点滅し、後続車への合図となって追突事故防止に役立つ。

【問55】信号が赤の灯火と黄色の矢印を表示しているときは、普通自動車は停止位置で停止しなければならない。

【問56】高速自動車国道で本線車道が方向別に分離されていない片側1車線の場合の速度制限は、一般道路と同じである。

【問57】右折するために交差点（環状交差点を除く）に入ったところ、前方から直進する乗用車が入ってきた場合、直進する乗用車のほうが優先する。

【問58】普通免許では普通自動車と普通自動二輪車、小型特殊自動車、原動機付自転車を運転することができる。

【問59】三輪の普通自動車と総排気量660cc以下の普通自動車に積載できる貨物の高さは地上から2メートル以下となっている。

【問60】前の車に続いて踏切を通過するときでも一時停止をし、必ず徐行して通過しなければならない。

【問61】リザーバタンク付のラジエーターの点検はリザーバタンク内の水量を見なければならない。

【問62】図9の標識のある高速道路の橋の上では、とくに横風に注意して通行しなければならない。

＊蒸発現象……道路の中央付近を歩いている人が、自車と対向車のライトの中に入り見えなくなること。

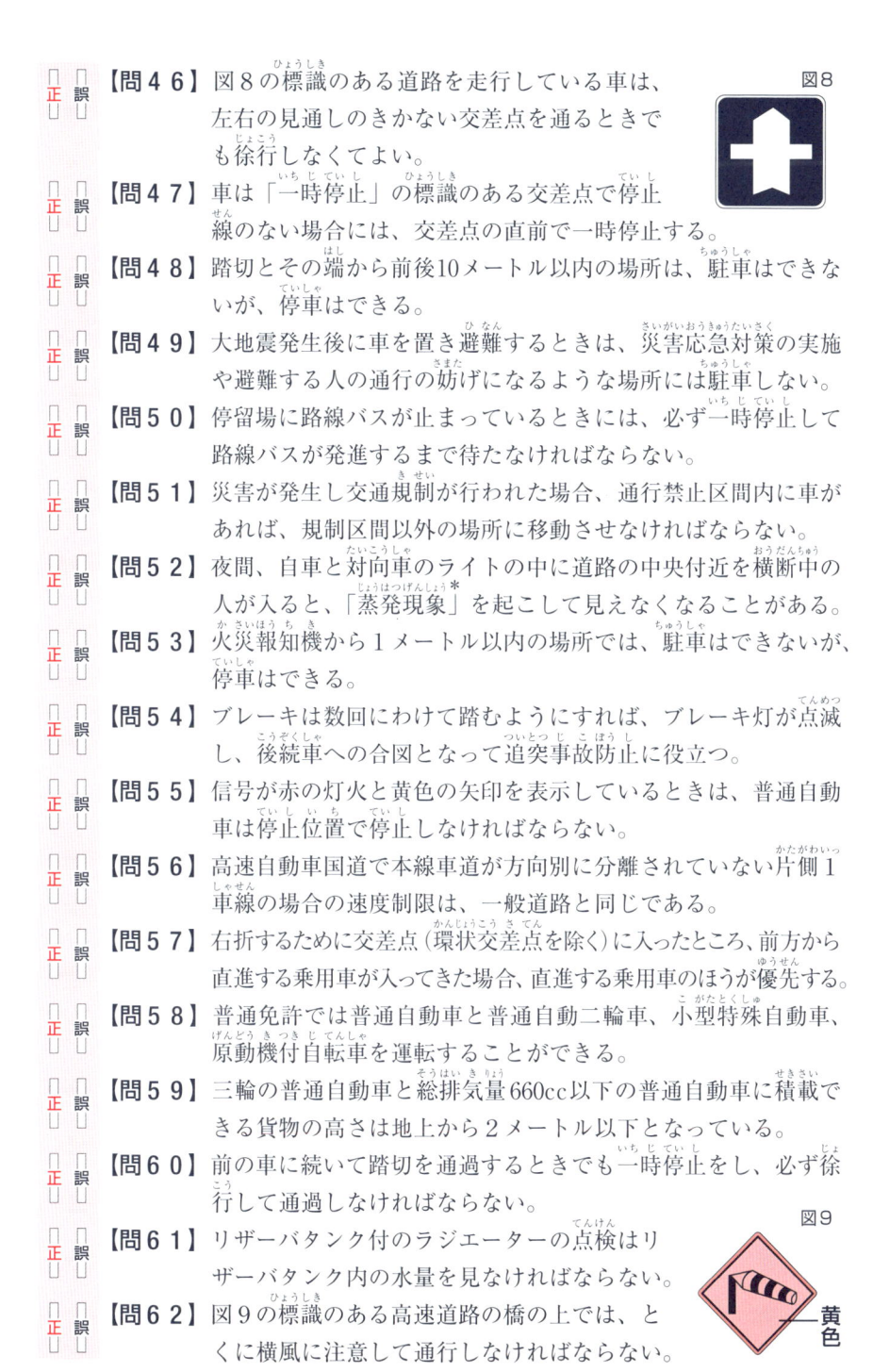

【問63】自動車を運転するときは、前方の一点だけを凝視し、あまり周りを見ないほうがよい。

【問64】オートマチック車のエンジンを始動するときは、ハンドブレーキがしっかりかかっていることを確認しなければならない。

【問65】図10の標識のある交差点では原動機付自転車は直接右折することができる。

図10

【問66】夜間でも街路灯などで80メートル先も見通せるときには、特に前照灯や尾灯をつけずに運転してもよい。

図11

【問67】車は図11の標識のある道路では通行することができない。

【問68】路側帯の幅が0.5メートルしかない道路でも、路側帯に入って駐車することができる。

【問69】路面電車が安全地帯のない停留所で止まっているときには、乗り降りする人や道路を横断する人がいなくなるまで、路面電車の後方で停止していなければならない。

【問70】交差点に入りかけたら信号が青色から黄色に変わったので、そのまま交差点を通過した。

【問71】疲れているときや催眠作用のあるカゼ薬や鎮痛剤を飲んだときは、運転をするのを見合わせる。

【問72】つえをついたりして、その通行に支障のある高齢者のそばを通るときには、安全な間隔を保って通行しなければならない。

【問73】原動機付自転車に乗るときには、必ず乗車用のヘルメットを着用しなければならない。

【問74】消火栓や指定消防水利の標識のあるところから10メートル以内は駐停車することはできない。

【問75】こう配の急な下り坂や上り坂の頂上付近では徐行しなければならない。

【問76】標識や標示により通行方法を指定されている交差点では、その通行方法にしたがって通行しなければならない。

【問77】道路の曲がり角や急カーブを通行するときは、「右側通行」の標示があれば道路の中央から右側にはみ出してもよい。

【問78】5歳の幼児を助手席に乗せ、シートベルトを着用して自動車を発進した。

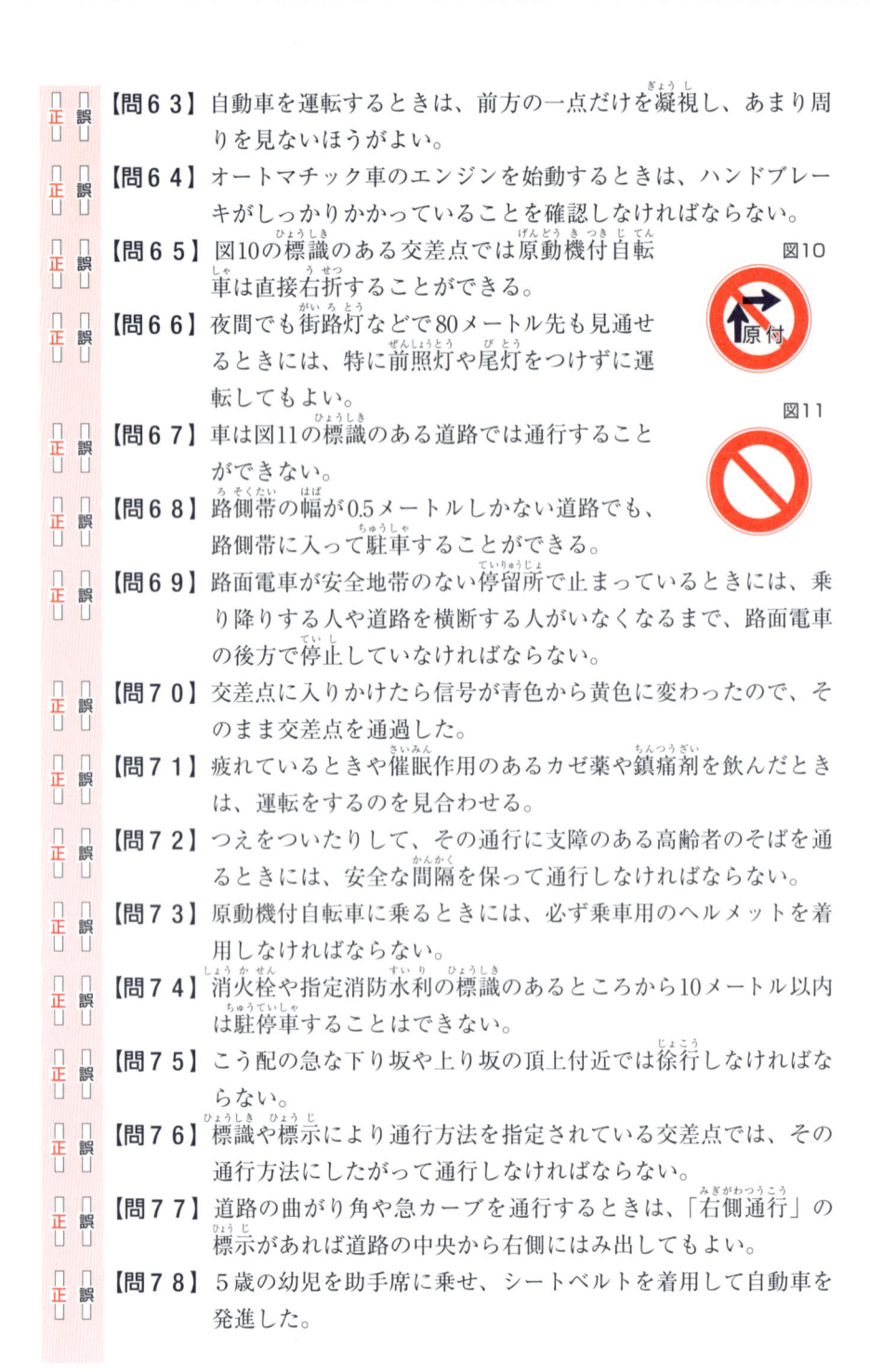

【問79】高速道路を走行中にトンネルから出るときには、横風が強く吹いていることがあるので、速度を落とし注意して走る。

【問80】路線バスなどの専用通行帯のある道路でも、普通自動車が左折するときにはその通行帯を通行することができる。

【問81】80キロメートル毎時未満で走っているときの安全な車間距離はおよそ80メートルである。

【問82】トンネルに入るとき、急に明るさが変わり視力が低下することがあるので、速度を落として走行する。

【問83】横断歩道があって停止線のない交差点で、信号により停止するときは、横断歩道の直前で停止する。

【問84】歩道のある道路で駐車するときは、道路を狭くしないために車の片側の車輪を歩道に乗り上げなければならない。

【問85】図12の標識のある場所を自動車で通過後に、60キロメートル毎時に速度を上げて走行した。

図12

【問86】幼児を後部座席にチャイルドシートを着用して乗せ、車を運転した。

【問87】雨の日に道路工事で敷かれた鉄板の上を走るときはハンドルやブレーキ操作を慎重に行う。

【問88】優先道路を通行しているときでも、左右の見通しのきかない交差点では徐行をしなければならない。

【問89】車で横断や転回などをすることにより、歩行者やほかの車などの正常な通行を妨げてはならない。

【問90】対向車と正面衝突のおそれが生じたときには、警音器とブレーキを同時に使い、できる限り左側によける。

【問91】30km/hで進行しています。交差点に近づくと対向車線の先頭車が右折してきて自分の車の前を横切り始めました。どのようなことに注意して運転しますか？

(1)

(2)

(3)

(1) 対向車線の車が右折し始めたので、右折車が交差点を通過したらすぐに通過する。
(2) 先頭の車に続いて2台目も右折してくることも考えられるので、すぐに止まれるよう速度を落として進行する。
(3) 直進車が優先なので、右折車より先に通過するために加速して進行する。

【問92】夜間、住宅街の交差点を右折しようとしています。どのようなことに注意して運転しますか？

(1) 正 誤
(2) 正 誤
(3) 正 誤

(1) 対向のトラックが左折を始めたら、すぐに右折する。
(2) 対向のトラックが左折したら、すぐ後に続けば安全なので急いで右折する。
(3) 左折したトラックが駐車車両を見て急に止まることも考えられるので、トラックや後続車、歩行者の安全も確認しながら進行する。

【問93】夜間、30km/hで進行しています。トラックが駐車しているとき、どのようなことに注意して運転しますか？

(1) 正 誤
(2) 正 誤
(3) 正 誤

(1) 対向車もないようなので、前照灯を下向きにして歩行者や自転車がいるかどうかを確かめ、そのままの速度で進行する。
(2) ほかの車の前照灯も見えないし、危険もないと考え、道路の中央寄りを速度を上げて進行する。
(3) 見えにくい駐車車両があることも考えられるので、前照灯を上向きにして、歩行者や自転車にも注意し進行する。

【問94】30km/hで進行しています。どのようなことに注意して運転しますか？

(1) 正 誤
(2) 正 誤
(3) 正 誤

(1) 前方に止まっている車は、自分の車に気づいていると思われるので、そのままの速度で進行する。
(2) 前方に止まっている車の右ドアが急に開くことも考えられるので、減速して安全な間隔をあけて進行する。
(3) 右側車線の車が急に左に進路を変えることもあるので、警音器を鳴らし注意しながら進行する。

【問95】交差点で右折待ちのため止まっています。どのようなことに注意して運転しますか？

(1) 正 誤
(2) 正 誤
(3) 正 誤

(1) 横断歩道を歩行者や自転車などがまだ渡り切れていないこともあるので、速度を落とし、右折後にすぐには加速しない。
(2) 横断歩道を歩行者が渡り終えようとしているので、その後ろを加速して通過する。
(3) 横断歩道や横断歩道付近の歩行者の動き、とくに右折方向で停止している車のかげなどにも注意しながら進行する。

105

第1回 実力判定模擬テスト 解答&解説

●……試験によく出る頻出問題　🖐……引っかけ問題　★……理解しておきたい難問

問1：正 ★
問2：誤　自動車も原動機付自転車も運転中に携帯電話を使用してはならない。ただし、傷病者の救護や公共の安全維持のためにやむを得ない緊急時などに限り、使用することができる。★
問3：誤　横断歩道を横断しようとしている歩行者がいるときは、一時停止をして歩行者の横断を妨げないようにしなければならない。★
問4：正
問5：誤　駐車が禁止されていない道路であっても、同一の場所に12時間（夜間は8時間）以上駐車してはならない。🖐
問6：誤　この標識は「指定方向外進行禁止」の標識で、矢印の右左折の方向には進むことができる。
問7：誤　自動車は歩道や自転車道だけでなく、路側帯、路肩も通行することはできない。
問8：誤　右左折を行うときは、必ず合図を出さなければならない。★
問9：誤　この標識は「安全地帯」の標識なので、車は進入してはならない。
問10：正　　問11：正　　問12：正　　問13：正
問14：誤　ハンドブレーキをかけていてもしっかりとかかっていなければ、発進するおそれがある。
問15：正　　問16：正　　問17：正　　問18：正 ★　　問19：正
問20：誤　最高速度が標識や標示で指定されていない道路では、60キロメートル毎時を超えて運転してはならない。
問21：正 ★　　問22：正　　問23：正 ★　　問24：正
問25：正　　問26：正　　問27：正
問28：誤　この標識は、「最低速度」の標識なので、この場合自動車は30キロメートル毎時以上の速度で通行しなければならない。
問29：誤　2つ以上の車両通行帯のある道路では、みだりに車両通行帯を変えて通行してはならない。●
問30：正 🖐　　問31：正　　問32：正
問33：誤　最大積載量3トンの貨物車は大型免許か中型免許あるいは準中型免許が必要である。普通免許では2トン未満。
問34：誤　この標識は、「警笛鳴らせ」を表している。
問35：正

問36：	誤	自動車には、自動車の長さ＋自動車の長さの10分の2以下の長さまで荷物を積むことができる。設問のようにわずかであれば警察署長の許可は必要ない。🖐
問37：	誤	車両通行帯があるトンネル内なら、追い越しをしてもかまわない。🔴
問38：	誤	ほかの車をけん引しているため、**50キロメートル毎時以上の速度**で走ることができない場合には、高速自動車国道を通行することはできない。🖐
問39：	誤	こどもが乗り降りしている**通園通学バスのそばを通る**ときには、安全を確かめ**徐行して通行する**。⭐
問40：	正	問41：正
問42：	誤	交通の状況や気象条件などを考え、制限速度の範囲内で、安全な速度で運転する。
問43：	正	問44：正
問45：	誤	摩擦抵抗が小さくなると、制動距離が長くなる。🖐
問46：	正	問47：正
問48：	誤	踏切とその端から前後10メートル以内の場所は、駐停車禁止。
問49：	正	
問50：	誤	停車しているバスが方向指示器などで発進の合図をしていなければ、歩行者などに注意して進むことができる。🖐
問51：	正	問52：正　問53：正　問54：正
問55：	正 ⭐	問56：正　問57：正
問58：	誤	普通免許では普通自動二輪車は運転することはできない。⭐
問59：	誤	三輪の普通自動車と総排気量660cc以下の普通自動車に積載できる貨物の高さは地上から2.5メートル以下となっている。
問60：	誤	**踏切を**通過するときは必ず**一時停止をし、安全確認**をしなければならないが、徐行の規定はない。🖐
問61：	正	問62：正
問63：	誤	運転中は前方の一点だけを凝視するのではなく、たえず前方に注意するとともに、ミラーなどによって周囲の交通にも目を配る。⭐
問64：	正	問65：正
問66：	誤	夜間は、必ず前照灯、車幅灯、尾灯などをつけなければならない。
問67：	正	
問68：	誤	幅が0.75メートル以下の路側帯や、駐停車が禁止されている路側帯の場合は、路側帯に入って駐車することはできない。
問69：	正 🔴	問70：正　問71：正 🔴
問72：	誤	つえをついて歩いていたり、歩行に支障のある高齢者が通行しているときには、一時停止か徐行して、安全に通れるようにする。

問73：正
問74：誤　消火栓や指定消防水利の標識のあるところから5メートル以内は駐車禁止となっている。
問75：正　　　問76：正　　　問77：正
問78：誤　6歳未満のこどもを車に乗せる場合は、チャイルドシートを使用しなければならない。
問79：正　　　問80：正 ★　　問81：正　　　問82：正　　　問83：正
問84：誤　歩道に入って駐車することはできない。
問85：正　　　問86：正　　　問87：正 ◉
問88：誤　優先道路を通行しているときは左右の見通しのきかない交差点でも、そのまま通行することができる。
問89：正　　　問90：正
問91：　(1) 誤　(2) 正　(3) 誤
●交差点で右折待ちしている車が数台並んでいるときは、先頭車につられて2台目以降の車が右折してくることがある。あらかじめそのことを予測し、後続の2〜3台後ろの車の動きをよく見ながら交差点に近づく必要がある。

問92：　(1) 誤　(2) 誤　(3) 正
●交差点に近づく場合、対向車や周囲の動くものには注意が働くものだが、駐車車両など動かないものには注意が向かない傾向がある。この場合、左折するトラックや後続車、歩行者のほかにも、駐車車両がどう影響するか予測しておく必要がある。

問93：　(1) 誤　(2) 誤　(3) 正
●夜間、交通量の少ない郊外の道路などでは、暗いところに車が駐車していることがある。対向車がない場合には、前照灯を上向きに切り替えて、歩行者や無灯火の自転車、駐車車両に注意して慎重に運転する。

問94：　(1) 誤　(2) 正　(3) 誤
●駐停車している車のドアが急に開いたり、右側車線の車が左に進路を変えてくることも予測し、安全な間隔をとり速度を落として進行することが必要。

問95：　(1) 正　(2) 誤　(3) 正
●横断歩道を急いで渡ってくる歩行者や自転車などに十分注意し、停止している車のかげから急に飛び出してくる人や自転車の存在なども予測して、右折直後は注意しながら加速する。

第2回 実力判定模擬テスト

◆制限時間：50分　◆90点以上正解で合格　◆問1～問90：各1点、問91～問95：各2点
（ただし、問91～問95は3つの質問すべてを正解した場合に限り得点となる）

◆次のそれぞれの問題について、正しいものは「正」、誤っているものは「誤」のワクの中をぬりつぶしなさい。

【問 1】 車の総重量が2トンの故障車を総重量が5トンの自動車でロープでけん引するときの最高速度は、40キロメートル毎時である。

【問 2】 前面ガラスが乾いているとき、ワイパーを作動させると、ガラスに傷をつけることがある。

【問 3】 交通事故で外傷がなくても、頭部に強い衝撃を受けたときは、医師の診断を受けたほうがよい。

【問 4】 たとえ5分以内の荷物の積卸しであっても、運転者が車から離れて直ちに運転できない状態のときは、「駐車」である。

【問 5】 免許を受けた者が、他都道府県に住所を変更したときは、変更する前の住所地の公安委員会に届け出なければならない。

【問 6】 図1の標識は、「歩行者専用道路」を表している。

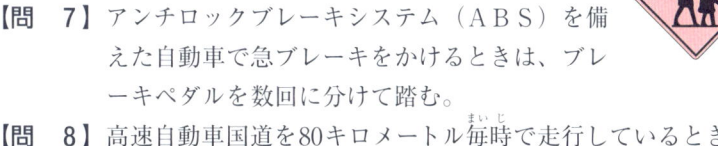

【問 7】 アンチロックブレーキシステム（ABS）を備えた自動車で急ブレーキをかけるときは、ブレーキペダルを数回に分けて踏む。

【問 8】 高速自動車国道を80キロメートル毎時で走行しているときの車間距離は、50メートルくらいとればよい。

【問 9】 定められた速度制限を守るだけでなく、その道路や交通の状況、天候や視界などを考えて、安全な速度と方法で運転しなければならない。

【問10】 急な用事ができて先を急いでいたので、車と車の間を縫うようにして進行した。

【問11】 エンジンはかかるのに、前照灯のスイッチを入れても点灯しないときは、まず、ヒューズを点検してみる。

【問12】 タイヤの溝が浅くなると路面との摩擦が大きくなり、ブレーキをかけたときに短い距離で停止できるようになる。

【問13】 図2の標識のある場所は、そこが駐停車禁止の場所であっても、駐停車することができる。

【問14】 交差点（環状交差点を除く）で右折する場合は、自分が先に交差点に入っていても、反対方向か

ら直進してくる車があるときは、その進行を妨げてはならない。

【問15】図3の標識は、「二輪の自動車は通行してはならないが、三輪・四輪の自動車は通行することができる」という意味を表している。

図3

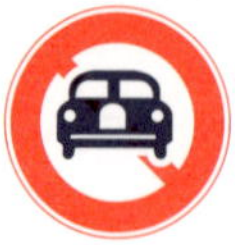

【問16】上り坂の頂上の付近は、追い越しが禁止されているが、こう配の急な下り坂は禁止されていない。

【問17】横断歩道のない交差点や、その近くを歩行者が横断しようとしているときは、徐行するなどして、歩行者の通行を妨げてはならない。

【問18】高速道路に入るときは、燃料、冷却水、エンジンオイル、タイヤの空気圧などを点検しなければならない。

【問19】安全な速度は、運転技量によって決まるので、道路や交通の状況、天候や視界などはあまり考える必要はない。

【問20】乗車定員6人の車には、運転者のほかに大人3人と12歳未満のこどもを4人乗せて、運転することができる。

【問21】図4の標識のある場所は、滑りやすいのであらかじめ減速し、ブレーキをかけないですむように通過する。

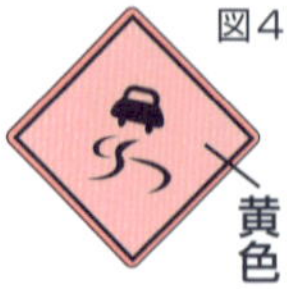

図4
黄色

【問22】道路の片側に障害物がある場合、その付近で対向車と行き違うときは、障害物のある側の車が減速したり停止したりして、道を譲るべきである。

【問23】高速自動車国道でも、故障車をロープでけん引して、通行することができる。

【問24】50キロメートル毎時の速度で進行しているときの車間距離は、おおむね35メートルくらいとれば、一応安全である。

【問25】車を運転する場合、法令に定められたとおりに運転していれば、他の車などに譲る必要はない。

【問26】図5の進行方向別通行区分が指定されている道路で、②の通行帯を通行していた自動車が、交差点で右折した。

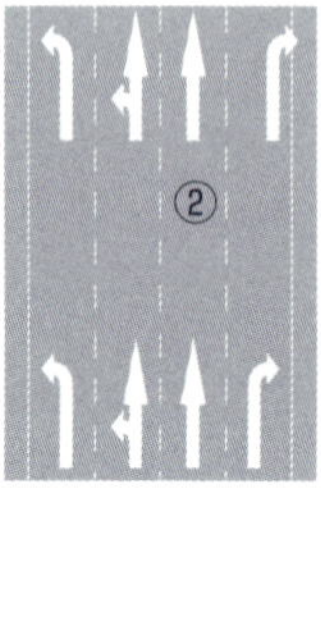

図5

【問27】深い水たまりの場所であっても、速い速度で一気に通過すれば、ブレーキのきき具合には影響はない。

【問28】二輪車のチェーンは、中央部を指で押してみて、適当な緩みがあるのがよい。

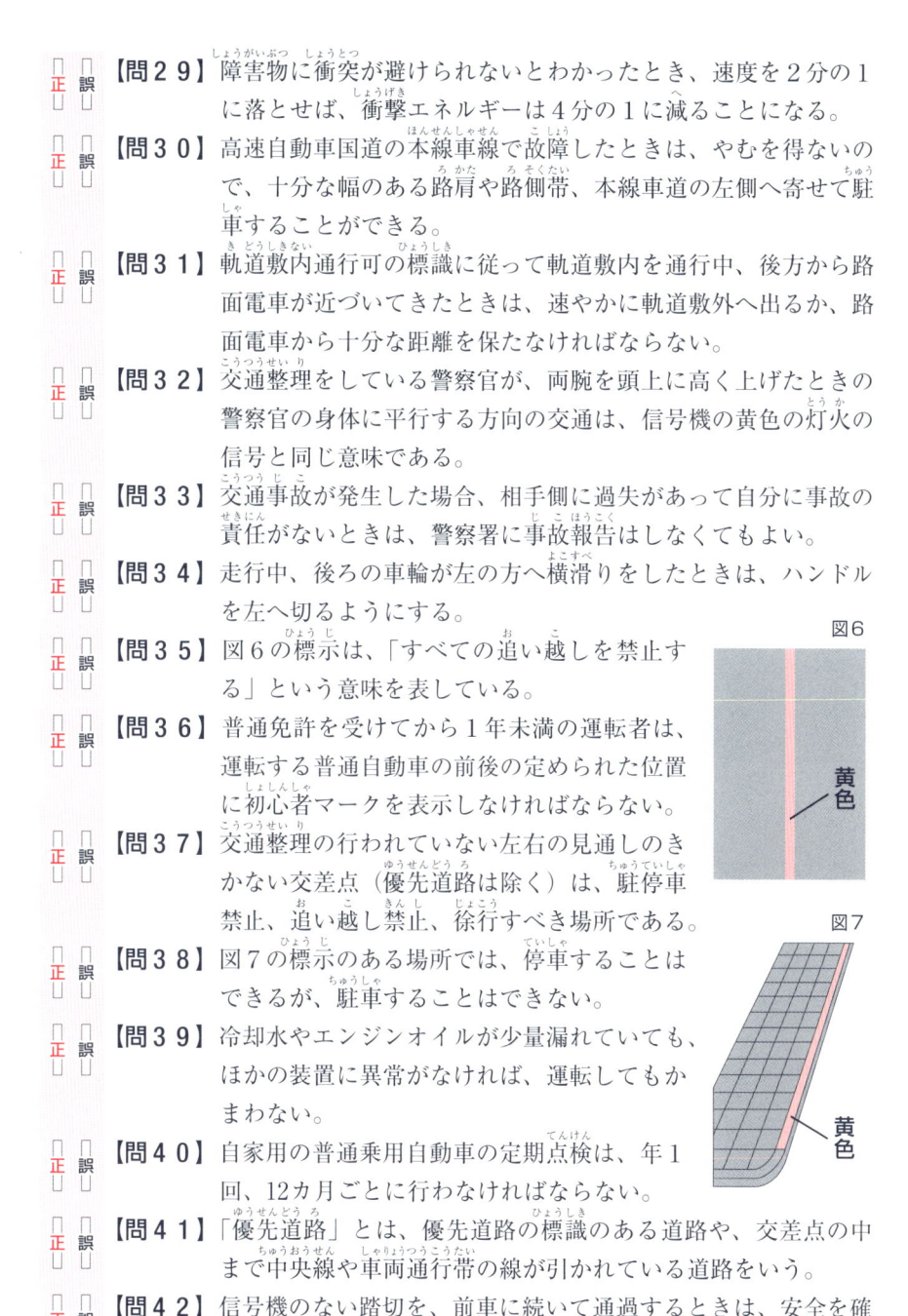

正	誤	【問29】	障害物に衝突が避けられないとわかったとき、速度を2分の1に落とせば、衝撃エネルギーは4分の1に減ることになる。
正	誤	【問30】	高速自動車国道の本線車線で故障したときは、やむを得ないので、十分な幅のある路肩や路側帯、本線車道の左側へ寄せて駐車することができる。
正	誤	【問31】	軌道敷内通行可の標識に従って軌道敷内を通行中、後方から路面電車が近づいてきたときは、速やかに軌道敷外へ出るか、路面電車から十分な距離を保たなければならない。
正	誤	【問32】	交通整理をしている警察官が、両腕を頭上に高く上げたときの警察官の身体に平行する方向の交通は、信号機の黄色の灯火の信号と同じ意味である。
正	誤	【問33】	交通事故が発生した場合、相手側に過失があって自分に事故の責任がないときは、警察署に事故報告はしなくてもよい。
正	誤	【問34】	走行中、後ろの車輪が左の方へ横滑りをしたときは、ハンドルを左へ切るようにする。
正	誤	【問35】	図6の標示は、「すべての追い越しを禁止する」という意味を表している。
正	誤	【問36】	普通免許を受けてから1年未満の運転者は、運転する普通自動車の前後の定められた位置に初心者マークを表示しなければならない。
正	誤	【問37】	交通整理の行われていない左右の見通しのきかない交差点（優先道路は除く）は、駐停車禁止、追い越し禁止、徐行すべき場所である。
正	誤	【問38】	図7の標示のある場所では、停車することはできるが、駐車することはできない。
正	誤	【問39】	冷却水やエンジンオイルが少量漏れていても、ほかの装置に異常がなければ、運転してもかまわない。
正	誤	【問40】	自家用の普通乗用自動車の定期点検は、年1回、12カ月ごとに行わなければならない。
正	誤	【問41】	「優先道路」とは、優先道路の標識のある道路や、交差点の中まで中央線や車両通行帯の線が引かれている道路をいう。
正	誤	【問42】	信号機のない踏切を、前車に続いて通過するときは、安全を確認して徐行すればよい。

図6 黄色

図7 黄色

【問43】二輪車の運転は、体で安定を保って走らなければならないので、四輪車とは違った運転技術が必要である。

【問44】車は、信号機が黄色の灯火の信号を表示したときは、停止位置の直前で必ず停止しなければならない。

【問45】図8の標示は、「午前8時より午後8時までの間、転回禁止の区間である」の意味を表している。

【問46】雨の日は、地盤が硬くなっているので、路肩を通行しても安全である。

【問47】車間距離を保つときは、制動距離とほぼ同じくらいの距離と考えればよい。

【問48】白色や黄色のつえをついた人、盲導犬を連れた人が歩いているときや、車いすで通行している人がいるときには、一時停止か徐行して、これらの人が安全に通行できるようにする。

【問49】夜間、交通量の多い市街地の道路を運転するときは、できるだけ視界を広くするため、前照灯を上向きにしたほうがよい。

【問50】図9の標示のある道路を、普通貨物自動車は、50キロメートル毎時の速度で進行できる。

【問51】車を後退させるとき、同乗者の誘導を受けると判断に狂いが生じるので、なるべく運転者だけの判断で後退させたほうがよい。

【問52】車を運転して集団で走行するときは、ほかの車に危険を感じさせたり、迷惑をかけたりするような運転をしてはならない。

【問53】図10の標識のある場所でパーキングメーターがあるときは、60分を超える駐車に限って、パーキングメーターを作動させる。

【問54】青色の灯火の信号では、ミニカーは、直進と左折はできるが、右折することはできない。

【問55】路線バスの運行終了後であれば、バス停留所の標示板から10メートル以内の場所であっても、駐車や停車をすることができる。

【問56】消防用防火水そうから4メートルの場所に車を止めて、友人が来るのを5分間待った。

【問57】図11の標識は、「幅が2.2メートルを超える車（積んだ荷物の幅を含む）は、通行してはならない」という意味を表している。

【問58】濃霧が発生したときの運転は、前照灯を上向きにつけて走行したほうが、安全である。

【問59】自動車専用の出入口から3メートル以内の道路の部分は、停車はできるが、駐車は禁止されている。

【問60】前方の車を追い越そうとするときは、まず、その場所が追い越し禁止の場所でないかを確かめる。

【問61】原動機付自転車の運転免許を受けていれば、エンジンの総排気量が50cc以下のミニカーを運転することができる。

【問62】自動車は、歩道も路側帯もない道路で駐停車するときは、道路の左端に沿うこと。

【問63】反対方向に対向車がいなかったので、大型自動車を追い越そうとしている前車を追い越した。

【問64】車道に図12の標識があるときは、前方に障害物があるので、図の矢印のように進行しなければならない。

図12

【問65】上り坂で停止した車を発進させるときは、ハンドブレーキを使用して、車をバックさせないようにする。

【問66】横断歩道と自転車横断帯の部分と、その端から前後に5メートル以内の部分は、駐車も停車も禁止されている。

【問67】交差点とその付近以外の道路を通行中、前方から緊急自動車が接近してきたときは、そのまま進行を続けてよい。

【問68】車は、立入り禁止部分の規制標示の中には、どんな理由があっても、絶対に入ってはならない。

【問69】幅が1.5メートルの、白線1本の路側帯のある道路では、車を路側帯の中に入れて、車の左側に0.75メートルの余地を残して駐車や停車をすることができる。

【問70】夜間、車を運転するときは、昼間よりも速度を落として走行するのが、安全である。

【問71】歩道のない狭い道路で歩行者と行き違うときに、安全な間隔が保てないときには、徐行しなければならない。

【問72】進路変更の合図をしてから3秒以上たったときは、後続車が接近してきていても、進路を変えることができる。

【問73】車を運転中、眠気を感じたときは、すぐに運転をやめて、わずかな時間でも仮眠をとったり、気分転換をするようにする。

【問74】自動二輪車（側車つきのものは除く）に荷物を積むときの幅の制限は、荷台の幅に左右それぞれ0.3メートルを加えた幅まではみ出して積むことができる。

【問75】交差点の信号が赤色であっても、左折可の標示板があるときは、横断歩道の歩行者を止めて左折することができる。

【問76】二輪車の変形ハンドルは、運転しやすいものであれば、改造することは禁止されていない。

【問77】自動車には、発煙筒、赤ランプ、停止表示器材などの非常用信号用具を備えつけておかなければならない。

【問78】普通免許試験に合格すれば、免許証を交付される前に普通自動車を運転しても、免許証不携帯だが、無免許運転にはならない。

【問79】図13の標識のある道路であっても、普通貨物自動車ならば、通行することができる。

【問80】後退灯は、チェンジレバーをバック（リバース）に入れたときだけ、点灯する構造でなければならない。

【問81】優先道路だったので、横断歩道の手前30メートル以内の道路の部分で、前方の車（軽車両を除く）を追い越した。

【問82】前方50メートルが確認できないトンネルの中を通行するときは、前照灯その他の灯火をつけなければならない。

【問83】乾いている舗装道路で、50キロメートル毎時の速度で急ブレーキをかけたときの停止距離は、およそ20メートルである。

【問84】自動車の運転者や所有者は、交通事故を起こさない自信があれば自動車損害賠償責任保険や責任共済には加入しなくてもよい。

【問85】自家用の普通乗用自動車は、適切な時期に日常点検をし、異常があれば修理工場などで整備をした後でなければ、運転してはならない。

【問86】車を運転して転回する場合は、転回しようとするときに、合図をしなければならない。

【問87】貨物自動車の荷台に、こわれやすい物を載せて運送するとき、見張り人1人を荷台に乗せて運転した。

【問88】普通乗用自動車は、左側部分に2つの車両通行帯がある道路では、右側の通行帯を通行することができる。

【問89】対向車が、自分の通行区分へ進入してきたので、警音器を鳴らしながら左側に寄ったが、それでも正面衝突が避けられそうに

なかったので、やむを得ず空地の中へ乗り入れた。

【問90】大地震が発生したため、車を置いて避難するときは、エンジンキーを抜き取り、ドアをロックしておく。

【問91】35km/hで進行しています。交差点を直進するときはどのようなことに注意して運転しますか？

(1) 二輪車が左折中の乗用車を避けて自分の車の前に進路変更してくると危険なので、二輪車の動きに注意しながら乗用車の右側を速度を上げて進行する。

(2) 前の乗用車は横断している歩行者がいるため、横断歩道の手前で止まると思われるので、速度を落として進行する。

(3) 交差点の前方の状況が見えないので、見やすいように前の乗用車との車間距離をつめて進行する。

【問92】40km/hで進行しています。交差点を直進するときはどのようなことに注意して運転しますか？

(1) 対向車が先に右折を始めるかもしれないので、車の動きに気をつけながら進行する。

(2) 左側の車は対向車の右折の合図を見てそのまま交差点を通過しようとするかもしれないので、後続車にも注意しながら速度を落として進行する。

(3) 優先道路を走っている自分の車に優先権があるから、左側の車や対向の右折車は停止すると思われるので、やや加速して進行する。

【問93】高速道路の加速車線を50km/hで進行しています。どのようなことに注意して運転しますか？

(1) 正 誤
(2) 正 誤
(3) 正 誤

(1) 本線車道の後方から来る車との距離が十分にあると思われるので、できるだけ早く本線車道に入る。
(2) 車のバックミラーの死角に他の車がいるかもしれないので、自分の目で安全を確かめる。
(3) 本線車道の後方から車が来ているが、本線車道に進入するのに十分な距離があると思われるので、緩やかに進路を右にとる。

【問94】夜間、30km/hで進行しています。黄色の点滅信号の交差点を直進するときはどのようなことに注意して運転しますか？

(1) 正 誤
(2) 正 誤
(3) 正 誤

(1) 交差道路から車が交差点に進入してくるおそれがあるので、交差点に入るときは左右の安全を確かめてから進行する。
(2) 対向車がトラックのかげから右折してくるかもしれないので、左に寄り速度を落として交差点を進行する。
(3) 交差道路の左側の車は赤色の点滅信号に従って一時停止するはずなので、加速して素早く交差点を通過する。

【問95】交差点で右折待ちのため止まっています。どのようなことに注意して運転しますか？

(1) 正 誤
(2) 正 誤
(3) 正 誤

(1) 対向車線のトラックは前の乗用車に妨げられているため、すぐには進行してこないと思われるので、その前に右折する。
(2) 対向車線のトラックは自分の車が右折するのを待ってくれると思われ、また右折する後続車がいるので、できるだけ早く右折する。
(3) 対向車線のトラックの後ろの状況がわからないので、トラックの通過後、対向する交通を確かめてから右折する。

第2回 実力判定模擬テスト 解答＆解説

●……試験によく出る頻出問題　✋……引っかけ問題　★……理解しておきたい難問

問1：誤　2トン以下の故障車を3倍以上の総重量の車でけん引する場合は40キロメートル毎時となるが、設問は3倍以上の条件に当てはまらないので、速度は30キロメートル毎時である。
問2：正　　問3：正 ★　問4：正 ★
問5：誤　速やかに新住所の公安委員会に届け出なければならない。
問6：誤　この標識は「学校、幼稚園、保育所などあり」を表している。
問7：誤　ＡＢＳを備えた自動車で急ブレーキをかけるときは、システムを作動させるため、一気にブレーキペダル強く踏み込み、そのまま踏み続ける。
問8：誤　高速道路での車間距離は、速度計の指針と同数以上の距離をとらないと危険である。この場合は約80メートルとなる。
問9：正
問10：誤　車と車の間を縫って走るジグザグ運転は、禁止されている。
問11：正

問12：誤　タイヤの溝がすり減ると、路面との摩擦が小さくなって、ブレーキのききは悪くなる。

問13：正　　問14：正 🔴

問15：誤　この標識のある道路は、「二輪の自動車以外の自動車通行止め」であって、二輪の自動車は通行できる。

問16：誤　こう配の急な下り坂は、徐行しなければならず、追い越しも禁止されている。✋

問17：正 ⭐　　問18：正

問19：誤　安全な速度は、道路や交通の状況、天候や視界、その他の状況によって、決めなければならない。

問20：誤　定員の１人分は、12歳未満のこども1.5人と計算するから、こどもを３人まで乗せることができる。４人は、定員超過となる。✋

問21：正　　問22：正

問23：誤　高速自動車国道では、故障した車をロープでけん引することは禁止されている。

問24：正 ⭐

問25：誤　法令を守って運転しなければならないのはもちろんだが、法令で解決できない状況が発生したときは、譲り合いの気持ちが大切である。

問26：誤　直進区分の②（直進を表す標示）の通行帯を通行している自動車は、前方の交差点で右折することはできない。

問27：誤　ライニングやドラムが水でぬれると、ブレーキのききが悪くなる。

問28：正　　問29：正

問30：誤　十分な幅のある路側帯や路肩に駐車させなければならない。

問31：正 ⭐　　問32：正

問33：誤　事故措置をした後、必ず警察署（官）に報告しなければならない。

問34：正

問35：誤　この標示は道路の中央から右側部分にはみ出して追い越しをすることを禁止している。

問36：正　　問37：正 🔴

問38：誤　縁石の表面一帯に黄色のペイントが塗ってある標示は、駐停車禁止を表している。

問39：誤　エンジンの過熱や焼きつきの原因になるから、修理した後でなければ運転してはいけない。

問40：正　　問41：正 ⭐

問42：誤　信号機のない踏切では、必ず一時停止して、安全を確認した後でなけ

れば進行してはいけない。⭐

問43：正
問44：誤　**黄色の信号**が表示されても、**停止位置**で**安全に停止できない**ときは、そのまま**進行**できる。
問45：正
問46：誤　**雨の日に路肩に寄り過ぎる**と、崩れやすくなっているから、**転落する危険**がある。
問47：誤　安全を保つ車間距離は、制動距離ではなく、空走距離＋制動距離＝「停止距離」以上を保たないと、危険である。
問48：正 🔴
問49：誤　対向車の多い**市街地の道路**では、常に**前照灯を下向き**にして、運転しなければならない。
問50：正
問51：誤　**後退**する場合、**死角**が多くて**危険**なので、同乗者に誘導の手伝いをしてもらったほうが安全である。
問52：正
問53：誤　パーキングメーターを作動させれば、60分以内の**駐車**ができる。
問54：誤　ミニカーは普通自動車なので、**直進、左折、右折**のどれでもできる。✋
問55：正 ⭐
問56：誤　**人待ちは駐車**なので、**駐車禁止場所**である消防用防火水そうの取り入れ口から5メートル以内で車を**止めることはできない**。🔴
問57：正
問58：誤　上向きにつけると、光線が霧に乱反射して前方が見えなくなって危険なので、**下向きにして走行**する。
問59：正 ⭐　　問60：正
問61：誤　ミニカーは普通自動車なので、**原付免許では運転できない**。
問62：正
問63：誤　前車が、自動車を**追い越そう**としているときの追い越しは、「二重追い越し」として禁止されている。
問64：誤　**標識**の示す矢印の先（標識の左側）を通行しなければならない。
問65：正　　問66：正
問67：誤　前後どちらから接近してきても、道路の左側に寄って進路を譲らなければならない。
問68：正　　問69：正 ⭐　　問70：正　　問71：正
問72：誤　**後続車**の進行を**妨げる**ようなときは、進路を変更してはならない。

問73：正
問74：誤　荷台からはみ出して積むことができるのは、左右それぞれ0.15メートルまで。
問75：誤　「左折可」の標示板があっても、**横断する歩行者の通行を妨げる**ようなときは、**左折することはできない**。
問76：誤　変形ハンドルに改造することは、絶対に禁止されている。
問77：正
問78：誤　免許証の交付前に運転すると、無免許運転になる。
問79：正　　問80：正
問81：誤　優先道路であっても、横断歩道とその手前30メートル以内の部分は、追い越し禁止の場所である。
問82：正
問83：誤　50キロメートル毎時で走行しているときの**停止距離**は、**空走距離**が約**14メートル**、**制動距離**が約**18メートル**で、これを**合計すると約32メートル**ぐらいかかることになる。
問84：誤　交通事故を起こさない自信があっても、強制保険に加入しなければその自動車を運転することはできない。
問85：正
問86：誤　転回しようとする地点から30メートル手前の地点で合図をしなければならない。
問87：正
問88：誤　左側部分に２つの**車両通行帯**がある道路では、左側の通行帯を通行しなければならない。右側の通行帯は追い越しなどのためあけておく。
問89：正
問90：誤　エンジンキーはつけたまま、ドアをロックしないでおく。
問91：　　(1) 誤　　(2) 正　　(3) 誤
●二輪車は、左折車の後方で急停止したり、あるいは大きく進路変更して左折車の右側に出るかもしれない。二輪車の動きに注意をして、安全な車間距離をとるようにする。
●左折中の乗用車は、歩行者が横断歩道を通行しているので、その直前で停止することが考えられる。そのため速度を落として進行する。
●左折車のために対向車線の状況がよくわからない。無理に左折車の右側に出て追い越さずに、一時停止するなどして、前方の状況を確認してから交差点に進入する。
問92：　　(1) 正　　(2) 正　　(3) 誤

●対向する右折車は、自分の車が交差点の近くまで来ていても、右折を始めるかもしれない。また、自分の車が進行している道路は、中央線が設けられている優先道路なので、左側の車が停止するはずと考えて速度を落とさずに交差点に進入すると、左側の車が止まらずに交差点に入ってくるかもしれない。そのため速度を落として交差点に近づく。

●見通しがよい交差点でも、出合い頭の事故は発生する。原因は、距離や速度の読み違い、お互いに相手が止まってくれるだろうと思う気持ちにある。

問93： (1) 誤　(2) 正　(3) 誤

●本線車道に入ろうとする場合には、加速車線を通行して十分加速し、本線車道上のバックミラーに映っている車との速度差が小さくなるようにしてから、合流する。

●本線車道に入るとき、バックミラーだけで判断すると、死角部分にいる他の車と接触するおそれがあるから、死角となるところの安全を確認してから合流する。

問94： (1) 正　(2) 正　(3) 誤

●夜間、点滅信号の交差点では、交差道路の両側から車が交差点内に入ってくることや、右折する大型車のかげから対向車が右折してくることが考えられる。速度を落とし、左右の安全を確かめることが肝心。

●夜間は、赤色の点滅信号を無視して進入してくることもある。黄色の点滅信号だからと漫然と進行すると交差道路から車が出てきたときに対応できなくなるおそれがあるので、十分に注意することが重要。

問95： (1) 誤　(2) 誤　(3) 正

●トラックは右折車を避けながら交差点に進入してくることが考えられる。この場面で、「トラックは進行してこないだろう」とか、「待ってくれるだろう」と勝手に予測して運転すると、トラックが交差点内に進入してきて衝突する可能性がある。

●トラックのかげに二輪車などの車がいるかもしれないので、トラックが通過してから、安全を確かめて右折する。

第3回 実力判定模擬テスト

◆制限時間：50分　◆90点以上正解で合格　◆問1〜問90：各1点、問91〜問95：各2点
（ただし、問91〜問95は3つの質問すべてを正解した場合に限り得点となる）

◆次のそれぞれの問題について、正しいものは「正」、誤っているものは「誤」のワクの中をぬりつぶしなさい。

【問 1】エアバッグを備えている自動車を運転するときには、シートベルトを着用しなくてもよい。

【問 2】黄色の灯火の点滅では、必ず一時停止をして安全を確かめてから進まなければならない。

【問 3】赤色の灯火の点滅は、他の交通に注意すれば一時停止をせずに進むことができる。

【問 4】警察官が交差点で信号機の信号と違う手信号により交通整理を行っているときは、警察官の手信号にしたがって通行する。

【問 5】大地震が起き、車を置いて避難するときは、エンジンを止めてキーを抜き、ドアをロックしておかなくてはならない。

【問 6】ミニカーは普通自動車なので、高速道路を通行できる。

【問 7】幼児を自動車に乗せるときには、後部座席に乗せれば発育の程度に応じたチャイルドシートを使用しなくてもよい。

【問 8】高速自動車国道の本線車道では、標識による指定がなければ普通自動車は最低60キロメートル毎時で走らなければならない。

【問 9】運転中、携帯電話を使うときは、安全な場所に車を止めてから通話する。

【問10】高速道路では、危険防止のためであっても一時停止をしてはならない。

【問11】道路に面した場所に出入りするため、歩道や路側帯を横切る場合、歩行者が通行していなければ、徐行をすればよい。

【問12】盲導犬を連れた人が歩いているときは、気をつければ一時停止か徐行をする必要はない。

【問13】日常点検で、ブレーキペダルをいっぱいに踏み込んだときに、ペダルと床板との間にすき間がなければいけない。

【問14】エンジンブレーキは高速ギアになればなるほどききがよくなる。

【問15】道路の左寄りの部分で工事中のとき、どのような場合でも、中央線を右側にはみ出して走行してもよい。

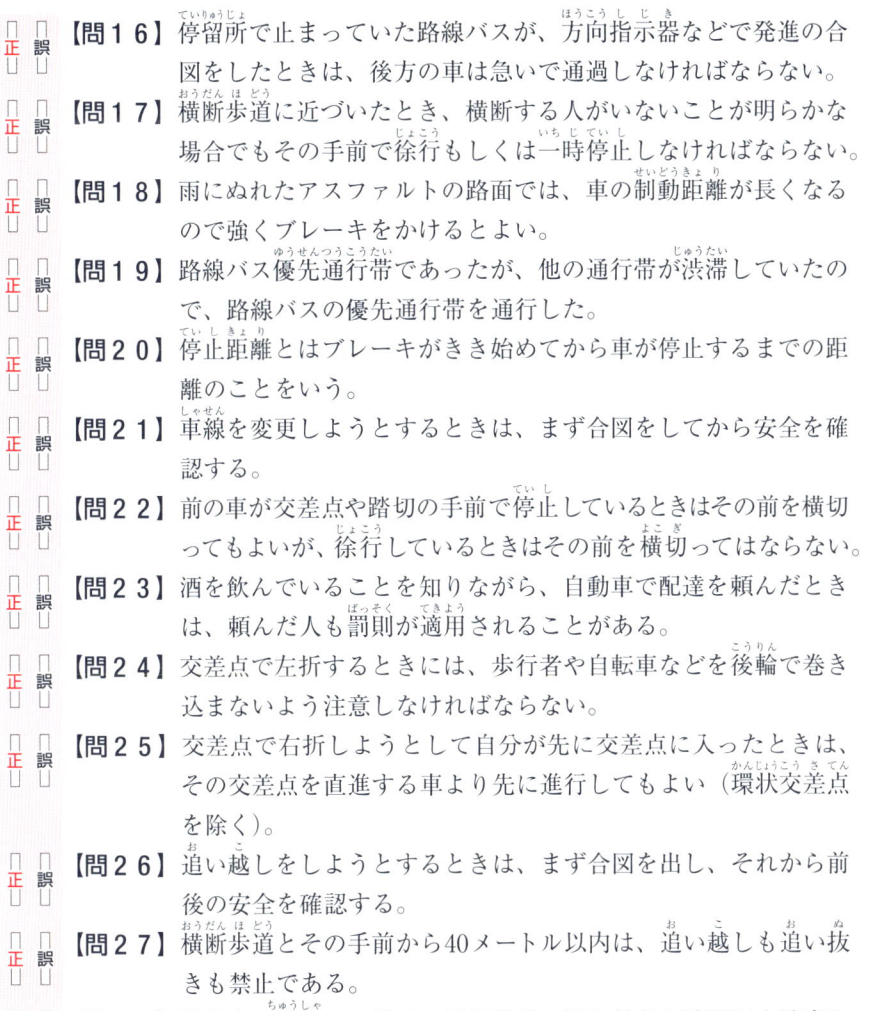

【問１６】停留所で止まっていた路線バスが、方向指示器などで発進の合図をしたときは、後方の車は急いで通過しなければならない。

【問１７】横断歩道に近づいたとき、横断する人がいないことが明らかな場合でもその手前で徐行もしくは一時停止しなければならない。

【問１８】雨にぬれたアスファルトの路面では、車の制動距離が長くなるので強くブレーキをかけるとよい。

【問１９】路線バス優先通行帯であったが、他の通行帯が渋滞していたので、路線バスの優先通行帯を通行した。

【問２０】停止距離とはブレーキがきき始めてから車が停止するまでの距離のことをいう。

【問２１】車線を変更しようとするときは、まず合図をしてから安全を確認する。

【問２２】前の車が交差点や踏切の手前で停止しているときはその前を横切ってもよいが、徐行しているときはその前を横切ってはならない。

【問２３】酒を飲んでいることを知りながら、自動車で配達を頼んだときは、頼んだ人も罰則が適用されることがある。

【問２４】交差点で左折するときには、歩行者や自転車などを後輪で巻き込まないよう注意しなければならない。

【問２５】交差点で右折しようとして自分が先に交差点に入ったときは、その交差点を直進する車より先に進行してもよい（環状交差点を除く）。

【問２６】追い越しをしようとするときは、まず合図を出し、それから前後の安全を確認する。

【問２７】横断歩道とその手前から40メートル以内は、追い越しも追い抜きも禁止である。

【問２８】道路上に駐車する場合、同じ場所に引き続き24時間以上駐車してはならない。

【問２９】前の車に続いて踏切を通過するときは、安全を確認すれば一時停止する必要はない。

【問３０】長い下り坂では、こまめにブレーキを踏んで速度が上がらないようにする。

【問３１】短時間だけ車から離れるときには、ハンドブレーキをかければエンジンを止めなくてよい。

【問３２】夜間は視界が狭くなるため、視線はできるだけ近くのものを見るようにする。

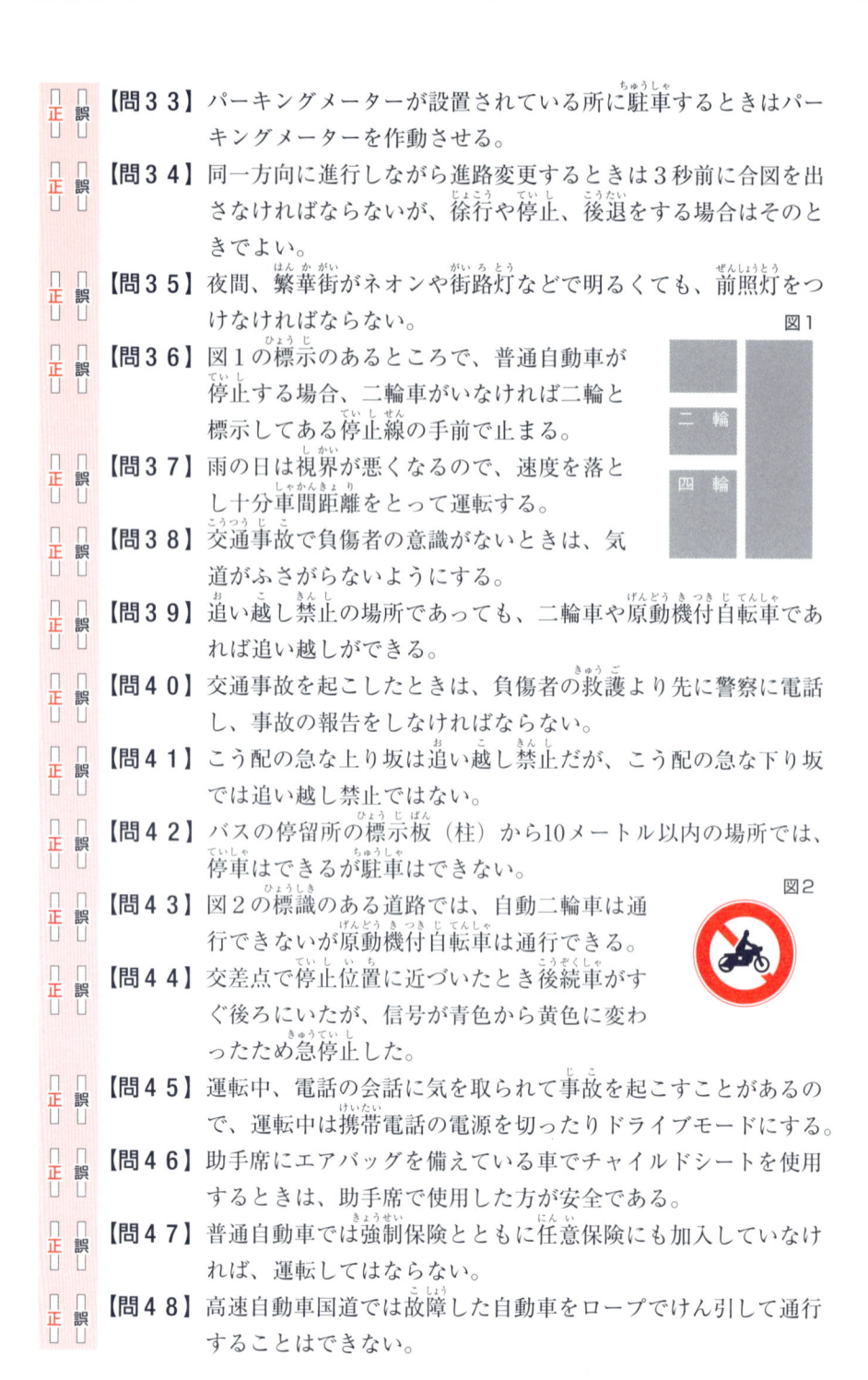

正誤		
□□	【問33】	パーキングメーターが設置されている所に駐車するときはパーキングメーターを作動させる。
□□	【問34】	同一方向に進行しながら進路変更するときは3秒前に合図を出さなければならないが、徐行や停止、後退をする場合はそのときでよい。
□□	【問35】	夜間、繁華街がネオンや街路灯などで明るくても、前照灯をつけなければならない。
□□	【問36】	図1の標示のあるところで、普通自動車が停止する場合、二輪車がいなければ二輪と標示してある停止線の手前で止まる。
□□	【問37】	雨の日は視界が悪くなるので、速度を落とし十分車間距離をとって運転する。
□□	【問38】	交通事故で負傷者の意識がないときは、気道がふさがらないようにする。
□□	【問39】	追い越し禁止の場所であっても、二輪車や原動機付自転車であれば追い越しができる。
□□	【問40】	交通事故を起こしたときは、負傷者の救護より先に警察に電話し、事故の報告をしなければならない。
□□	【問41】	こう配の急な上り坂は追い越し禁止だが、こう配の急な下り坂では追い越し禁止ではない。
□□	【問42】	バスの停留所の標示板(柱)から10メートル以内の場所では、停車はできるが駐車はできない。
□□	【問43】	図2の標識のある道路では、自動二輪車は通行できないが原動機付自転車は通行できる。
□□	【問44】	交差点で停止位置に近づいたとき後続車がすぐ後ろにいたが、信号が青色から黄色に変わったため急停止した。
□□	【問45】	運転中、電話の会話に気を取られて事故を起こすことがあるので、運転中は携帯電話の電源を切ったりドライブモードにする。
□□	【問46】	助手席にエアバッグを備えている車でチャイルドシートを使用するときは、助手席で使用した方が安全である。
□□	【問47】	普通自動車では強制保険とともに任意保険にも加入していなければ、運転してはならない。
□□	【問48】	高速自動車国道では故障した自動車をロープでけん引して通行することはできない。

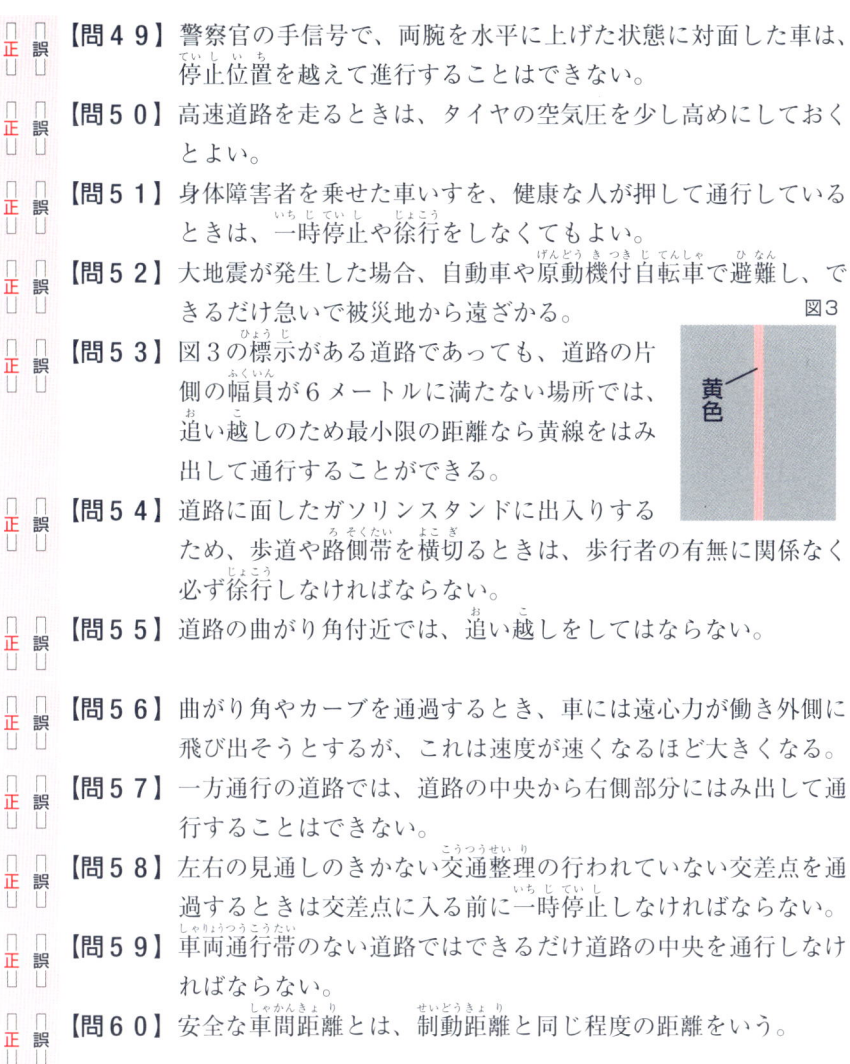

【問49】警察官の手信号で、両腕を水平に上げた状態に対面した車は、停止位置を越えて進行することはできない。

【問50】高速道路を走るときは、タイヤの空気圧を少し高めにしておくとよい。

【問51】身体障害者を乗せた車いすを、健康な人が押して通行しているときは、一時停止や徐行をしなくてもよい。

【問52】大地震が発生した場合、自動車や原動機付自転車で避難し、できるだけ急いで被災地から遠ざかる。

【問53】図3の標示がある道路であっても、道路の片側の幅員が6メートルに満たない場所では、追い越しのため最小限の距離なら黄線をはみ出して通行することができる。

図3
黄色

【問54】道路に面したガソリンスタンドに出入りするため、歩道や路側帯を横切るときは、歩行者の有無に関係なく必ず徐行しなければならない。

【問55】道路の曲がり角付近では、追い越しをしてはならない。

【問56】曲がり角やカーブを通過するとき、車には遠心力が働き外側に飛び出そうとするが、これは速度が速くなるほど大きくなる。

【問57】一方通行の道路では、道路の中央から右側部分にはみ出して通行することはできない。

【問58】左右の見通しのきかない交通整理の行われていない交差点を通過するときは交差点に入る前に一時停止しなければならない。

【問59】車両通行帯のない道路ではできるだけ道路の中央を通行しなければならない。

【問60】安全な車間距離とは、制動距離と同じ程度の距離をいう。

【問61】ブレーキは一度に強く踏んでかけずに、数回に分けて踏む。

【問62】空ぶかしや不必要な急発進、急ブレーキは危険なだけでなく交通公害となる。

【問63】右左折をするとき、右左折をしようとする地点の30メートル手前に達したときに合図をする（環状交差点での右左折を除く）。

【問64】消火栓や防火水そうなどの消防施設のあるところから10メートル以内は駐車してはならない。

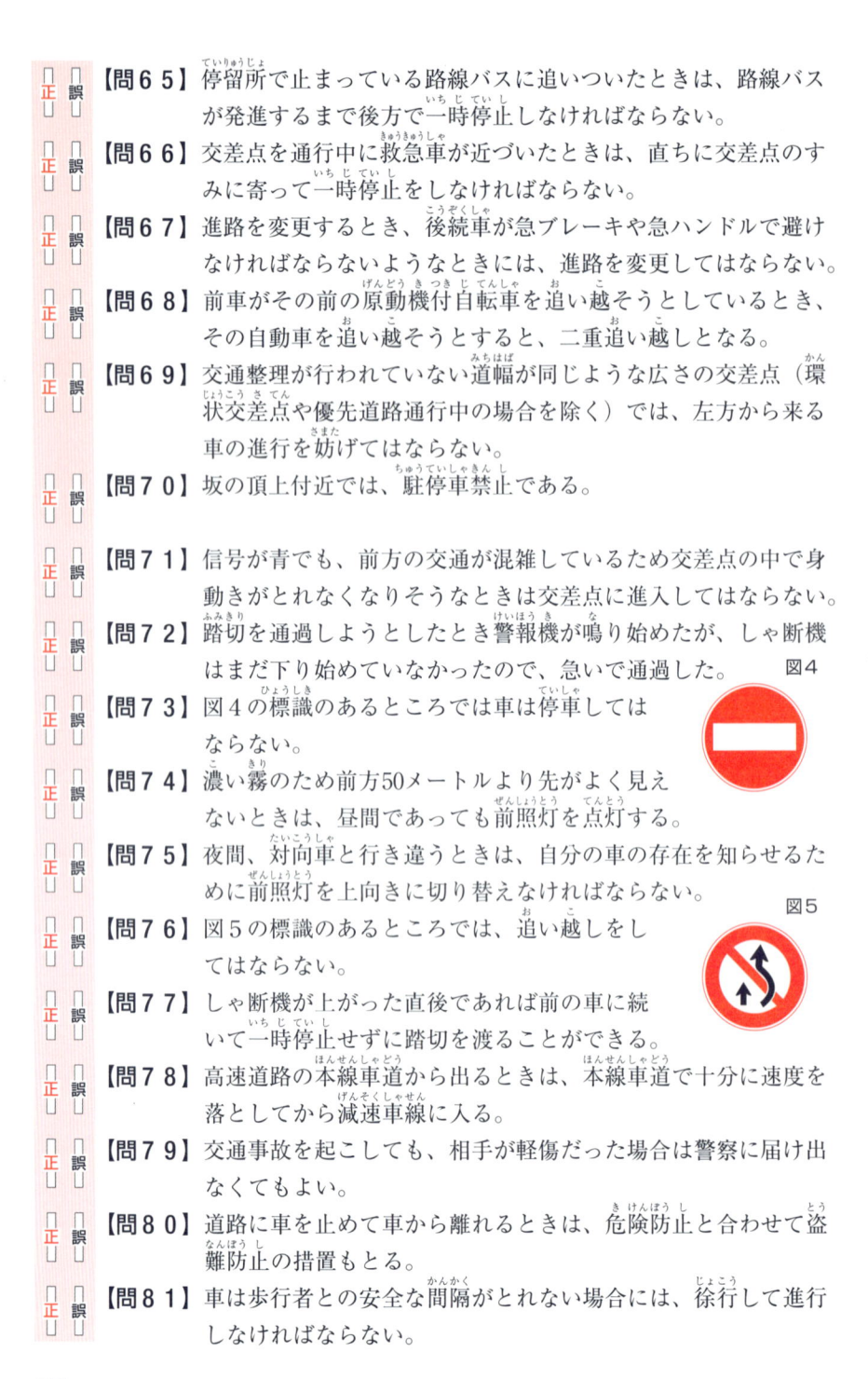

正	誤

【問65】停留所で止まっている路線バスに追いついたときは、路線バスが発進するまで後方で一時停止しなければならない。

【問66】交差点を通行中に救急車が近づいたときは、直ちに交差点のすみに寄って一時停止をしなければならない。

【問67】進路を変更するとき、後続車が急ブレーキや急ハンドルで避けなければならないようなときには、進路を変更してはならない。

【問68】前車がその前の原動機付自転車を追い越そうとしているとき、その自動車を追い越そうとすると、二重追い越しとなる。

【問69】交通整理が行われていない道幅が同じような広さの交差点（環状交差点や優先道路通行中の場合を除く）では、左方から来る車の進行を妨げてはならない。

【問70】坂の頂上付近では、駐停車禁止である。

【問71】信号が青でも、前方の交通が混雑しているため交差点の中で身動きがとれなくなりそうなときは交差点に進入してはならない。

【問72】踏切を通過しようとしたとき警報機が鳴り始めたが、しゃ断機はまだ下り始めていなかったので、急いで通過した。

【問73】図4の標識のあるところでは車は停車してはならない。

図4

【問74】濃い霧のため前方50メートルより先がよく見えないときは、昼間であっても前照灯を点灯する。

【問75】夜間、対向車と行き違うときは、自分の車の存在を知らせるために前照灯を上向きに切り替えなければならない。

図5

【問76】図5の標識のあるところでは、追い越しをしてはならない。

【問77】しゃ断機が上がった直後であれば前の車に続いて一時停止せずに踏切を渡ることができる。

【問78】高速道路の本線車道から出るときは、本線車道で十分に速度を落としてから減速車線に入る。

【問79】交通事故を起こしても、相手が軽傷だった場合は警察に届け出なくてもよい。

【問80】道路に車を止めて車から離れるときは、危険防止と合わせて盗難防止の措置もとる。

【問81】車は歩行者との安全な間隔がとれない場合には、徐行して進行しなければならない。

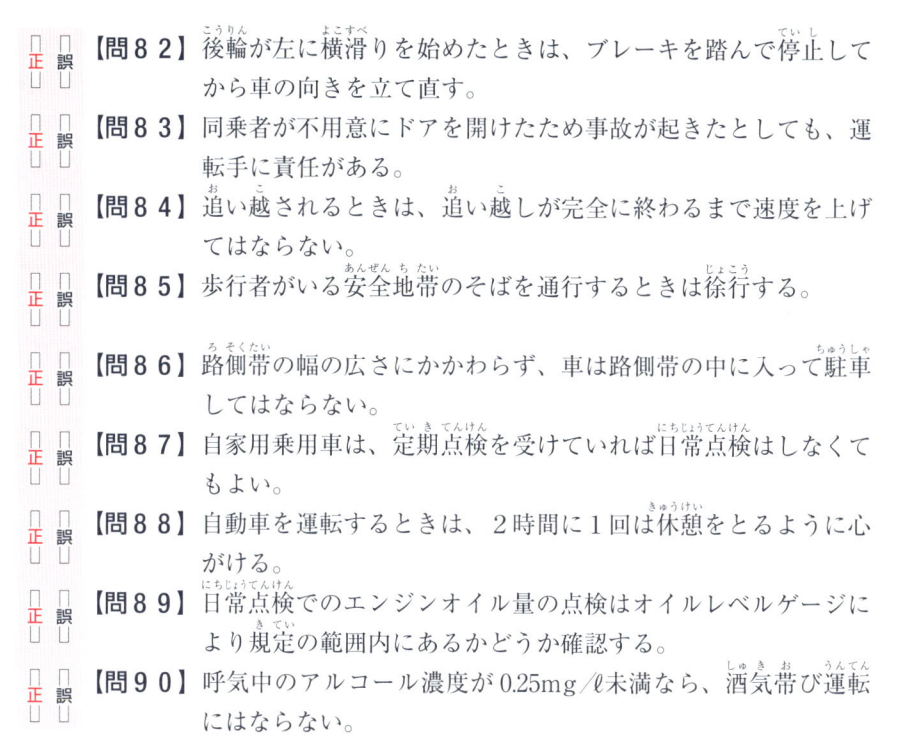

【問82】後輪が左に横滑りを始めたときは、ブレーキを踏んで停止してから車の向きを立て直す。

【問83】同乗者が不用意にドアを開けたため事故が起きたとしても、運転手に責任がある。

【問84】追い越されるときは、追い越しが完全に終わるまで速度を上げてはならない。

【問85】歩行者がいる安全地帯のそばを通行するときは徐行する。

【問86】路側帯の幅の広さにかかわらず、車は路側帯の中に入って駐車してはならない。

【問87】自家用乗用車は、定期点検を受けていれば日常点検はしなくてもよい。

【問88】自動車を運転するときは、2時間に1回は休憩をとるように心がける。

【問89】日常点検でのエンジンオイル量の点検はオイルレベルゲージにより規定の範囲内にあるかどうか確認する。

【問90】呼気中のアルコール濃度が0.25mg/ℓ未満なら、酒気帯び運転にはならない。

【問91】30km/hで進行しています。前方の信号が青から黄色に変わったとき、どのようなことに注意して運転しますか？

(1) 黄色の信号に変わったときは止まるのが当然なので、ブレーキをかけて停止位置を越えてでも停止する。

(2) 黄色の信号に変わっても、後ろの車が接近していて安全に停止できないと判断したときは、ほかの交通に注意しながら交差点を通過する。

(3) 黄色の信号に変わっても、変わった直後ならば、そのまま速度を上げて交差点を通過する。

【問９２】対向車線が混雑している道路で右折のため停止しています。どのようなことに注意して運転しますか？

(1) 正 誤
(2) 正 誤
(3) 正 誤

(1) 信号が青なので、対向車が動き出す前に、歩行者に注意しながら素早く右折する。
(2) 前方の対向車線の車の流れを確認して、動くようすがなければ、停止している車の死角部分から二輪車などが進入してこないか、また、歩行者の動きにも注意しながら右折する。
(3) 対向車の運転者がパッシングで先に行くように合図しているので、急いで右折する。

【問９３】40km/hで見通しのきかない上り坂を進行しています。どのようなことに注意して運転しますか？

(1) 正 誤
(2) 正 誤
(3) 正 誤

(1) 警音器を鳴らしながら加速し、上り坂の頂上付近を早く通過する。
(2) 上り坂の頂上付近に近づいたら、対向車に注意しながらすぐに停止できるように速度を落とし、警音器を鳴らして通過する。
(3) 速度が落ちないように加速し、頂上付近に近づいたら警音器を鳴らして、交差する道路の交通に注意して、道路の中央寄りを通過する。

【問９４】渋滞している道路を5km/hで進行しています。どのようなことに注意して運転しますか？

(1) 正 誤
(2) 正 誤
(3) 正 誤

(1) 前方の車の動きに注意するだけでなく、その前方や左右の状況にも注意して、いつでもブレーキペダルを踏めるようにして進行する。
(2) 歩道を歩いている歩行者や、対向車のかげから歩行者が飛び出してくるかもしれないので、歩行者の飛び出しに注意して進行する。
(3) 二輪車が車の間をぬって進行してくることがあるので、ミラーで後方の状況や側方の状況を確認して進行する。

【問９５】トラックの後ろを30km/hで進行しています。どのようなことに注意して運転しますか？

(1) 正 誤
(2) 正 誤
(3) 正 誤

(1) 前方の信号機の信号が見えないので、トラックは赤信号のため急ブレーキをかけるかもしれない。トラックとの車間距離は十分にとる。
(2) 信号が見えるようにトラックとの車間距離を広くとると、自分の車が交差点に入るときに信号が変わるおそれがあるので、トラックに接近して進行する。
(3) 信号が見えないので道路の右寄りを通り、信号の表示を確認しながら進行する。

第3回 実力判定模擬テスト 解答&解説

🔴……試験によく出る頻出問題　✋……引っかけ問題　★……理解しておきたい難問

問1： 誤　エアバッグを装備していようがいまいが、**車を運転するときはシートベルトを着用**しなければならない。🔴
問2： 誤　黄色の灯火の点滅の場合は、他の交通に注意して進むことができる。🔴
問3： 誤　赤色の灯火の点滅は、必ず一時停止をして安全確認をしてから進まなければならない。
問4： 正
問5： 誤　地震が起きて避難するときは、ドアをロックしないで、車のキーはつけたままにしておき、だれでも移動できるようにしておく。✋
問6： 誤　高速道路では、ミニカー、総排気量125cc以下の普通自動二輪車、原動機付自転車などは通行できない。★
問7： 誤　幼児を車に乗せる場合には**チャイルドシートを使用する**。★
問8： 誤　普通自動車の高速道路での最低速度は50キロメートル毎時である。
問9： 正 ★
問10：誤　高速道路では、危険防止のためやむを得ないときは、一時停止をしても構わない。
問11：誤　**歩道や路側帯を横切る**場合には、必ずその直前で**一時停止をする**。★
問12：誤　盲導犬を連れた人のそばを走行する場合は、一時停止か徐行をしてその人が安全に通れるようにしなければならない。
問13：正
問14：誤　エンジンブレーキは低速ギアのほうがきく。✋
問15：誤　左側部分に安全に通れるだけの幅が残されているときは、道路の中央から右側にはみ出してはならない。
問16：誤　路線バスが発進の合図をした場合は、発進を妨げないようにする。★
問17：誤　明らかに横断する人がいない場合は徐行や一時停車をしなくてよい。
問18：誤　雨にぬれた道路で急ブレーキをかけてはいけない。
問19：誤　バスが近づいてきたとき優先通行帯から出られなくなるおそれがある場合は、その通行帯を通行してはならない。
問20：誤　停止距離は、ブレーキを踏んでから実際にきき始めるまでの距離（空走距離）とブレーキがきき始めてから停止するまでの距離（制動距離）とを合わせた距離のことをいう。✋
問21：誤　**進路変更や転回、後退**などをしようとするときは、まず**安全確認をしてから合図をする**。

130

問22：誤　前の車が交差点や踏切などの手前で停止や徐行をしているときは、その前を横切ったり、前に割り込んだりしてはならない。

問23：正　　　問24：正

問25：誤　**右折車は直進車や左折車の進行を妨げてはならない。**★

問26：誤　追い越しをするときは、まず安全確認をしてから合図を出す。

問27：誤　横断歩道とその手前から30メートル以内は追い越し、追い抜きとも禁止。

問28：誤　12時間（夜間は8時間）以上駐車してはならない。

問29：誤　前車に続いて通過するときでも、一時停止をしなければならない。

問30：誤　下り坂ではエンジンブレーキを使用し補助的にブレーキを使用する。✋

問31：誤　車から離れる場合は、エンジンを止めなければならない。

問32：誤　**夜間の視線は、できるだけ先の方に向け、少しでも早く前方の安全を確認できるようにする。**🔴

問33：正　　　問34：正★　　問35：正

問36：誤　四輪と標示のある停止線の手前で止まる。

問37：正　　　問38：正

問39：誤　追い越し禁止の場所では自動車だけでなく二輪車や原動機付自転車も追い越しをしてはならない。★

問40：誤　交通事故を起こした場合は、事故の続発を防ぐとともに、まず負傷者の救護を行う。

問41：誤　**こう配の急な下り坂は追い越し禁止**だが、こう配の急な上り坂は追い越し禁止ではない。上り坂の頂上付近は追い越し禁止。🔴

問42：誤　信号や危険を防止するためにやむを得ず一時停止する場合などの例外を除いては、停車も駐車もしてはならない。

問43：誤　自動二輪車及び原動機付自転車は通行できない。

問44：誤　急停止した場合、追突のおそれがあるときには停止せずそのまま交差点を通り過ぎることができる。🔴

問45：正

問46：誤　助手席にエアバッグを備えている車でなくてもチャイルドシートはなるべく後部座席で使用する。✋

問47：誤　強制保険のみでもよいが、万一に備え任意保険にも加入しておく。

問48：正　　　問49：正　　　問50：正

問51：誤　健康な人が押していても、一時停止か徐行をして車いすの安全を確保しなくてはならない。✋

問52：誤　大地震で避難するときは、自動車や原動機付自転車などを使用しない。

問53：誤　標示は追い越しのための右側部分はみ出し通行禁止を表しているので、右側部分にはみ出して追い越しすることはできない。
問54：誤　一時停止し、歩行者の通行を妨げてはならない。★
問55：正　　　問56：正
問57：誤　一方通行の道路では、右側を通行することができる。
問58：誤　周囲に気をつけながら徐行して通過する。✋
問59：誤　追い越しなどのやむを得ない場合のほかは道路の左側を通行する。
問60：誤　**安全な車間距離は、停止距離と同じ程度の距離である。**
問61：正　　　問62：正　　　問63：正
問64：誤　消防施設のあるところから5メートル以内は駐車禁止。
問65：誤　路線バスが発進の合図を出しているときは、その発進を妨げないようにするが、設問の場合は安全を確認して横を通過する。🔴
問66：誤　**交差点付近で緊急車両が近づいてきたときは、交差点を避けて道路の左側に寄って一時停止する。**🔴
問67：正
問68：誤　前の自動車が自動車以外の車（例えば原動機付自転車）を追い越そうとしているときは二重追い越しにはならない。
問69：正　　　問70：正　　　問71：正
問72：誤　警報機が鳴っているときや、しゃ断機が下り始めているときは、踏切内に入ってはならない。
問73：誤　この標識は「車両進入禁止」を表している。
問74：正
問75：誤　対向車と行き違うときは、前照灯を下向きに切り替えるか減光する。★
問76：誤　追い越しのための右側部分はみ出し禁止の標識なので、右側部分にはみ出さなければ追い越しをしてもよい。
問77：誤　**踏切を渡るときは、前の車に続いて通過するときでも一時停止をし、**安全を確認しなければならない。
問78：誤　本線車道から出るときは、減速車線に入ってから十分速度を落とす。✋
問79：誤　交通事故を起こしたときは、必ず警察に届け出なければならない。
問80：正　　　問81：正
問82：誤　横滑りした場合は、ブレーキを踏まずに後輪が滑る方向にハンドルを軽く切って、車の向きを立て直す。
問83：正　　　問84：正　　　問85：正 ★
問86：誤　駐停車が禁止されていない幅の広い路側帯の場合は中に入れるが、車の左側に0.75メートルの幅をあけておく。

問87：誤　自家用乗用車は、適切な時期に日常点検を行わなければならない。
問88：正　　問89：正
問90：誤　呼気中のアルコール濃度が0.15mg/ℓ以上ならば酒気帯び運転となる。
問91：　(1) 誤　(2) 正　(3) 誤
●信号が黄色になれば停止するのが原則だが、安全に停止できない場合は、他の交通に注意して交差点を通過する。停止する場合は、停止位置を越えず、また急停止をしない。通過するか停止するかの判断は、どの位置で安全に停止できるか、後続車が接近しているためそのまま通過したほうが安全か、自分の車の速度や後続車との車間距離などによって判断する。

問92：　(1) 誤　(2) 正　(3) 誤
●対向車線が混雑している道路で右折するには、対向車が交差点の手前で停止しているとき、安全確認が不十分のまま右折すると、停止している車の死角部分から進んできた二輪車などと衝突する可能性がある。対向車の動きに注意してゆっくり進むことが大切。いわゆる「サンキュー事故」はこのような状況のときに起こる。進路を譲ってもらったからといって安全確認を忘れないようにすること。

問93：　(1) 誤　(2) 正　(3) 誤
●上り坂の頂上付近では徐行するように法令で定められている。頂上付近が交差点になっているときは、安全を確認しながら、どのような状況にも対処できるように、徐行して通過する。また、警笛区間であるため警音器を鳴らす。

問94：　(1) 正　(2) 正　(3) 正
●渋滞中の道路を運転するときには、手前の車の動きだけでなく、その前方の車の動きや左右の状況にも注意し、いつでもブレーキペダルを踏めるようにして運転する。道路を横断する人や車のかげから横切ろうとする歩行者にも注意が必要。

問95：　(1) 正　(2) 誤　(3) 誤
●トラックなど大型車によって前方が見えない場合には、前の車が急ブレーキをかけても安全なように車間距離をとる。トラックに接近していると、トラックが急停止したり、トラックが黄色信号で通過後に自分の車が交差点に入ったとき赤信号に変わっている可能性がある。また、信号が見えないからといって、安全を確認しないで道路の右側に寄るのは危険（交差点付近ではとくに危険）である。

第4回 実力判定模擬テスト

◆制限時間：50分　◆90点以上正解で合格　◆問1〜問90：各1点、問91〜問95：各2点
（ただし、問91〜問95は3つの質問すべてを正解した場合に限り得点となる）

◆次のそれぞれの問題について、正しいものは「正」、誤っているものは「誤」のワクの中をぬりつぶしなさい。

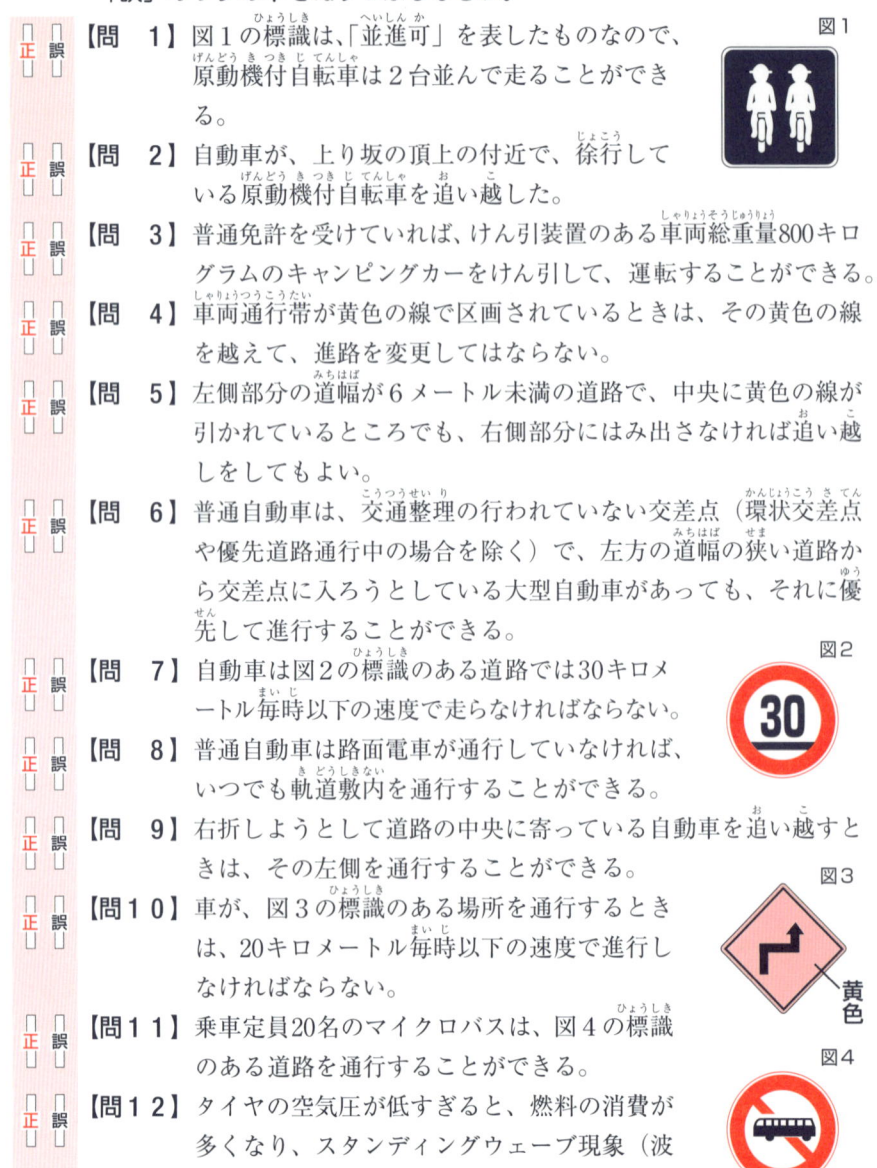

正誤		
□□	【問1】	図1の標識は、「並進可」を表したものなので、原動機付自転車は2台並んで走ることができる。
□□	【問2】	自動車が、上り坂の頂上の付近で、徐行している原動機付自転車を追い越した。
□□	【問3】	普通免許を受けていれば、けん引装置のある車両総重量800キログラムのキャンピングカーをけん引して、運転することができる。
□□	【問4】	車両通行帯が黄色の線で区画されているときは、その黄色の線を越えて、進路を変更してはならない。
□□	【問5】	左側部分の道幅が6メートル未満の道路で、中央に黄色の線が引かれているところでも、右側部分にはみ出さなければ追い越しをしてもよい。
□□	【問6】	普通自動車は、交通整理の行われていない交差点（環状交差点や優先道路通行中の場合を除く）で、左方の道幅の狭い道路から交差点に入ろうとしている大型自動車があっても、それに優先して進行することができる。
□□	【問7】	自動車は図2の標識のある道路では30キロメートル毎時以下の速度で走らなければならない。
□□	【問8】	普通自動車は路面電車が通行していなければ、いつでも軌道敷内を通行することができる。
□□	【問9】	右折しようとして道路の中央に寄っている自動車を追い越すときは、その左側を通行することができる。
□□	【問10】	車が、図3の標識のある場所を通行するときは、20キロメートル毎時以下の速度で進行しなければならない。
□□	【問11】	乗車定員20名のマイクロバスは、図4の標識のある道路を通行することができる。
□□	【問12】	タイヤの空気圧が低すぎると、燃料の消費が多くなり、スタンディングウェーブ現象（波打ち現象）も発生しやすくなる。

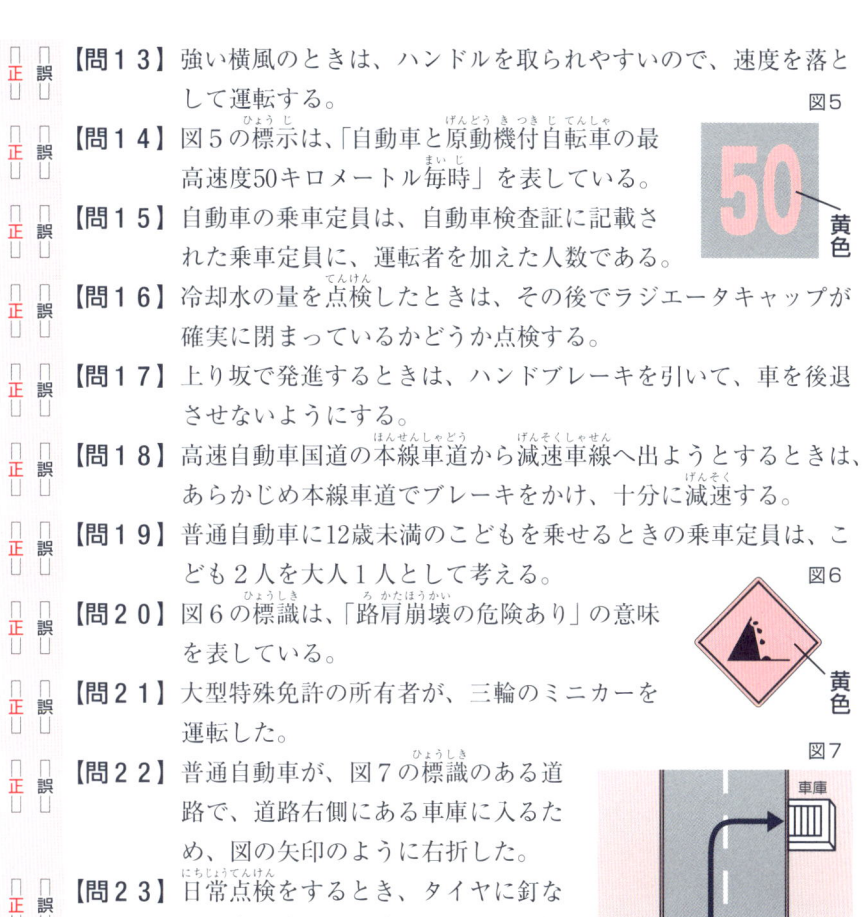

【問13】強い横風のときは、ハンドルを取られやすいので、速度を落として運転する。

【問14】図5の標示は、「自動車と原動機付自転車の最高速度50キロメートル毎時」を表している。

【問15】自動車の乗車定員は、自動車検査証に記載された乗車定員に、運転者を加えた人数である。

【問16】冷却水の量を点検したときは、その後でラジエータキャップが確実に閉まっているかどうか点検する。

【問17】上り坂で発進するときは、ハンドブレーキを引いて、車を後退させないようにする。

【問18】高速自動車国道の本線車道から減速車線へ出ようとするときは、あらかじめ本線車道でブレーキをかけ、十分に減速する。

【問19】普通自動車に12歳未満のこどもを乗せるときの乗車定員は、こども2人を大人1人として考える。

【問20】図6の標識は、「路肩崩壊の危険あり」の意味を表している。

【問21】大型特殊免許の所有者が、三輪のミニカーを運転した。

【問22】普通自動車が、図7の標識のある道路で、道路右側にある車庫に入るため、図の矢印のように右折した。

【問23】日常点検をするとき、タイヤに釘などの金属片がかみ込んでいたり、刺さったりしていないかも点検する。

【問24】総排気量が125cc以下の普通自動二輪車や原動機付自転車が、他の車をけん引するときの法定最高速度は、30キロメートル毎時である。

【問25】バッテリーのターミナル（プラス、マイナスの電極）は、常に清潔に保つようにする。

【問26】右ハンドルの車は、交通量の多い道路でも、右側のドアから乗り降りしたほうが便利である。

【問27】車を発進させるときは、バックミラーだけで後方を確認し、急激に発進させて車の流れの中に入ったほうがよい。

【問28】車の自然な流れの中で、不必要に速度を出して走行すると、他の車に迷惑を及ぼすことになる。

正	誤	【問29】	横断歩道と自転車横断帯は、その場所を通行するのが歩行者と自転車の違いだけで、自動車の運転者がとらなければならない通行方法は同じである。
正	誤	【問30】	山道では、自分が通行区分を守って走っていても、対向車がカーブなどで中央線を越えて走ってくることがあるので、十分注意する。
正	誤	【問31】	オートマチック車は、エンジン始動直後の高速回転時にチェンジレバーを「D」に入れると、急発進することがあるので注意する。
正	誤	【問32】	こう配の急な上り坂であっても、人の乗り降りのためなら、停車することができる。
正	誤	【問33】	ファンベルトの中央を指で押したところ、わずかにゆるみがあったので、適当と考えそのまま運転した。
正	誤	【問34】	道路は、公共の場所だから、交通の少ない広い道路ならば車庫代わりに使用してもよい。
正	誤	【問35】	原動機付自転車ならば、一方通行となっている道路を逆方向へ進行することができる。
正	誤	【問36】	2本の白線で区画されている路側帯は、その幅が広いときに限って、中に入って駐停車することができる。
正	誤	【問37】	信号機のない踏切を前車に続いて通過するときでも、踏切の直前で必ず一時停止して、安全を確かめなければならない。
正	誤	【問38】	マフラー（消音器）がカーボン（すす）などでつまると、エンジンの出力が低下する。
正	誤	【問39】	雨の日は、工事現場の鉄板や路面電車のレールの上などが滑りやすくなるので、特に注意して運転する。
正	誤	【問40】	雪道や凍りついた道では、タイヤチェーンやスタッドレスタイヤなどをつけ、速度を十分落として運転する。
正	誤	【問41】	狭い坂道での行き違いは、上りの車が下りの車に進路を譲らなければならない。
正	誤	【問42】	図8の標示は、通行区分が指定された車両通行帯と車の種類を表したものである。
正	誤	【問43】	雨の日は、前面ガラスがぬれたり曇ったりして見通しが悪くなるので、十分に安全を確かめて運転する。

図8：自動車（二輪を除く）／二輪・軽車両

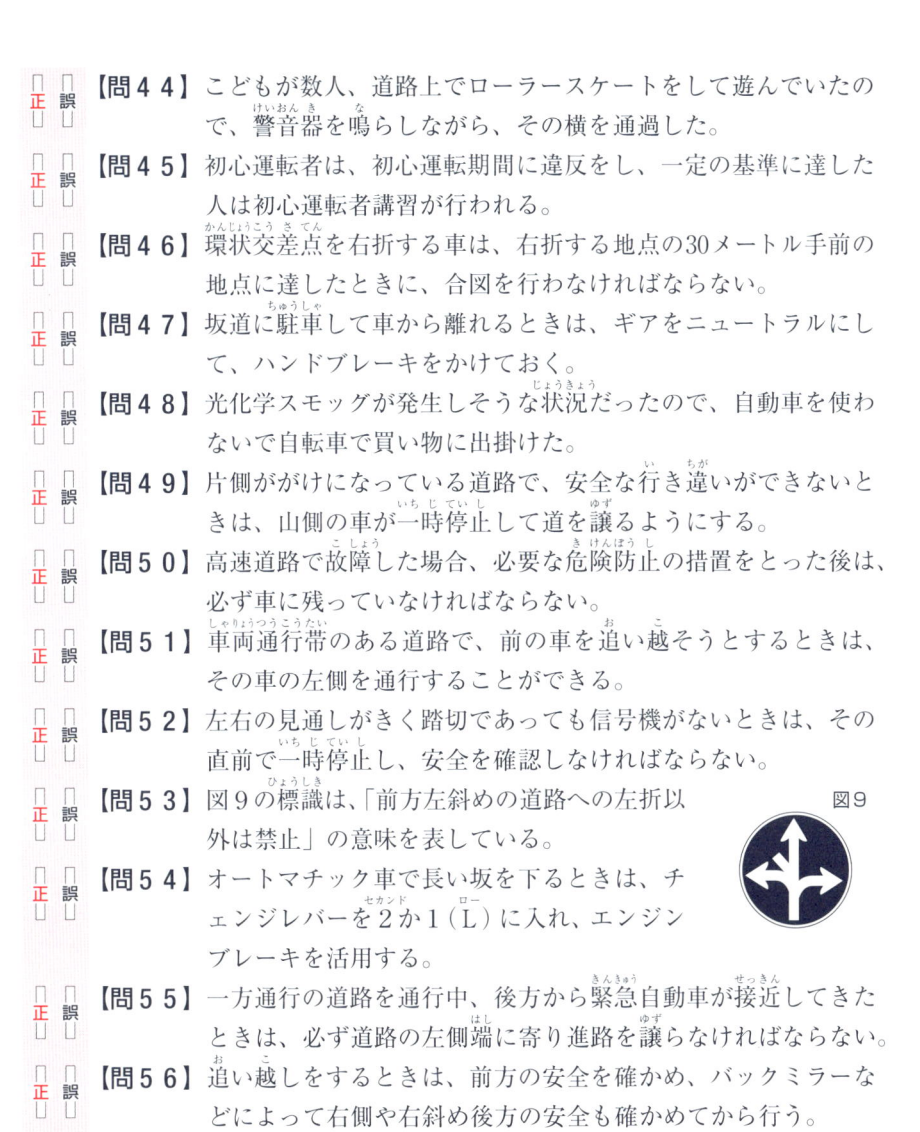

【問44】こどもが数人、道路上でローラースケートをして遊んでいたので、警音器を鳴らしながら、その横を通過した。

【問45】初心運転者は、初心運転期間に違反をし、一定の基準に達した人は初心運転者講習が行われる。

【問46】環状交差点を右折する車は、右折する地点の30メートル手前の地点に達したときに、合図を行わなければならない。

【問47】坂道に駐車して車から離れるときは、ギアをニュートラルにして、ハンドブレーキをかけておく。

【問48】光化学スモッグが発生しそうな状況だったので、自動車を使わないで自転車で買い物に出掛けた。

【問49】片側がけになっている道路で、安全な行き違いができないときは、山側の車が一時停止して道を譲るようにする。

【問50】高速道路で故障した場合、必要な危険防止の措置をとった後は、必ず車に残っていなければならない。

【問51】車両通行帯のある道路で、前の車を追い越そうとするときは、その車の左側を通行することができる。

【問52】左右の見通しがきく踏切であっても信号機がないときは、その直前で一時停止し、安全を確認しなければならない。

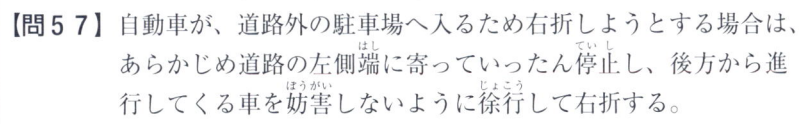

【問53】図9の標識は、「前方左斜めの道路への左折以外は禁止」の意味を表している。

図9

【問54】オートマチック車で長い坂を下るときは、チェンジレバーを2か1（L）に入れ、エンジンブレーキを活用する。

【問55】一方通行の道路を通行中、後方から緊急自動車が接近してきたときは、必ず道路の左側端に寄り進路を譲らなければならない。

【問56】追い越しをするときは、前方の安全を確かめ、バックミラーなどによって右側や右斜め後方の安全も確かめてから行う。

【問57】自動車が、道路外の駐車場へ入るため右折しようとする場合は、あらかじめ道路の左側端に寄っていったん停止し、後方から進行してくる車を妨害しないように徐行して右折する。

【問58】エアブレーキを備えた車は、走行中エアタンクに空気が圧送される構造になっているので、発進するときに空気圧力計の指針が0を示していても運転してよい。

【問59】日常点検のとき、前照灯がつかなかったが、夕刻までには帰る予定だったのでそのまま運転した。

【問60】オイルレベルゲージ（油量計）でオイルの量を点検するときは、車を平らな場所に置き、エンジンを止めしばらくたってから計るようにする。

【問61】自動車専用道路の本線車道が合流するところで、標示によって前方の本線車道の優先が指定されているときは、その本線車道の自動車の進行を妨げてはならない。

【問62】貨物自動車の荷台に荷物を積むとき、片寄ったり高くなったりすると、車は横転しやすくなる。

【問63】普通自動車は、路線バスが近づいてきたときは他の通行帯へ進路を変えればよいので、図10の標示のある通行帯を通行することができる。

図10

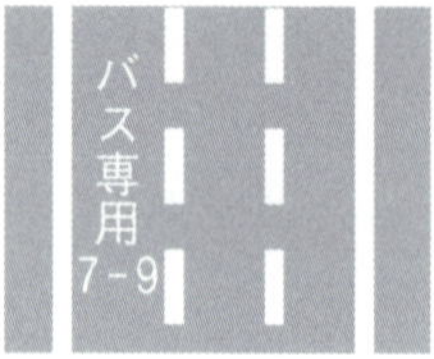

【問64】高速自動車国道の本線車道へ入ろうとする場合、加速車線があるときは、加速車線の中で十分に加速しなければならない。

【問65】長時間連続して運転するのは危険なので、2時間に1回程度の適当な休息時間をとるようにする。

【問66】交通事故で歩行者に軽いけがをさせたときは、医師の診断を受けさせれば、警察官に事故報告はしなくてもよい。

【問67】ミニカーは、普通自動車であっても、高速自動車国道や自動車専用道路は通行することができない。

【問68】シートベルトは、運転者はもちろん、同乗者にも着用させなければならない。

【問69】車を車庫に入れるため歩道を横断するときは、歩道を通行している歩行者に注意して、徐行しなければならない。

【問70】自動車は、高速道路の本線車道では、転回したり、後退したり、中央分離帯を横切ったりしてはならない。

【問71】安全地帯のない停留場で、乗客の乗降のため停車している路面電車に追いついたときは、その横を徐行して通過できる。

【問72】二輪車でカーブを曲がるときは、ハンドルを切るのではなく、車体を傾けることによって自然にカーブする要領で通行できる。

【問73】交通が渋滞しているときは、前方に「停止禁止部分」の標示があっても、その中に入って停止することができる。

【問74】トンネル内は暗くて狭いので、車両通行帯のあるなしには関係なく、追い越しは禁止されている。

正 誤	【問75】	黄色の灯火の信号に対面した車は、他の交通に注意すれば、どの方向へも進んでよい。
正 誤	【問76】	図11の標識のある交差点では、原動機付自転車は、直進と右折することができない。
正 誤	【問77】	自動車は、一方通行の道路で右折するときは、あらかじめ道路の右側端に寄らなければならない。
正 誤	【問78】	高速自動車国道を通行中の自動車が、故障して走れなくなったときは、必ず停止表示器材を置いて、事故防止に努めなければならない。
正 誤	【問79】	前の車が、普通自動二輪車を追い越そうとしているときは、その車を追い越すことができる。
正 誤	【問80】	対向車と正面衝突のおそれが生じたときは、警音器とブレーキを同時に使って、できる限り道路の左側端に寄る。
正 誤	【問81】	下り坂を走行中、ブレーキがきかなくなったときは、チェンジ・レバーをニュートラルの位置にする。
正 誤	【問82】	後車輪が右の方へ横滑りを始めたときは、まずハンドルを左に切って、急ブレーキをかけるとよい。
正 誤	【問83】	走行中、タイヤがパンクしたので、ハンドルをしっかりと握り、車の方向を立て直すことに全力を集中した。
正 誤	【問84】	踏切内で故障し移動できなかったので、踏切内に車を置いたまま、修理工場へ連絡した。
正 誤	【問85】	図12の表示板のある場所で駐車するときは、パーキング・チケットの発給を受け、それを車に掲示して駐車しなければならない。
正 誤	【問86】	駐車禁止の場所で、運転者が車から離れないで5分間友人が来るのを待った。
正 誤	【問87】	事故現場には、ガソリンやオイルが流れていることがあるので、タバコを吸ったり、マッチを捨てたりしないようにする。
正 誤	【問88】	高速自動車国道の本線車道を走行中、前方の車が事故を発生させたので、やむを得ず急停止をした。
正 誤	【問89】	図13の標示による路側帯のある道路で駐車するときは、路側帯に入って車の左側に0.75メートルの余地を残さなければならない。
正 誤	【問90】	赤色の灯火の信号に対面した車は、停止位置で一時停止した後、進行することができる。

【問91】夜間、交差点を左折するため10km/hに減速しました。どのようなことに注意して運転しますか？

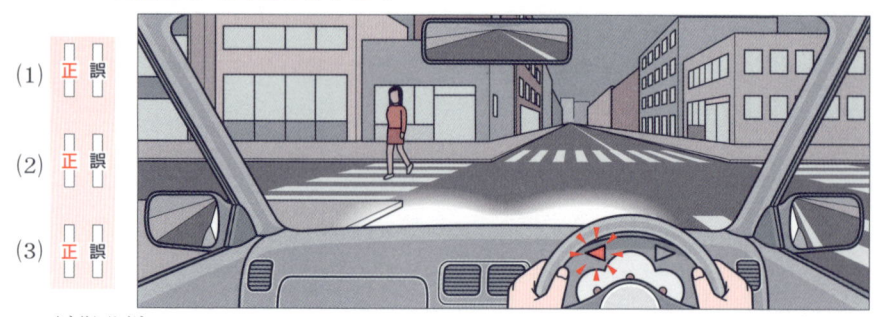

(1) 正 誤
(2) 正 誤
(3) 正 誤

(1) 横断歩道を歩行者が横断しようとしているので、横断歩道の手前で停止して、歩行者の横断が終わるまでその手前で待つ。
(2) 夜間は視界が悪くなるため、ライトをつけずに走ってくる自転車などの発見が遅れがちになるので、十分に注意して左折する。
(3) 前照灯の照らす範囲外は見えにくいので、左側部分や横断歩道全体を確認しながら進行し横断歩道の手前で止まる。

【問92】40km/hで進行しています。止まっている対向車の後ろからバスが近づいてきたときは、どのようなことに注意して運転しますか？

(1) 正 誤
(2) 正 誤
(3) 正 誤

(1) バスが中央線をはみ出してくるかもしれないので、はみ出してこないように中央線寄りを進行する。
(2) 対向のバスよりも自分の車に優先権があるため、バスは駐車車両の手前で停止すると思われるので、待たせないよう加速して通過する。
(3) 止まっている車のかげから歩行者が出てくるかもしれないので、十分に注意し、速度を落として進行する。

【問93】前の車に続いて止まりました。踏切を通過するときは、どのようなことに注意して運転しますか？

(1) 正 誤
(2) 正 誤
(3) 正 誤

(1) 踏切の前方の様子がわからないので、踏切の先に自分の車が止まれる余地があることを確認してから踏切に入る。
(2) 対向車が来ているが、左側に寄り過ぎないようにして通過する。
(3) 対向車線の乗用車の後ろのトラックと踏切内で行き違うのに十分な道幅がないかもしれないので、踏切内でトラックと行き違わないように、前の車に続いて早めに踏切に入る。

【問94】40km/hで進行しています。カーブを通過するとき、どのようなことに注意して運転しますか？

(1) 正 誤
(2) 正 誤
(3) 正 誤

(1) カーブを曲がり切れず、中央線を越え、対向車と衝突するおそれがあるので、速度を落として進行する。
(2) 対向車を早めに見つけられるように車線の右側に寄り、カーブの後半で一気に加速して進行する。
(3) 対向車が中央線をはみ出してくることがあるので、速度を落として車線の左側に寄って進行する。

【問95】交差点で右折するために停止しています。対向車が交差点に接近してきているときは、どのようなことに注意して運転しますか？

(1) 正 誤
(2) 正 誤
(3) 正 誤

(1) 対向車が交差点に入るよりも、自分のほうが先に右折できると思われるので、急いで右折する。
(2) 対向車の速度や交差点までの距離を考えて、自分の車が右折できるかを判断する。
(3) 右折する方向の横断歩道に歩行者がいるので、無理をしないで対向車の通過を待って右折する。

第4回 実力判定模擬テスト 解答＆解説

●……試験によく出る頻出問題　✋……引っかけ問題　★……理解しておきたい難問

問1：誤　**自転車**は、この**標識**のある道路だけ、**2台並んで走る**ことができる。原動機付自転車に対する標識ではない。

問2：誤　**上り坂の頂上の付近**は、**追い越し禁止**、**駐停車禁止**、**徐行**すべき場所だから、追い越しできない。

問3：誤　750キログラムを超える被けん引車をけん引するときは、普通免許のほかにけん引免許が必要である。●

問4：正　　問5：正　　問6：正 ●

問7：誤　この**標識**のある道路では、30キロメートル毎時以上の速度で走らなければならない。

問8：誤　**軌道敷内**は、**左折**、**右折**、**横断**、**転回**、**危険防止**、軌道の左側が道路工事、軌道の左側が車幅に足りない、軌道敷内通行可の標識に従うとき以外は、通行することができない。

問9：正

問10：誤　この場所は、**曲がり角**の連続なので、**徐行場所**となる。徐行とは、車

がすぐ停止できるような速度（約10km/h）で進むことをいう。

問11：誤　「大型乗用自動車等通行止め」の標識なので、乗車定員11人以上の乗用自動車は通行することができない。

問12：正　　問13：正

問14：誤　自動車の速度規制であって、原動機付自転車は30キロメートル毎時を超える速度を出すことはできない。

問15：誤　自動車検査証に記載されている乗車定員の中には、運転者も1人含まれている。

問16：正　　問17：正

問18：誤　減速車線に入ってからブレーキをかけて十分に減速し、本線車道上では危険なので減速しない。

問19：誤　普通自動車の乗車定員を数える際は、12歳未満のこどもを、大人3分の2人として計算することになる。

問20：誤　この標識は、「落石のおそれあり」を表している。

問21：誤　ミニカーは普通自動車なので、大型特殊免許では運転できない。

問22：誤　一方通行の道路で右折する自動車は、道路の右側端に寄って徐行して右折しなければならない。

問23：正

問24：誤　125cc以下の普通自動二輪車や原動機付自転車でほかの車をけん引するときの最高速度は、25キロメートル毎時である。

問25：正

問26：誤　交通量の多い道路では、安全な左側のドアから乗り降りする。

問27：誤　バックミラーには死角があるから、発進直前の安全確認は直接目で見て、ゆるやかに発進して交通の流れの中に入る。

問28：正　　問29：正　　問30：正　　問31：正

問32：誤　こう配の急な坂は、上り下りとも駐停車が禁止されている。

問33：正

問34：誤　住所などから2キロメートル以内の道路以外の場所に必ず保管場所を設けて、道路を車庫代わりに使用してはならない。

問35：誤　標識の矢印の方向と反対方向への進行は、禁止されている。

問36：誤　歩行者専用の路側帯なので、車の通行も駐停車も禁止されている。

問37：正　　問38：正　　問39：正　　問40：正

問41：誤　狭い坂道では下りの車が停止か徐行して、上りの車に進路を譲らなければならない。

問42：正　　問43：正

問44：誤　警音器は鳴らさずに一時停止か徐行して、こどもが安全な場所に移動したのを確認してから進行する。

問45：正

問46：誤　環状交差点で右折する車は、環状交差点内を右回りに進行し、出口のひとつ手前の出口を通過したときに、左折の合図を行う。

問47：誤　坂道に駐車するときは、上り坂ではロー、下り坂や平地ではバックに、オートマチック車はＰにギアを入れ、ハンドブレーキをかけて車輪止めをしておく。★

問48：正

問49：誤　がけ側の車が安全な場所に停止して、行き違うのが安全である。

問50：誤　必要な措置をとった後は、車に残らないで、安全な場所に避難する。●

問51：誤　前車の右側の通行帯に入って、追い越さなければならない。

問52：正★

問53：誤　この標識は、左斜めの道路への左折を禁止している。

問54：正

問55：誤　左側に寄ると進行を妨げるときは、右側端に寄って進路を譲る。★

問56：正

問57：誤　道路の中央（一方通行は右端）に寄り、徐行して右折する。

問58：誤　空気圧力計を見て、規定圧力に上がってから運転しないと危険である。

問59：誤　昼間でも、灯火をつけなければならない場合があるので、修理調整した後でなければ運転してはならない。★

問60：正　　　問61：正　　　問62：正

問63：誤　右左折や道路工事などやむを得ないとき以外は、通行できない。●

問64：正　　　問65：正

問66：誤　交通事故を起こした運転者は、事故が重い軽いに関係なく、必ず事故報告をしなければならない。

問67：正★　　　問68：正

問69：誤　歩道を横断するときは、歩行者の通行を妨げないように、直前で必ず一時停止しなければならない。★

問70：正

問71：誤　安全地帯がないときは、乗り降りする人がいなくなるまで、路面電車の後方で停止しなければならない。

問72：正

問73：誤　「停止禁止部分」の標示の中で停止しなければならない状況のときは、手前で停止して待たなければならない。

問74：誤　車両通行帯のないトンネルでは、追い越し禁止である。
問75：誤　他の交通に注意して進行できるのは、黄色の灯火の点滅信号のとき。
問76：誤　この標識は、多車線道路の交差点であっても二段階右折ではなく、「小回りによる右折方法」ができることを表している。
問77：正　　　問78：正
問79：誤　前車が自動車（大型自動車、中型自動車、準中型自動車、普通自動車、大型特殊自動車、大型自動二輪車、普通自動二輪車、小型特殊自動車の中のどれか）を追い越そうとしているときは、前車を追い越してはならない。🚫
問80：正
問81：誤　手早く減速チェンジをし、ハンドブレーキを引いて、エンジンブレーキを活用する。
問82：誤　後車輪が**右へ横滑り**をしたときは、車は左に向くので、**ハンドルを右に切って車の向きを立て直す。**
問83：正
問84：誤　一刻も早く踏切支障報知装置や発炎筒などで列車の運転士などに知らせるとともに、車を踏切外へ出さなければならない。
問85：正
問86：誤　人待ちは駐車なので、駐車禁止場所では止められない。🚫
問87：正　　　問88：正　　　問89：正
問90：誤　停止位置の直前で停止して、青信号に変わるのを待たなければならない。
問91：　(1) 正　(2) 正　(3) 正
●横断歩道を渡ろうとしている歩行者がいるので、一時停止をしてその通行を妨げないようにする。
●夜間、街路灯などの照明がない交差点では、前照灯の照らす範囲外は見えにくく、左折するときに左後方から横断歩道を渡ろうとする歩行者や自転車の発見が遅れたり、見落としたりすることがある。左折するときは、車の左側部分にも十分に注意しながら横断歩道全体の安全を確かめる。
問92：　(1) 誤　(2) 誤　(3) 正
●対向のバスの運転者は、相手の車が止まるだろうと考えて道路の右側にはみ出してくるかもしれない。優先権があるからと、そのまま進行すると正面衝突をするおそれがあるため、あらかじめ速度を落とし、対向のバスの動きに注意する。

●止まっている車のかげから歩行者などが飛び出してくるかもしれない。車のかげの様子やバスの動きに気をつけながら減速して通過する。

問93： (1) 正　 (2) 正　 (3) 誤

●踏切の向こう側が混雑しているときに発進してしまうと、踏切内で動きがとれなくなるおそれがある。踏切に入るときには、踏切の先に自分の車が入る余地を確認できるまでは、発進せずに待たなければいけない。

●踏切を通過するときに左側に寄りすぎて落輪すると、大事故につながりかねない。踏切を通過するときには、対向車に注意し、やや中央寄りを通行し、落輪しないようにする。

問94： (1) 正　 (2) 誤　 (3) 正

●カーブでは前方の状況がわかりにくい場合が多いので、あらかじめ対向車があることを予測しておくとともに、対向車が道路の中央からはみ出してくることがあるので、車線の左側に寄って進行することが大事。

問95： (1) 誤　 (2) 正　 (3) 正

●交差点で右折するときに、対向車がいないか、横断歩行者などがいないか安全を確かめなければならない。対向車がいる場合は、対向車の速度や交差点までの距離、対向車が交差点に達するまでに、自分の車が安全に右折できるかを素早く判断する。少しでも危険を感じたときは、対向車を先に通過させる。

第5回 実力判定模擬テスト

◆制限時間：50分　◆90点以上正解で合格　◆問1～問90：各1点、問91～問95：各2点
（ただし、問91～問95は3つの質問すべてを正解した場合に限り得点となる）

◆次のそれぞれの問題について、正しいものは「正」、誤っているものは「誤」のワクの中をぬりつぶしなさい。

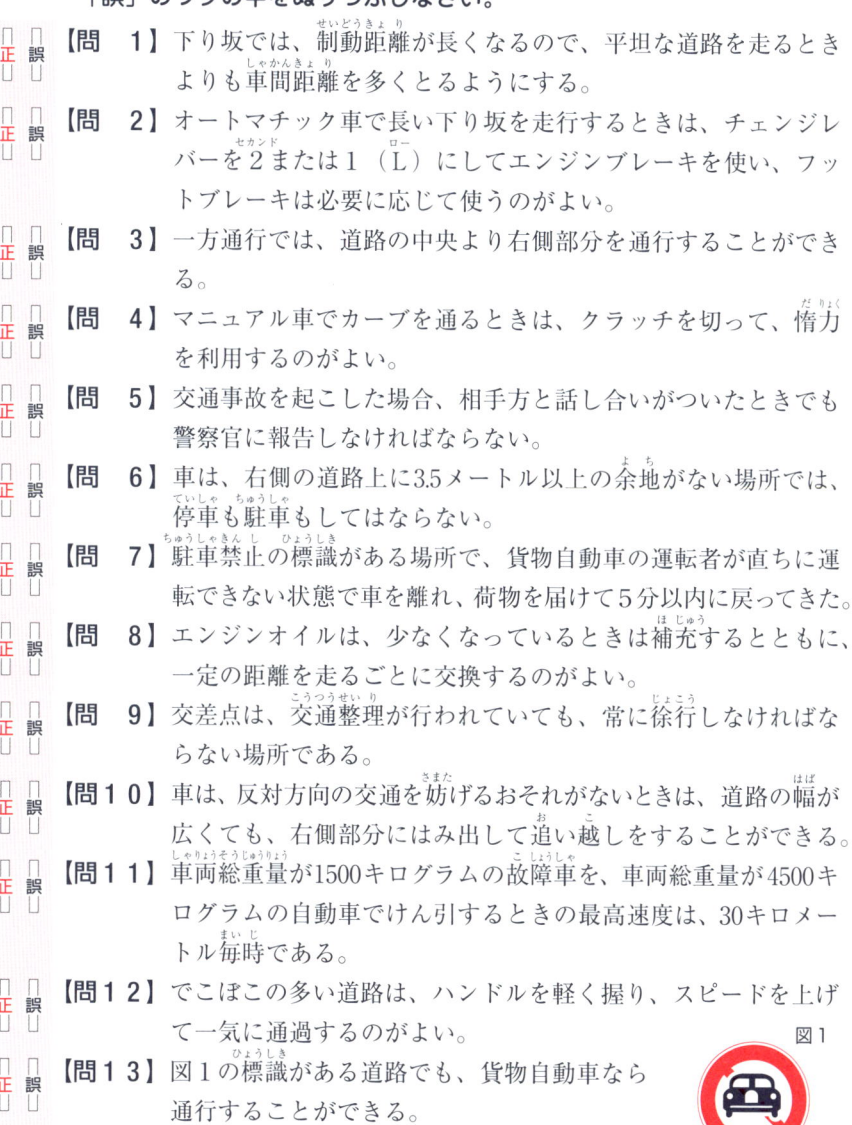

【問 1】下り坂では、制動距離が長くなるので、平坦な道路を走るときよりも車間距離を多くとるようにする。

【問 2】オートマチック車で長い下り坂を走行するときは、チェンジレバーを2または1（L）にしてエンジンブレーキを使い、フットブレーキは必要に応じて使うのがよい。

【問 3】一方通行では、道路の中央より右側部分を通行することができる。

【問 4】マニュアル車でカーブを通るときは、クラッチを切って、惰力を利用するのがよい。

【問 5】交通事故を起こした場合、相手方と話し合いがついたときでも警察官に報告しなければならない。

【問 6】車は、右側の道路上に3.5メートル以上の余地がない場所では、停車も駐車もしてはならない。

【問 7】駐車禁止の標識がある場所で、貨物自動車の運転者が直ちに運転できない状態で車を離れ、荷物を届けて5分以内に戻ってきた。

【問 8】エンジンオイルは、少なくなっているときは補充するとともに、一定の距離を走るごとに交換するのがよい。

【問 9】交差点は、交通整理が行われていても、常に徐行しなければならない場所である。

【問10】車は、反対方向の交通を妨げるおそれがないときは、道路の幅が広くても、右側部分にはみ出して追い越しをすることができる。

【問11】車両総重量が1500キログラムの故障車を、車両総重量が4500キログラムの自動車でけん引するときの最高速度は、30キロメートル毎時である。

【問12】でこぼこの多い道路は、ハンドルを軽く握り、スピードを上げて一気に通過するのがよい。

【問13】図1の標識がある道路でも、貨物自動車なら通行することができる。

図1

【問14】排出ガスの色を調べたところ、薄い青色をしていたが、この場合は、燃料の燃焼状態は良好である。

【問15】一般道路を走行中、雨雲が低く垂れ込めて前方50メートルまではっきりと見えないほど暗くなったときは、昼間でも灯火をつけなければならない。

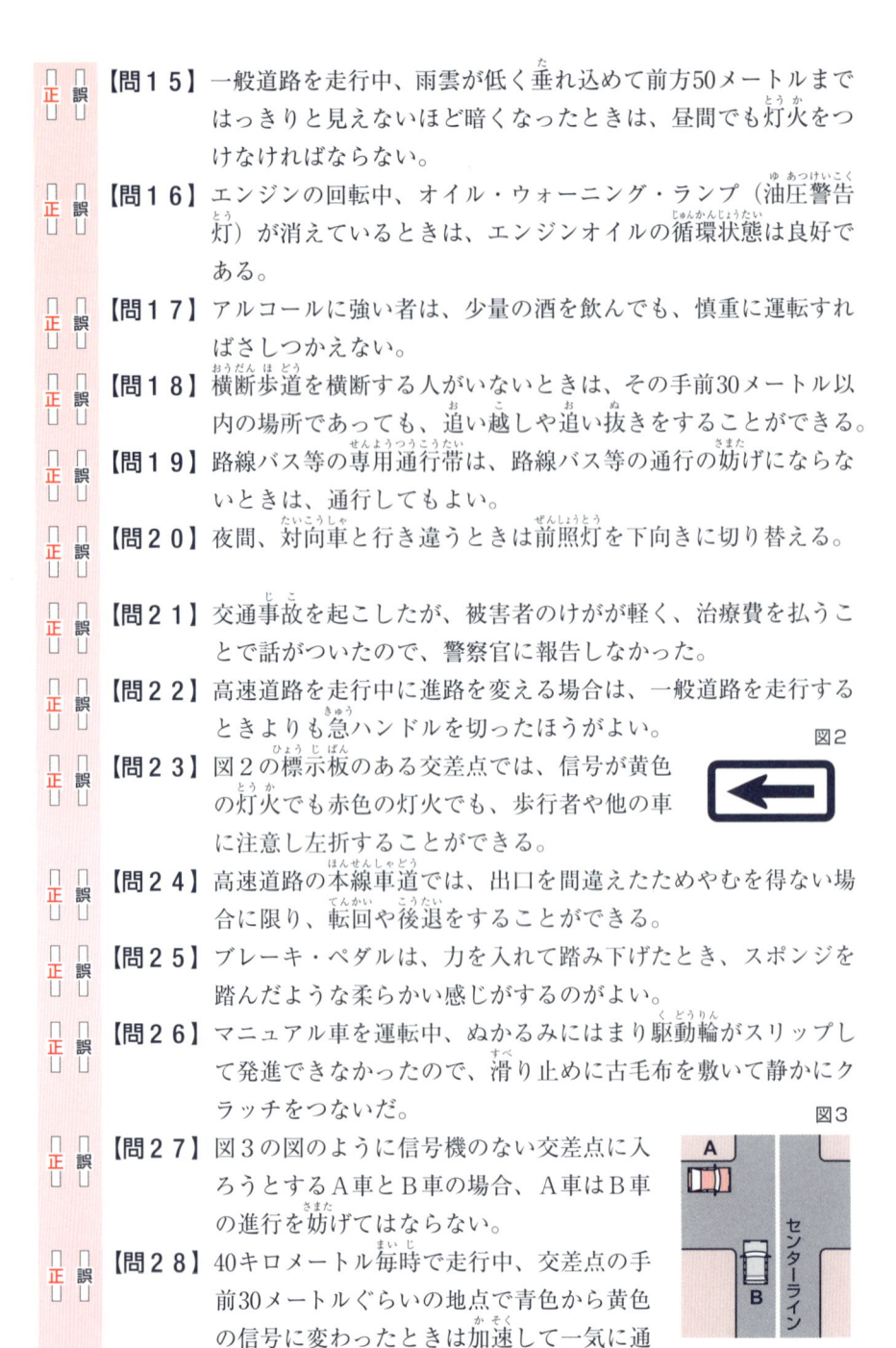

【問16】エンジンの回転中、オイル・ウォーニング・ランプ（油圧警告灯）が消えているときは、エンジンオイルの循環状態は良好である。

【問17】アルコールに強い者は、少量の酒を飲んでも、慎重に運転すればさしつかえない。

【問18】横断歩道を横断する人がいないときは、その手前30メートル以内の場所であっても、追い越しや追い抜きをすることができる。

【問19】路線バス等の専用通行帯は、路線バス等の通行の妨げにならないときは、通行してもよい。

【問20】夜間、対向車と行き違うときは前照灯を下向きに切り替える。

【問21】交通事故を起こしたが、被害者のけがが軽く、治療費を払うことで話がついたので、警察官に報告しなかった。

【問22】高速道路を走行中に進路を変える場合は、一般道路を走行するときよりも急ハンドルを切ったほうがよい。

【問23】図2の標示板のある交差点では、信号が黄色の灯火でも赤色の灯火でも、歩行者や他の車に注意し左折することができる。

図2

【問24】高速道路の本線車道では、出口を間違えたためやむを得ない場合に限り、転回や後退をすることができる。

【問25】ブレーキ・ペダルは、力を入れて踏み下げたとき、スポンジを踏んだような柔らかい感じがするのがよい。

【問26】マニュアル車を運転中、ぬかるみにはまり駆動輪がスリップして発進できなかったので、滑り止めに古毛布を敷いて静かにクラッチをつないだ。

【問27】図3の図のように信号機のない交差点に入ろうとするA車とB車の場合、A車はB車の進行を妨げてはならない。

図3

【問28】40キロメートル毎時で走行中、交差点の手前30メートルぐらいの地点で青色から黄色の信号に変わったときは加速して一気に通り抜けるとよい。

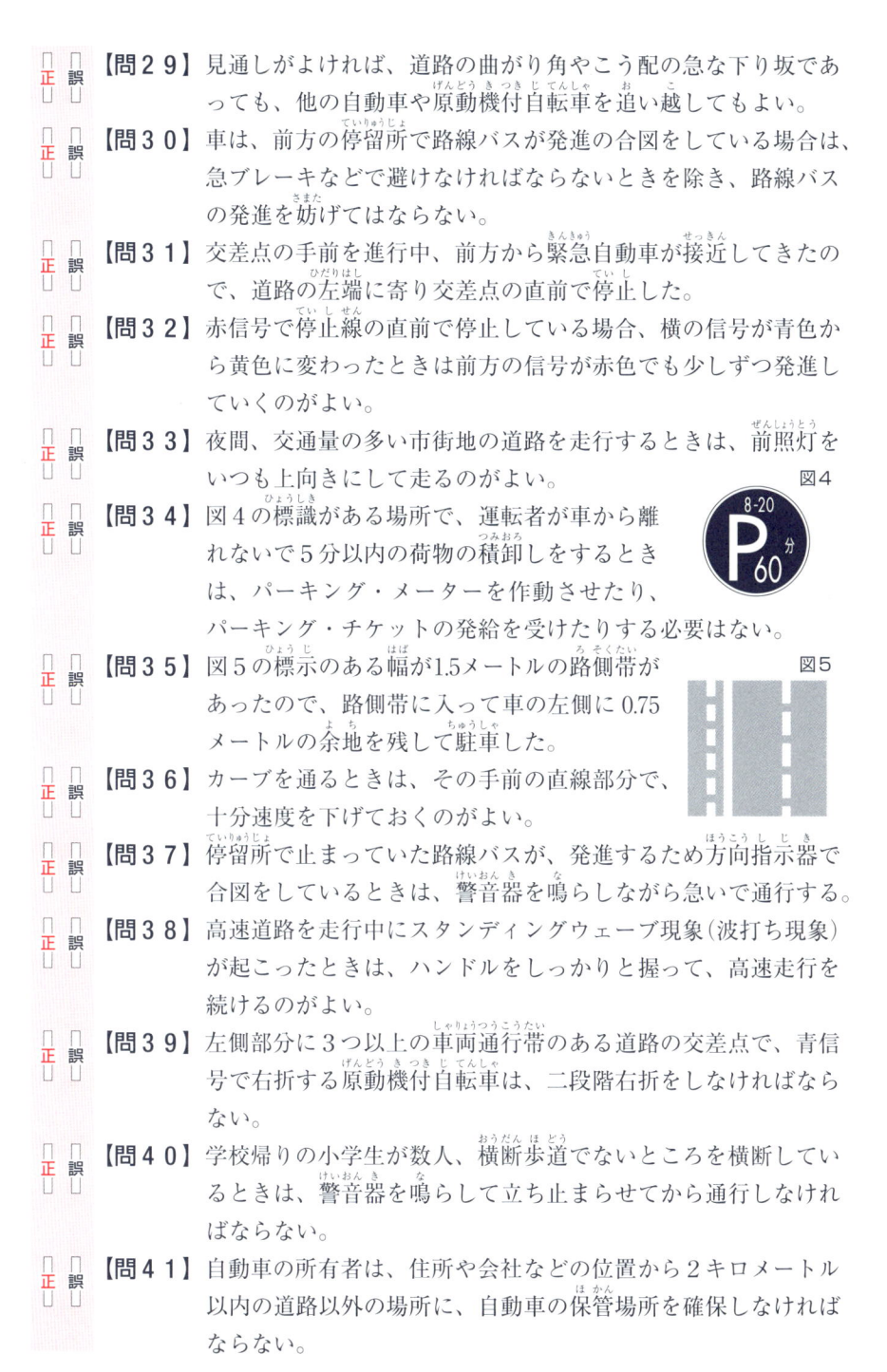

| 正 | 誤 | 【問29】見通しがよければ、道路の曲がり角やこう配の急な下り坂であっても、他の自動車や原動機付自転車を追い越してもよい。

| 正 | 誤 | 【問30】車は、前方の停留所で路線バスが発進の合図をしている場合は、急ブレーキなどで避けなければならないときを除き、路線バスの発進を妨げてはならない。

| 正 | 誤 | 【問31】交差点の手前を進行中、前方から緊急自動車が接近してきたので、道路の左端に寄り交差点の直前で停止した。

| 正 | 誤 | 【問32】赤信号で停止線の直前で停止している場合、横の信号が青色から黄色に変わったときは前方の信号が赤色でも少しずつ発進していくのがよい。

| 正 | 誤 | 【問33】夜間、交通量の多い市街地の道路を走行するときは、前照灯をいつも上向きにして走るのがよい。

図4

| 正 | 誤 | 【問34】図4の標識がある場所で、運転者が車から離れないで5分以内の荷物の積卸しをするときは、パーキング・メーターを作動させたり、パーキング・チケットの発給を受けたりする必要はない。

図5

| 正 | 誤 | 【問35】図5の標示のある幅が1.5メートルの路側帯があったので、路側帯に入って車の左側に0.75メートルの余地を残して駐車した。

| 正 | 誤 | 【問36】カーブを通るときは、その手前の直線部分で、十分速度を下げておくのがよい。

| 正 | 誤 | 【問37】停留所で止まっていた路線バスが、発進するため方向指示器で合図をしているときは、警音器を鳴らしながら急いで通行する。

| 正 | 誤 | 【問38】高速道路を走行中にスタンディングウェーブ現象（波打ち現象）が起こったときは、ハンドルをしっかりと握って、高速走行を続けるのがよい。

| 正 | 誤 | 【問39】左側部分に3つ以上の車両通行帯のある道路の交差点で、青信号で右折する原動機付自転車は、二段階右折をしなければならない。

| 正 | 誤 | 【問40】学校帰りの小学生が数人、横断歩道でないところを横断しているときは、警音器を鳴らして立ち止まらせてから通行しなければならない。

| 正 | 誤 | 【問41】自動車の所有者は、住所や会社などの位置から2キロメートル以内の道路以外の場所に、自動車の保管場所を確保しなければならない。

【問42】自動車は、上り坂の頂上付近でも、原動機付自転車を追い越してよい。

【問43】強風のときは、ハンドルをとられやすいので、スピードを落として走る。

【問44】貨物自動車の運転者が、警察署長の許可を受けないで、空の荷台に荷物を積むために必要な人を2人乗せて運転した。

【問45】上り坂の頂上付近やこう配の急な下り坂は、徐行しなければならない場所である。

【問46】交差点とその端から5メートル以内のところでも、人の乗降のために停車することは、違反にはならない。

【問47】警察官が灯火を横に振っている場合、その灯火が振られている方向に進む交通は、青色の灯火の信号と同じ意味である。

【問48】補助標識などにある「大貨等」には、大型貨物自動車、大型乗用自動車、大型特殊自動車を含む。

【問49】駐車禁止の標識のある場所で、自家用バスが人の乗降のため10分間停止した。

【問50】冷却水が不足してエンジンがオーバーヒート（過熱）したときは、直ちにエンジンを止め、ラジエータキャップを取る。

【問51】夜間運転中、対向車の前照灯がまぶしかったので、しばらく目をつぶって運転した。

【問52】他の車を追い越す場合、その左側を通行できるのは、前車が右折するため道路の中央か右側端に寄って通行しているときだけである。

【問53】歩道も路側帯もない道路で駐車するときは、車の左側に余地を残さないで、道路と平行に左端に沿って停止する。

【問54】交差点（環状交差点での右折を除く）で右折する場合の合図は、その交差点の中心から30メートル手前の地点に達したときにしなければならない。

【問55】道路の左側部分にある安全地帯に歩行者が立っていたが、危険な状態ではなかったので、20キロメートル毎時の速度でその側方を通過した。

【問56】雪道では、前車の通ったわだちを選び通行するようにしたほうがよい。

【問57】交差点に入るのと同時に信号が青色から黄色に変わったときは、直ちに交差点内に停止しなければならない。

【問58】図6の標識は、積んだ荷物を含めて地上から3.3メートルの高さを超える車は、通行してはならないことを意味している。

【問59】図7の標示がある場合、この標示のある道路が「優先道路」である。

【問60】高速になればなるほど視野は狭くなり、近くのものはぼやけて見えにくくなるので、危険は増大する。

【問61】交差点（環状交差点を除く）で右折する車は、直進車が来ていても、すでに右折し始めているときは、その直進車に優先して進行することができる。

【問62】自動車の所有者は、図8の警察署長の交付する保管場所標章を、自動車の後面ガラスなどに表示しなければならない。

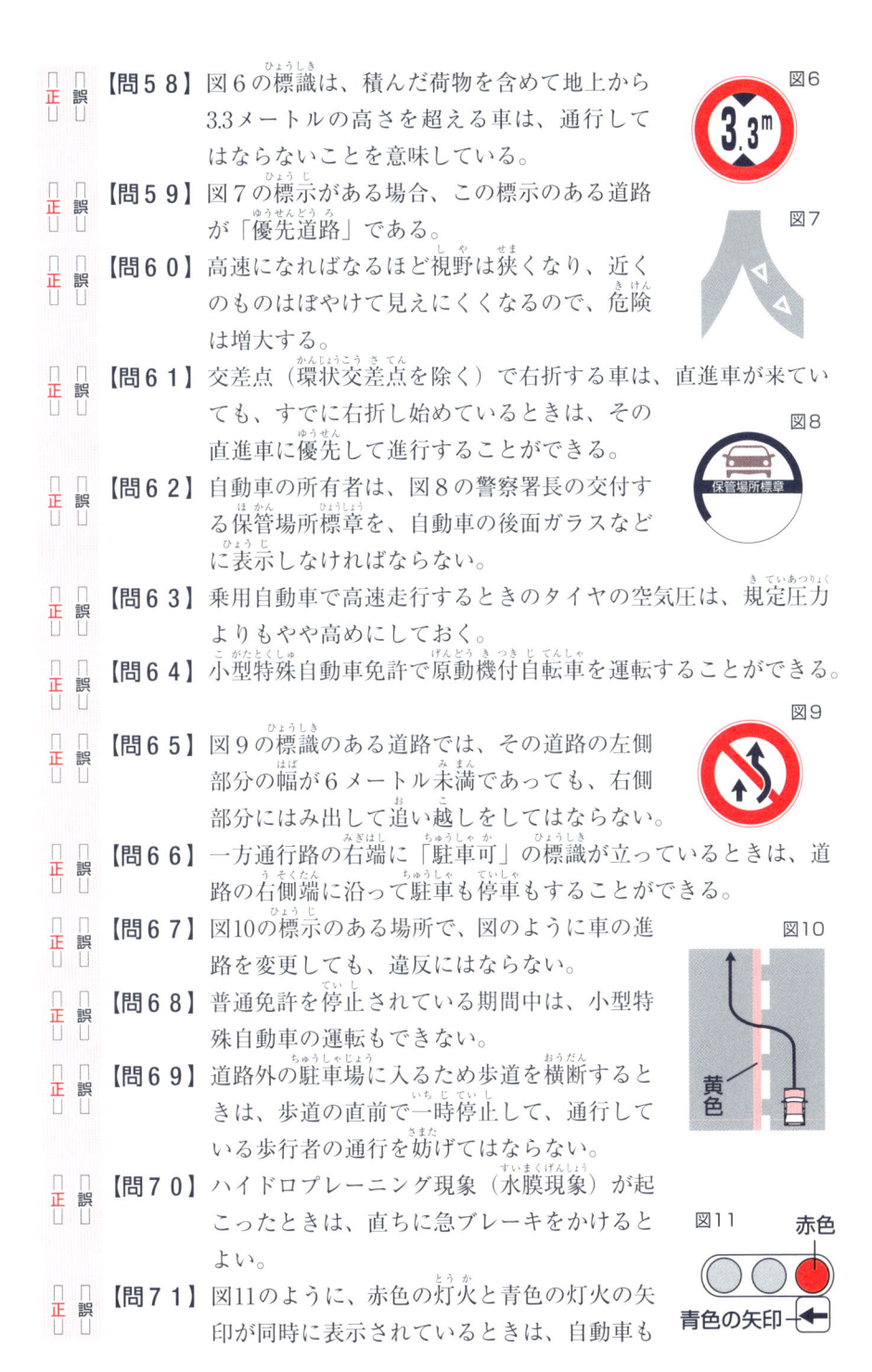

【問63】乗用自動車で高速走行するときのタイヤの空気圧は、規定圧力よりもやや高めにしておく。

【問64】小型特殊自動車免許で原動機付自転車を運転することができる。

【問65】図9の標識のある道路では、その道路の左側部分の幅が6メートル未満であっても、右側部分にはみ出して追い越しをしてはならない。

【問66】一方通行路の右端に「駐車可」の標識が立っているときは、道路の右側端に沿って駐車も停車もすることができる。

【問67】図10の標示のある場所で、図のように車の進路を変更しても、違反にはならない。

【問68】普通免許を停止されている期間中は、小型特殊自動車の運転もできない。

【問69】道路外の駐車場に入るため歩道を横断するときは、歩道の直前で一時停止して、通行している歩行者の通行を妨げてはならない。

【問70】ハイドロプレーニング現象（水膜現象）が起こったときは、直ちに急ブレーキをかけるとよい。

【問71】図11のように、赤色の灯火と青色の灯火の矢印が同時に表示されているときは、自動車も

原動機付自転車も左折することができる。

【問72】駐車が禁止されていない広い道路の場合は、夜8時から翌朝の6時まで駐車しても、違反にはならない。

【問73】図12の標識から3メートルの場所に車を止め、運転者は車に乗ったままで、助手席の者が約15分かかって荷物を卸した。

図12 消防水利

【問74】どんな急用があっても、他の正常な交通を妨げるおそれがあるときは転回してはならない。

【問75】踏切から10メートルぐらい手前でしゃ断機が下り始めたときは、急いで低速ギアに入れ一時停止しないで進行したほうがよい。

【問76】信号機の信号は青色の灯火だったが、警察官が交差点の中央で両腕を水平に上げており、これに対面していたので停止線の直前で停止した。

【問77】道路の曲がり角の付近を通行するときは、見通しがきいても、徐行しなければならない。

【問78】車両通行帯のないトンネルであっても、対向車がないときは、原動機付自転車を追い越すことができる。

【問79】高速自動車国道の本線車道から減速車線へ出るときは、減速車線に入ってからブレーキをかけ、定められた速度以下に落とすようにする。

【問80】大雪などの悪天候時は、ラジオや交通情報などで道路や交通状態をあらかじめ確認しておくべきである。

【問81】夜間運転中、対向車が見えたので、前照灯を下向きに切り替え速度を落として運転した。

【問82】一方通行の道路で、道路外の駐車場へ出るため右折するときは、あらかじめ道路の右端に寄り徐行しなければならない。

【問83】雨の日、舗装されていない道路を走行中、後輪が横滑りを始めたときは、まず、急ブレーキをかけるとよい。

【問84】交差点の付近以外の一方通行路を右側部分にはみ出して通行中、後方から緊急自動車が接近してきたときは、道路を譲らなくてもよい。

【問85】踏切内でエンストして動かないときは、車はそのままにしておいて、すぐに電話で会社やなじみの修理工場に連絡する。

【問86】車が踏切を通る場合、その直前で停止しなくても通れるのは、信号機の表示する青信号に従うときだけである。

【問87】図13の標識のある道路を進行していて交差点を通る場合、左右の見通しがきかないときは、徐行しなければならない。

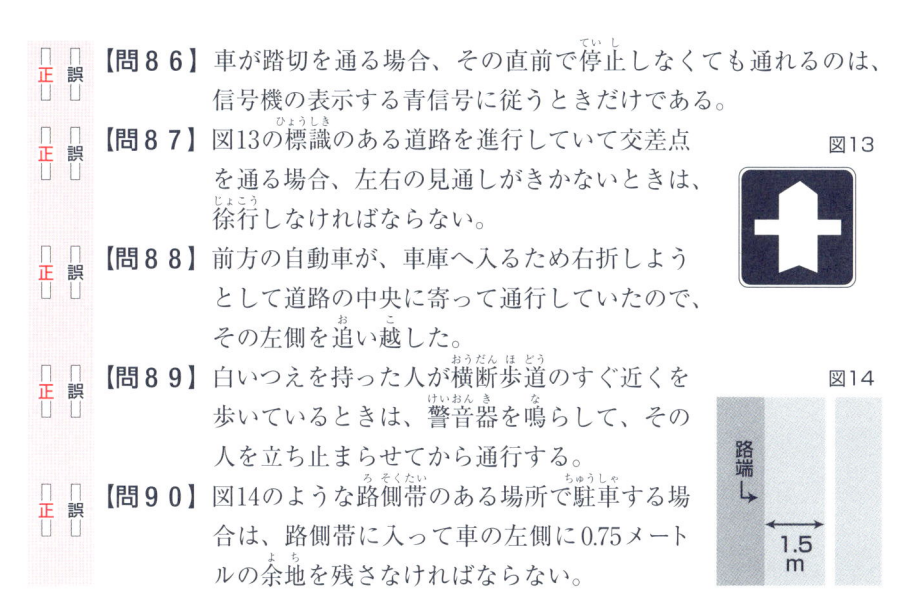

図13

【問88】前方の自動車が、車庫へ入るため右折しようとして道路の中央に寄って通行していたので、その左側を追い越した。

【問89】白いつえを持った人が横断歩道のすぐ近くを歩いているときは、警音器を鳴らして、その人を立ち止まらせてから通行する。

【問90】図14のような路側帯のある場所で駐車する場合は、路側帯に入って車の左側に0.75メートルの余地を残さなければならない。

図14

【問91】30km/hで進行しています。前方の安全地帯のある停留所に路面電車が停止しているときには、どのようなことに注意して運転しますか？

(1) 安全地帯があるので、乗降客に注意しながらそのままの速度で進行する。
(2) 路面電車に乗り降りする人が見えるので、速度を落として進行する。
(3) 路面電車に乗り降りする人が見えるので、道路を横断しようとする人がいないか注意しながら徐行して進行する。

【問92】交差点で右折するために止まっています。対向車も右折する場合、どのようなことに注意して運転しますか？

(1) 正 誤
(2) 正 誤
(3) 正 誤

(1) 対向車線の交通の状況が確認できないので、対向の右折車が右折するのを待って、前方の安全を確かめてから右折する。
(2) 対向車線の交通の安全が確認できないので、確認できるところまでゆっくりと進み、安全を確認してから右折する。
(3) 対向車線の交通の状況が確認できないが、他の対向車は交差点に進入できそうもないので、急いで右折する。

【問93】40km/hで進行しています。進路の前方に四輪車が止まっているとき、どのようなことに注意して運転しますか？

(1) 正 誤
(2) 正 誤
(3) 正 誤

(1) 止まっている車のドアが突然開くことが考えられるので、止まっている四輪車との間に安全な間隔をとり、急いで通過する。
(2) 対向車が来ているので、対向車が来る前に通過できるように加速する。
(3) 止まっている四輪車との間に安全な間隔をとると中央線をはみ出してしまうと思われるので、対向車が通過するまで四輪車の後方で停止する。

【問94】交差点で右折待ちのため停止しています。対向車が左折の合図をしながら交差点に近づいてきたとき、どのようなことに注意して運転しますか？

(1) 正 誤
(2) 正 誤
(3) 正 誤

(1) 左折の合図をしている対向車が交差点に接近しているので、対向車が左折してから安全を確認して右折する。
(2) 対向車は左折の合図をしているので、対向車が左折を始めたら同時に右折を始める。
(3) 対向する左折車は、横断する歩行者がいるため、横断歩道の手前で停止すると思われるので、左折車がいなくなるまで右折を待つ。

【問95】30km/hで上り坂を進行しています。前方のトラックを追い越すときには、どのようなことに注意して運転しますか？

(1) 正 誤
(2) 正 誤
(3) 正 誤

(1) 前方の対向車が通過してから右のウインカーを出し、できるだけ早く加速して追い越しをする。
(2) 周りの交通の安全を確認してから、右のウインカーを出し、前方の対向車が通過後、再度安全を確認して前の車との間に安全な間隔を保って追い越しをする。
(3) 前方の安全確認がしやすいように、中央線側に寄り、前方の交通を確認しやすくする。

第5回 実力判定模擬テスト 解答＆解説

🌓……試験によく出る頻出問題　✋……引っかけ問題　★……理解しておきたい難問

問1：正 ★　　問2：正　　問3：正
問4：誤　クラッチを切ると、惰力が遠心力に作用して危険である。★
問5：正
問6：誤　道路の右側に3.5メートル以上の余地を残して止めなければならないのは、駐車するときだけ。✋
問7：誤　車から離れて直ちに運転できない状態になったときは駐車になってしまい、5分以内に戻ってきても駐車違反となる。🌓
問8：正
問9：誤　徐行しなければならない交差点は、交通整理が行われていないで、しかも左右の見通しのきかない交差点（優先道路を通行している場合を除く）を通行するときである。★
問10：誤　右側部分にはみ出して追い越しができるのは、左側部分が6メートル未満の見通しのよい道路に限られる。★
問11：誤　2000キログラム以下の故障車を、その3倍以上の総重量の車でけん引するときは、40キロメートル毎時である。
問12：誤　ハンドルをしっかり握り、速度を落として静かに通行する。
問13：誤　この標識は、「二輪の自動車以外の自動車通行止め」なので、三輪・四輪の自動車は乗用・貨物に関係なく、通行禁止である。
問14：正　　問15：正　　問16：正
問17：誤　量の多少に関係なく、飲酒運転は絶対にしてはいけない。★
問18：誤　横断歩行者がいるいないに関係なく、追い越し、追い抜きは禁止。
問19：誤　小型特殊自動車、原動機付自転車、軽車両以外の車は、右左折や道路工事などでやむを得ないとき以外は、通行することができない。★
問20：正
問21：誤　事故の大小や負傷者の軽重などに関係なく、必ず警察官に事故報告をしなければならない。
問22：誤　急ハンドルにならないよう、時速100kmで走行しているときのハンドル操作の角度は、指2〜3本分程度におさえる。
問23：正
問24：誤　横断、転回、後退は、絶対禁止なので、次の出口から出るしかない。
問25：誤　柔らかい感じがするときは、ブレーキオイルに空気が入っているので、空気抜きをしてから運転しないと危険である。★

問26：正　　　問27：正
問28：誤　40キロメートル毎時のときの停止距離は22メートルぐらいなので、停止位置の直前で停止しなければならない。
問29：誤　見通しがよい悪いに関係なく、追い越しは禁止されている。★
問30：正 🔴　　問31：正 ★
問32：誤　横の信号が赤になっても、前方の信号が青に変わる前に発進してはいけない。
問33：誤　**市街地**の道路では、常に**前照灯を下向き**にして走る。
問34：正
問35：誤　**実線と破線の路側帯**は、**駐停車禁止**なので、この中に入って駐停車することはできない。
問36：正 ★
問37：誤　警音器は鳴らさずに後方で停止し、路線バスの発進を妨げてはいけない。
問38：誤　スタンディングウェーブ現象の発生を知ったときは、すぐにアクセルペダルから足を離して、減速しないと危険である。
問39：正 ★
問40：誤　警音器は鳴らさずに、**安全に道路を横断**できるように、保護してやらなければならない。
問41：正
問42：誤　**上り坂の頂上の付近**は、**追い越し禁止の場所**。★
問43：正
問44：誤　空の荷台に人を乗せるときは、警察署長の許可を受けなければならない。✋
問45：正
問46：誤　交差点から5メートル以内は、駐停車禁止の場所。
問47：正
問48：誤　「大貨等」とは、大型貨物自動車・特定中型貨物自動車と大型特殊自動車のことを指す。大型乗用自動車は含まれない。
問49：正 ★
問50：誤　蒸気が噴き出してやけどをする危険があるので、スロー回転でエンジンを冷やしてから、処置する。
問51：誤　視線を前方の左下方の道路上に移して、幻惑を防ぐ。★
問52：正　　　問53：正
問54：誤　中心からではなく、交差点手前の側端から30メートル手前で合図をしなければならない。✋

問55：誤　徐行しなければならない場所での**徐行とは、ブレーキを操作してから停止するまで1メートル以内となるようなおおむね10キロメートル毎時以下の速度**といわれている。

問56：正

問57：誤　交差点内に停止しないで、そのまま速やかに交差点の外に出なければならない。🔴

問58：正

問59：誤　この標示は、前方で交差する道路が「優先道路」であることを表している。

問60：正

問61：誤　すでに右折していても、**直進車の進行を妨げてはならない**。⭐

問62：正　　問63：正

問64：誤　小型特殊免許で運転できるのは、小型特殊自動車だけ。

問65：正　　問66：正　　問67：正　　問68：正⭐　　問69：正

問70：誤　ハンドルをしっかりと握り、エンジンブレーキで速度を落とす。急ブレーキは、横滑りを起こすので危険である。

問71：正

問72：誤　**夜間、道路上の同一場所に引き続き8時間以上駐車すると、道路を車庫代わりに使用したとして違反になる。**⭐

問73：誤　この標識から5メートル以内は駐車禁止なので、荷物を卸すのは5分以内に終わらせ、この場から去らなければならない。

問74：正

問75：誤　しゃ断機が下り始めたときは、絶対に踏切に入ってはならない。

問76：正　　問77：正⭐

問78：誤　**車両通行帯のないトンネルは、追い越し禁止**である。

問79：正⭐　　問80：正🔴　　問81：正　　問82：正⭐

問83：誤　ブレーキはかけないで、右へ滑ったときは右へ、左へ滑ったときは左へ、それぞれハンドルを切って車の向きを立て直す。

問84：誤　左側に寄って進路を譲るのが原則だが、左側に寄ると緊急自動車の進路を妨げるときに限り、右側に寄って進路を譲る。

問85：誤　非常信号を行うなどして、一刻も早く列車の運転士などに知らせるとともに、車を踏切外へ移動させなければならない。

問86：正🔴

問87：誤　この道路は「**優先道路**」なので、**徐行しないで進行**できる。

問88：正

問89：誤　通行に支障のある障害者なので、警音器は鳴らさずに**一時停止か徐行**して、安全に通行できるようにしなければならない。★

問90：正

問91：　(1) 誤　　(2) 誤　　(3) 正
●安全地帯のある路面電車の停留所に路面電車が停止しているときは、乗降客に注意して徐行して通過する。この場合、路面電車に乗るため道路を横断したり、降りた客が道路を横断することがあるので注意する。

問92：　(1) 正　　(2) 正　　(3) 誤
●交差点で右折するときは、対向車に注意するとともに、横断歩行者にも注意しなければならない。この場合、右折車のかげから二輪車が直進してくることがあるので、先の見通しが悪いときは十分注意して右折する。決して無理をしないことが大切。また、対向の右折車を先に行かせると前方が確認しやすくなる。

問93：　(1) 誤　　(2) 誤　　(3) 正
●止まっている車のそばを通るときには、ドアがいきなり開いたり、車の前方から人が出てくることがあるので、その手前から右のウインカーを出し、注意して進行する。
●中央線をはみ出すおそれがあり、対向車が接近しているようなときには、止まっている車の後方で停止して対向車を先に通させる。

問94：　(1) 正　　(2) 誤　　(3) 正
●交差点で右折するときに、左折の合図をしている対向車がいる場合は、対向車を先に左折させるか、自分の車が先に右折するかを、対向車の交差点までの距離や速度などを見て判断する。
●歩行者がいるため横断歩道の手前で停止すると、対向の直進車の進路を妨げることになるので、右折するときは横断者にも注意するとともに、対向車線を直進してくる車にも注意することが大切。

問95：　(1) 誤　　(2) 正　　(3) 正
●追い越しをするときは合図後約3秒間以上たってから、安全な方法により行う。
●追い越しをするときには、前車との間に速度差が十分あるか、反対方向からの車の地点と速度を判断して、追い越しに必要な距離が十分とれるか、前車の前に自分の車が入れるだけの余地があるかなどを確かめる。

第6回 実力判定模擬テスト

◆制限時間：50分　◆90点以上正解で合格　◆問1〜問90：各1点、問91〜問95：各2点
（ただし、問91〜問95は3つの質問すべてを正解した場合に限り得点となる）

◆次のそれぞれの問題について、正しいものは「正」、誤っているものは「誤」のワクの中をぬりつぶしなさい。

【問 1】助手席用のエアバッグを備えている自動車では、チャイルドシートはなるべく後部座席で使用する。

【問 2】止まっている車のそばを通るときは、急にドアが開いたり車のかげから人が飛び出してくる可能性があるので、安全な間隔をとって通行する。

【問 3】踏切内では、一気に通過するため低速ギアから高速ギアに変速して通過する。

【問 4】車は前方の信号が青色のときは直進や左折、右折をすることができる。

【問 5】駐車するときは、車の右側の道路上に3.5メートル以上の余地がなければならない。

【問 6】高齢者が通行しているそばを通るときには、必ず一時停止をしなければならない。

【問 7】横断歩道の手前で止まっている車があるときは、徐行してその車のそばを通過して前方に出る。

【問 8】安全地帯のない停留所に路面電車が止まっていて、乗降客がいるときは、路面電車から1.5メートル以上の間隔をあければ徐行して通行することができる。

【問 9】雨の日はスリップしやすいため、停止するときのブレーキは一気に強く踏む。

【問10】交差点で左折をするときは、左折する直前に左側に寄る。

【問11】安全地帯の左側とその前後10メートル以内の場所では駐車してはならないが、人待ちのための停車はかまわない。

【問12】下り坂では加速がつき、停止距離が長くなるので車間距離を広くとる。

【問13】トンネル内でも車両通行帯がある場合は、駐停車してもかまわない。

【問14】中央に軌道敷のある道路で路面電車を追い越すときには、左側を通行しなければならない。

正 誤 【問１５】前方の信号が赤色の灯火の点滅をしているときは、停止位置で一時停止し、安全確認をしてから進行する。

正 誤 【問１６】追い越しのとき、後続車の追い越しの邪魔にならないように、ただちに追い越した車のすぐ前に入るようにする。

正 誤 【問１７】「バス優先」とかかれた車両通行帯では、普通自動車は通行することができない。

正 誤 【問１８】片側ががけになっている平坦な狭い道路で、安全な行き違いができないときはがけ側の車が一時停止をして道を譲る。

正 誤 【問１９】追い越されるときはできるだけ道路の左側に寄って徐行しなければならない。

正 誤 【問２０】普通自動車は、地上から３メートル未満の高さまで荷物を積むことができる。

正 誤 【問２１】交差点で警察官が両腕を垂直に上げているとき、警察官と対面する車は他の交通に注意して進むことができる。

正 誤 【問２２】高速道路の本線車道では、横断や転回、後退をしてはならない。

正 誤 【問２３】夜間、対向車のライトがまぶしいときは、視点をやや左前方に移すようにする。

正 誤 【問２４】踏切を渡るときは、対向車と接触しないようにできるだけ左端を走るようにする。

正 誤 【問２５】制動距離とは、ブレーキを踏み、実際にブレーキがきき始めるまでの距離をいう。

正 誤 【問２６】乗降のため停車している通学通園バスのそばを通るときでも、徐行して安全を確かめなくてはならない。

正 誤 【問２７】路線バスの停留所の標示板から10メートル以内の場所は、駐車は禁止だが停車はしてもかまわない。

正 誤 【問２８】交差点で停止したとき、オートマチック車で停止時間が長くなりそうなときはチェンジレバーを「N」に入れておくようにする。

正 誤 【問２９】警察官や交通巡視員が、交差点以外の横断歩道などのない道路で手信号をしているときの停止位置は、その警察官や交通巡視員の１メートル手前である。

正 誤 【問３０】図１の標識のあるときは、自動車や二輪車は通行できないが歩行者や自転車は通行できる。

図１

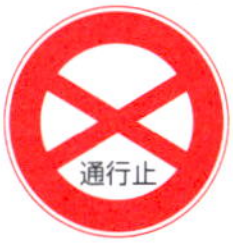

正 誤 【問３１】タイヤがすり減っていると溝がないため摩擦抵抗が小さくなり、制動距離は長くなる。

【問32】自動車を運転中、業務上やむを得ず携帯電話を使用するときは、安全な場所に止めてからにする。

【問33】横の信号が赤になれば、前方の信号は青に変わるので、前方の信号よりもむしろ横の信号をよく見て速やかに発進できるようにする。

【問34】カーブを曲がるときは、ブレーキを数回に分けて踏みながら曲がる。

【問35】高齢者マークをつけている車への幅寄せや割り込みをしてはならないが、初心者マークをつけている車に対してはかまわない。

【問36】トンネルに入るときは速度を落とすが、出るときは速度を上げるようにする。

【問37】自動車検査証と自動車損害賠償責任保険証明書などは大切な書類なので家で大切に保管しておく。

【問38】自家用の普通自動車は、1年ごとに定期点検を受けなければならない。

【問39】車両通行帯が黄色の線で区画されているところでは、車は黄色の線を越えて進路変更をすることはできない。

【問40】右折のため右へ進路変更するときは、進路を変更する時点の3秒前に合図を出す。

【問41】道路工事を行っている場所では、工事区域の端から5メートル以内の場所は駐停車禁止である。

【問42】歩道のある道路で駐車するときは、自動車は他の車の通行の邪魔にならないよう、片側の車輪を歩道に乗り上げて駐車してもよい。

【問43】トンネル内では、車両通行帯があるところでも追い越しをしてはならない。

【問44】駐車可能な広い路側帯に駐車するときは、左側に0.75メートル以上の幅をあける。

【問45】停止線のない交差点で停止するときは交差点の直前で停止する。

【問46】リザーバタンクつきのラジエータの点検は、リザーバタンク内の水量を確認する。

【問47】霧が発生したときは、昼間でも前照灯やフォグランプを早めにつける。

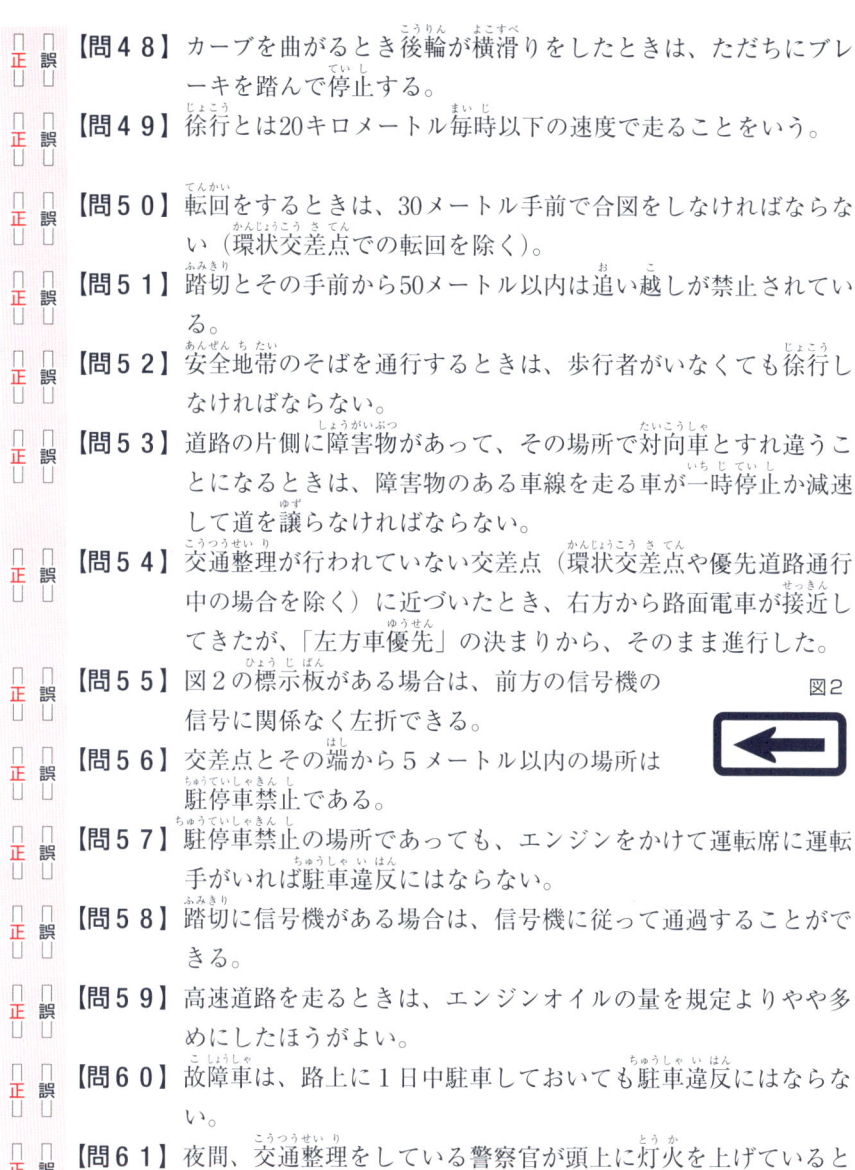

| 正 | 誤 | 【問48】カーブを曲がるとき後輪が横滑りをしたときは、ただちにブレーキを踏んで停止する。

| 正 | 誤 | 【問49】徐行とは20キロメートル毎時以下の速度で走ることをいう。

| 正 | 誤 | 【問50】転回をするときは、30メートル手前で合図をしなければならない（環状交差点での転回を除く）。

| 正 | 誤 | 【問51】踏切とその手前から50メートル以内は追い越しが禁止されている。

| 正 | 誤 | 【問52】安全地帯のそばを通行するときは、歩行者がいなくても徐行しなければならない。

| 正 | 誤 | 【問53】道路の片側に障害物があって、その場所で対向車とすれ違うことになるときは、障害物のある車線を走る車が一時停止か減速して道を譲らなければならない。

| 正 | 誤 | 【問54】交通整理が行われていない交差点（環状交差点や優先道路通行中の場合を除く）に近づいたとき、右方から路面電車が接近してきたが、「左方車優先」の決まりから、そのまま進行した。

| 正 | 誤 | 【問55】図2の標示板がある場合は、前方の信号機の信号に関係なく左折できる。　図2

| 正 | 誤 | 【問56】交差点とその端から5メートル以内の場所は駐停車禁止である。

| 正 | 誤 | 【問57】駐停車禁止の場所であっても、エンジンをかけて運転席に運転手がいれば駐車違反にはならない。

| 正 | 誤 | 【問58】踏切に信号機がある場合は、信号機に従って通過することができる。

| 正 | 誤 | 【問59】高速道路を走るときは、エンジンオイルの量を規定よりやや多めにしたほうがよい。

| 正 | 誤 | 【問60】故障車は、路上に1日中駐車しておいても駐車違反にはならない。

| 正 | 誤 | 【問61】夜間、交通整理をしている警察官が頭上に灯火を上げているときは、警察官の身体に平行する交通は、青信号と同じである。

| 正 | 誤 | 【問62】大地震が発生したときは、車を道路の左側に止め、キーを抜き、ドアをロックしておく。

| 正 | 誤 | 【問63】右折するときは、方向指示器を操作するか、右腕を車の右側に出し、腕を水平に伸ばす。

【問64】交通事故により負傷者の意識がない場合には、身体をうつぶせにするのがよい。

【問65】下り坂が続くときは、できるだけフットブレーキは使わずエンジンブレーキを使用する。

【問66】車にかかる遠心力は、カーブの半径が大きいほど大きくなる。

【問67】右折するためにすでに交差点に入っているときは、直進車や左折車よりも優先して進むことができる。

【問68】雪道では、できるだけ前の車が通ったタイヤの跡（わだち）を通行した方がよい。

【問69】道幅の違う道路が交差するとき（環状交差点を除く）は、道幅の広い方の道路を通行している車が優先する。

【問70】安全な車間距離とは、制動距離と同じである。

【問71】バス専用と標示された車両通行帯は、普通自動車は通行できないが原動機付自転車は通行してもよい。

【問72】交差点を通行中にサイレンを鳴らした消防車が近づいてきたときは、速やかに交差点の端に寄って一時停止する。

【問73】こう配の急な上り坂では、追い越しをしてはならない。

【問74】歩行者のそばを通行するときは、徐行するか安全な間隔をあけて通行する。

【問75】ひとり歩きをしているこどものそばを通るときは、安全な間隔をあければ徐行する必要はない。

【問76】追い越しをするとき、他の車を追い越すために一時的にその道路の最高速度を超えてもかまわない。

【問77】ぬかるみや水たまりのあるところでは、歩行者などに泥や水がかからないように徐行するなど注意する。

【問78】交差点とその手前から30メートル以内の場所（優先道路を通行している場合を除く）では、追い越しをしてはならない。

【問79】狭い道路ではあったが、左側に車を止めると右側に3メートルの余地があったので、そのまま駐車した。

【問80】路面電車の停留所のそばを通行するとき、安全地帯があれば、人がいてもいなくても徐行する必要はない。

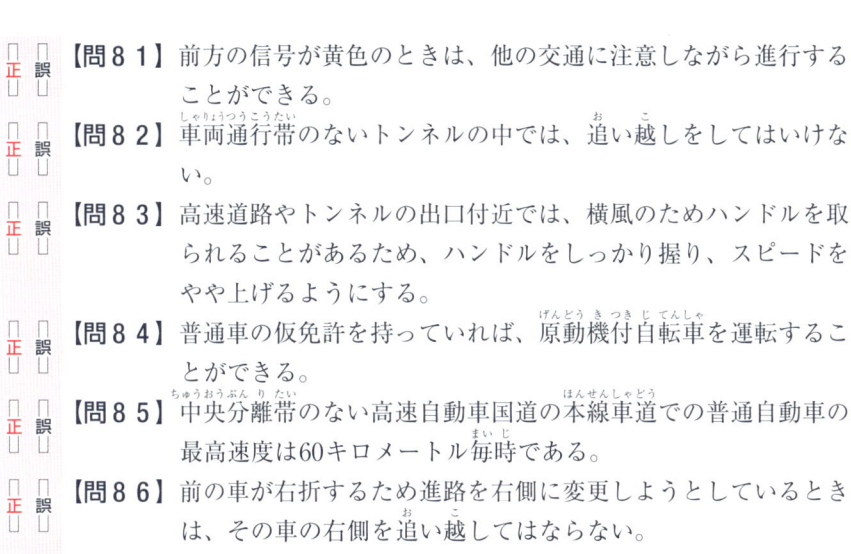

【問81】前方の信号が黄色のときは、他の交通に注意しながら進行することができる。

【問82】車両通行帯のないトンネルの中では、追い越しをしてはいけない。

【問83】高速道路やトンネルの出口付近では、横風のためハンドルを取られることがあるため、ハンドルをしっかり握り、スピードをやや上げるようにする。

【問84】普通車の仮免許を持っていれば、原動機付自転車を運転することができる。

【問85】中央分離帯のない高速自動車国道の本線車道での普通自動車の最高速度は60キロメートル毎時である。

【問86】前の車が右折するため進路を右側に変更しようとしているときは、その車の右側を追い越してはならない。

【問87】高齢者が歩行補助車を使って歩いていたので、安全に通れるよう一時停止した。

【問88】道路に駐車するときは、どのような道路であっても歩行者のために車の左側を0.5メートル以上あける。

【問89】ロープを使ってけん引するときは、故障車との間隔を5メートル以内にする。

【問90】車を運転する場合、シートの背はハンドルに両手をかけたとき、ひじがわずかに曲がる状態に合わせる。

【問91】信号が赤色から青色に変わりました。左折するとき、どのようなことに注意して運転しますか？

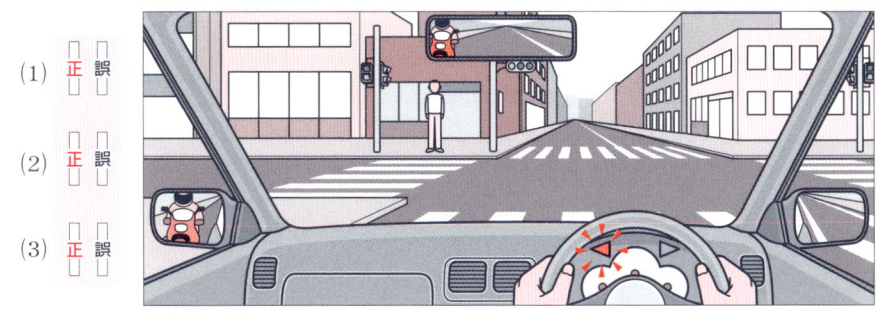

(1) 歩行者が横断歩道を横断しようとしているので、横断を終えるまで横断歩道の直前で待つ。

(2) ミラーに二輪車が映っているが、ミラーの死角部分にほかにも二輪車がいるかもしれないので、左側や左後方の安全を直接目で確かめてから左折する。

(3) 後続の二輪車が左折中に自分の車の左側に入ってくると巻き込むおそれがあるので、その動きに十分注意して左折する。

【問９２】夜間、道路照明のない住宅街を20km/hで進行しています。どのようなことに注意して運転しますか？

(1) 正 誤
(2) 正 誤
(3) 正 誤

(1) 路地から人や車が飛び出してくるかもしれないので、速度を落として十分注意しながら進行する。
(2) 見通しの悪い交差点があるので、前照灯を上向きにして速度を上げて進行する。
(3) 夜間は視界が悪く、道路を通行している歩行者や無灯で走る自転車などの発見が遅れがちになるので、十分注意する。

【問９３】Ｔ字路の交差点で右折待ちのため止まっています。どのようなことに注意して運転しますか？

(1) 正 誤
(2) 正 誤
(3) 正 誤

(1) 交差道路を直進するトラックが通過したら、ただちに交差点の中心のすぐ内側を徐行して右折する。
(2) 交差道路を直進するトラックが通過したら、左の安全が確認できれば右折を始める。
(3) 交差道路を直進するトラックが通過したら、交差する道路の交通の見える位置までゆっくりと進み、一時停止をして、まず左右の安全を確認し、さらにもう一度最初に安全を確認した側に目を向けてから右折を始める。

【問94】通勤で使用している道路を30km/hで進行しています。見通しの悪い交差点を直進するとき、どのようなことに注意して運転しますか？

(1) 正 誤
(2) 正 誤
(3) 正 誤

(1) 慣れている道でもあり、交通量も少ないので、そのまま速度を上げて進行する。
(2) 交差する道路から急に歩行者などが飛び出してくることもあるので、すぐに止まれるように速度を落とし、注意して進行する。
(3) 交差する道路からほかの車が出てくることも考えられるので、そのままの速度で早く通過する。

【問95】夜間、30km/hで進行しています。どのようなことに注意して運転しますか？

(1) 正 誤
(2) 正 誤
(3) 正 誤

(1) 左から来ている車は必ず一時停止するので、そのまま進行する。
(2) 交差点の手前で自分の車の接近を知らせるため、前照灯を上下に数回切り替え、速度を落として進行する。
(3) 交通量が少なく対向車もいないので、そのままの速度で進行する。

第6回 実力判定模擬テスト 解答＆解説

🔴……試験によく出る頻出問題　✋……引っかけ問題　★……理解しておきたい難問

問1：正 ★　　問2：正
問3：誤　踏切内ではエンストを防ぐため、低速ギアのまま変速せずに通行する。★
問4：誤　設問中の『車』は自動車・原付・軽車両のこと。二段階右折の原付や軽車両は右折できない。🔴
問5：正
問6：誤　高齢者であっても通行に支障のない者であれば、安全な間隔をあけるか徐行して通行する。✋
問7：誤　横断歩道の手前で止まっている車があるときは、その車の前方に出る前に一時停止をしなければならない。
問8：誤　**乗降客がいる場合は**、乗り降りする人や道路を横断する人がいなくなるまで**一時停止しなければならない**。✋
問9：誤　ブレーキは数回に分けて軽く踏み、十分速度を落としてから停止する。
問10：誤　交差点での左折は、あらかじめ左側に寄ってから左折する。
問11：誤　安全地帯の左側とその前後10メートル以内の場所は、駐停車禁止。
問12：正 ★
問13：誤　**トンネル内**では車両通行帯があっても**駐停車禁止**。🔴
問14：正　　問15：正
問16：誤　追い越しのときは、追い越した車がルームミラーで見えるくらいの距離までそのまま進み、ゆるやかに進路を左にとる。
問17：誤　バスの優先道路ではあるが、バスが通行していないときやバスが近づいてきたときにそこから速やかに出られる場合には、普通車が通行してもかまわない。🔴
問18：正 ★
問19：誤　追い越されるときは、左側によって進路を譲る必要はあるが徐行しなくてもよい。
問20：誤　普通自動車は地上から3.8メートル以下の高さまで荷物を積むことができる（総排気量660cc以下と三輪の普通自動車は2.5メートル以下）。★
問21：誤　警察官が腕を垂直に上げているときは、警察官と対面する交通は赤信号、それと交差する交通は黄信号となる。
問22：正　　問23：正
問24：誤　**踏切**を渡るときは、落輪を防ぐためにできるだけ**中央寄りを走る**よう

にする。🔴

問25：誤　制動距離とは、ブレーキがきき始めてから車が停止するまでの距離。

問26：正 ★

問27：誤　路線バスの停留所の標示板から10メートル以内の場所は、駐停車禁止。

問28：正 ★　　問29：正

問30：誤　**通行止めの標識**なので、**歩行者も含め、通行はできない**。

問31：正　　問32：正 ★

問33：誤　信号機の信号は、一時的に全部赤となるところもあるので、横の信号にとらわれず前方の信号を見る。

問34：誤　**カーブを曲がるときは、手前の直線部分**でブレーキをかけ、**十分速度を落として**から曲がる。

問35：誤　高齢者マークや初心者マーク、聴覚障害者マーク、身体障害者マーク、仮免許練習標識をつけている車への幅寄せや割り込みは禁止されている。★

問36：誤　トンネルに入るときと出るときは明るさが急に変わるため視力が一時急激に低下するので、速度を落とす。

問37：誤　自動車検査証と自動車損害賠償責任保険証明書は必ず車の中に備えておかなければならない。

問38：正　　問39：正　　問40：正 ★

問41：誤　**道路工事区域**の端から**5メートル以内**の場所は**駐車禁止だが停車は禁止されていない**。★

問42：誤　歩道に入って駐車することはできない。

問43：誤　車両通行帯のあるトンネル内は追い越しできる。🔴

問44：正　　問45：正　　問46：正　　問47：正 ★

問48：誤　後輪が横滑りしたときは、アクセルをゆるめ、ハンドルで車の向きを立て直す。

問49：誤　**徐行とは**決まった速度規定はなく、**車がすぐに停止できるような速度**で進むことをいい、おおむね10キロメートル毎時以下の速度といわれている。★

問50：正

問51：誤　踏切とその手前から30メートル以内が追い越し禁止。

問52：誤　歩行者がいない場合は、徐行しなくてもよい。★

問53：正

問54：誤　路面電車に対しては、右方や左方から来ることに関係なく路面電車に優先権がある。

問55：正　　　問56：正
問57：誤　運転者が乗車していても駐停車禁止の場所では駐停車できない。★
問58：正
問59：誤　エンジンオイルの量は規定の量でなければならない。
問60：誤　故障車はできるだけ早くその場所から移動させなければならない。
問61：誤　警察官の身体に平行する交通は黄色信号と同じ意味である。
問62：誤　大地震が発生したときは、いつでも移動できるように車のキーはつけたまま、ドアをロックしないで避難する。◉
問63：正
問64：誤　負傷者の意識がない場合は横向きにし、気道がふさがるのを防ぐ。
問65：正
問66：誤　遠心力は、カーブの半径が小さいほど大きくなる。★
問67：誤　右折車は、直進する車や左折車の進行を妨げてはならない。★
問68：正　　　問69：正
問70：誤　安全な車間距離は、前車が急に止まっても衝突しない、停止距離と同じ程度の距離である。
問71：正 ★
問72：誤　交差点付近では、**交差点を避けて左側に寄り、一時停止する。**◉
問73：誤　こう配の急な下り坂は追い越し禁止だが、上り坂は禁止されていない。
問74：正
問75：誤　こどもがひとりで歩いているときは、一時停止か徐行をしなければならない。★
問76：誤　決められた最高速度を超えて追い越しをしてはならない。
問77：正　　　問78：正 ★
問79：誤　駐車しようとする車の右側に**3.5メートル以上の余地**がなければ**駐車**してはならない。★
問80：誤　安全地帯があっても、歩行者がいた場合は徐行して通行しなければならない。★
問81：誤　安全に停止できない場合を除き、停止位置を越えて進行してはならない。
問82：正 ★
問83：誤　横風を受けるところでは、ハンドルをしっかり握り、速度は下げるようにする。
問84：誤　仮免許では、原動機付自転車を運転することはできない。

問85：正　　　問86：正 ●　　問87：正
問88：誤　　歩道や路側帯のない道路では、道路の左端に沿って駐車する。
問89：正　　　問90：正
問91：　　(1) 正　　(2) 正　　(3) 正
●歩行者が横断を始めようとしているときは、横断歩道の手前で一時停止し、歩行者の横断を待たなければならない。
●左折するときは、ミラーで見えている二輪車のほかに、左側や左後方の、運転席から死角になる部分に二輪車などがいないかなどを確認する必要がある。

問92：　　(1) 正　　(2) 誤　　(3) 正
●夜間、道路照明のない道路では、車の前照灯で照らすところ以外はよく見えない。黒っぽい服装の歩行者や無灯の自転車などが通行することも考えられるので、速度を落として進行する。
●交差点の手前では、前照灯を上向きに切り替えるか点滅して、ほかの車や歩行者、自転車に自分の車が接近していることを知らせる。その場合も速度を落とす。

問93：　　(1) 誤　　(2) 誤　　(3) 正
●一時停止して安全を確認するときは、一方（左か右）を確認した後、もう一方から車が来ていないかを確認し、さらにもう一度最初に確認した側に目を向ける。左右の安全確認中に接近する車があった場合は危険なので注意する。

問94：　　(1) 誤　　(2) 正　　(3) 誤
●走り慣れている道路では油断し、つい安全確認を忘れている車があるもの。とくに住宅街などの交通量の少ない場合では、「安全確認をしないで走っている車もいる」「歩行者や自転車が飛び出してくる」ことを常に頭において運転することが大切。

問95：　　(1) 誤　　(2) 正　　(3) 誤
●夜は横道の存在が分かりにくいので、見通しの悪い交差点では徐行する。また、横から出てくる車の前照灯が路面を照らす光の情報などを見落とさないように注意する。

第7回 実力判定模擬テスト

◆制限時間：50分　◆90点以上正解で合格　◆問1～問90：各1点、問91～問95：各2点
（ただし、問91～問95は3つの質問すべてを正解した場合に限り得点となる）

◆次のそれぞれの問題について、正しいものは「正」、誤っているものは「誤」のワクの中をぬりつぶしなさい。

【問1】深い水たまりを走行して、ブレーキライニング（摩擦板）やブレーキドラムが水にぬれても、ブレーキのききには何も影響はない。

【問2】道路に引いてある中央線は、必ずしも道路の中央に引かれているとは限らない。

【問3】図1の標識があっても、道路の中央から右側部分にはみ出さなければ、前方の車を追い越すことができる。

図1
追越し禁止

【問4】マニュアル車で上り坂を通行するときは、平地の走行よりも速度が落ちないうちに早めに減速チェンジをしたほうがよい。

【問5】道幅が広い道路では、自動車は前の原動機付自転車が小型特殊自動車を追い越そうとしているときでも、その原動機付自転車を追い越すことができる。

【問6】自動車は、自転車が自転車横断帯で道路を横断しようとしているときは、その自転車横断帯の直前で一時停止して、自転車に道を譲らなければならない。

【問7】警察用自動車や消防自動車の出入口などに設けられている図2の標示は、「立入り禁止部分」であることを表している。

図2

【問8】車は、後方から進行してくる車が、急ブレーキや急ハンドルで避けなければならないほど接近しているときは、進路を変えてはならない。

【問9】安全地帯の左側を通行するときは、その安全地帯に歩行者がいてもいなくても、つねに徐行しなければならない。

【問10】上り坂の途中は、徐行すべき場所ではないが、上り坂の頂上の付近は徐行の標識が立てられていなくても、必ず徐行しなければならない場所である。

【問11】自動車が高速自動車国道を走行する場合の法定最高速度は、乗用または貨物、排気量などの区別なく、すべて100キロメート

ル毎時である。

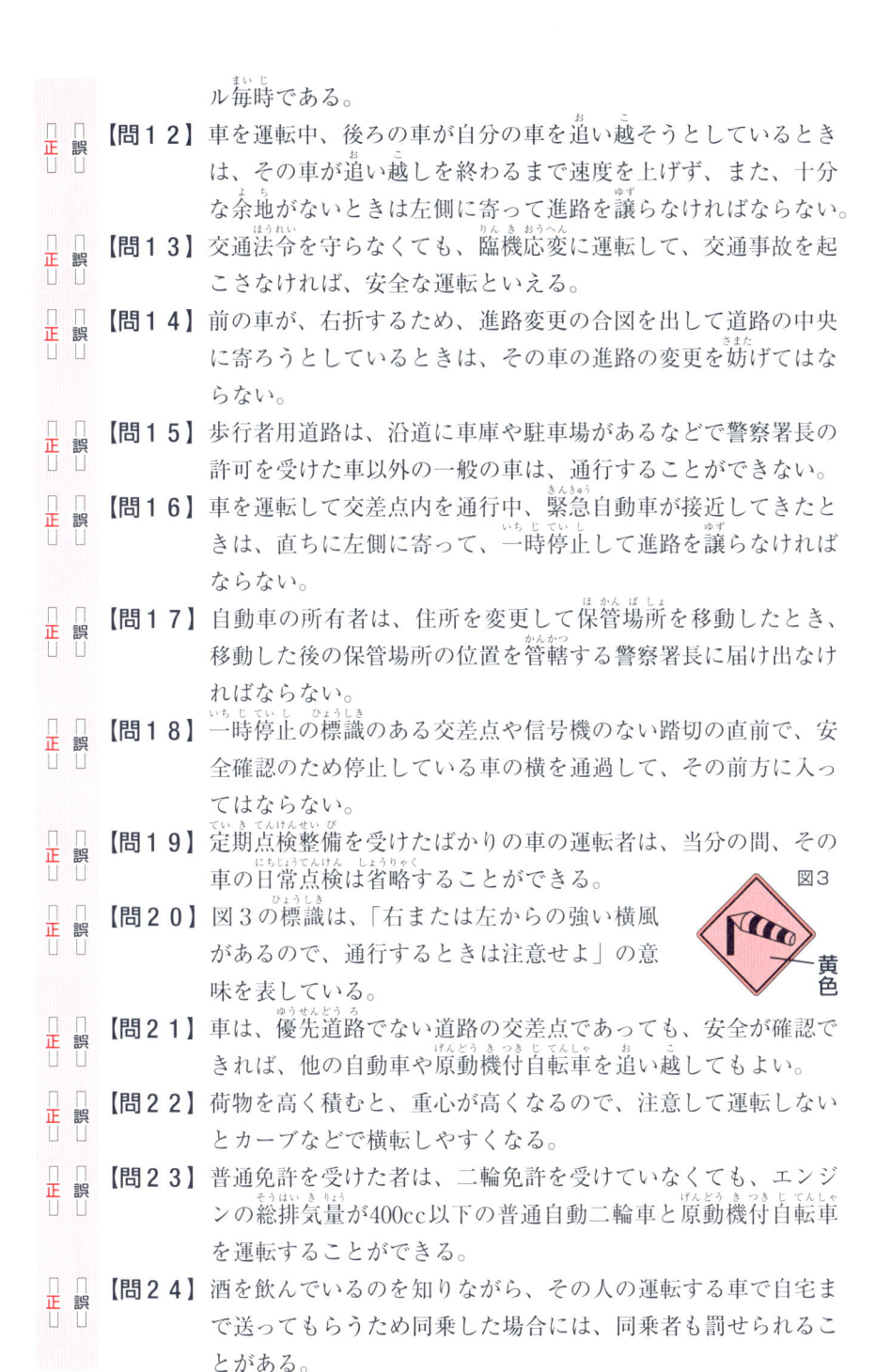

【問12】車を運転中、後ろの車が自分の車を追い越そうとしているときは、その車が追い越しを終わるまで速度を上げず、また、十分な余地がないときは左側に寄って進路を譲らなければならない。

【問13】交通法令を守らなくても、臨機応変に運転して、交通事故を起こさなければ、安全な運転といえる。

【問14】前の車が、右折するため、進路変更の合図を出して道路の中央に寄ろうとしているときは、その車の進路の変更を妨げてはならない。

【問15】歩行者用道路は、沿道に車庫や駐車場があるなどで警察署長の許可を受けた車以外の一般の車は、通行することができない。

【問16】車を運転して交差点内を通行中、緊急自動車が接近してきたときは、直ちに左側に寄って、一時停止して進路を譲らなければならない。

【問17】自動車の所有者は、住所を変更して保管場所を移動したとき、移動した後の保管場所の位置を管轄する警察署長に届け出なければならない。

【問18】一時停止の標識のある交差点や信号機のない踏切の直前で、安全確認のため停止している車の横を通過して、その前方に入ってはならない。

【問19】定期点検整備を受けたばかりの車の運転者は、当分の間、その車の日常点検は省略することができる。

【問20】図3の標識は、「右または左からの強い横風があるので、通行するときは注意せよ」の意味を表している。

図3 —黄色

【問21】車は、優先道路でない道路の交差点であっても、安全が確認できれば、他の自動車や原動機付自転車を追い越してもよい。

【問22】荷物を高く積むと、重心が高くなるので、注意して運転しないとカーブなどで横転しやすくなる。

【問23】普通免許を受けた者は、二輪免許を受けていなくても、エンジンの総排気量が400cc以下の普通自動二輪車と原動機付自転車を運転することができる。

【問24】酒を飲んでいるのを知りながら、その人の運転する車で自宅まで送ってもらうため同乗した場合には、同乗者も罰せられることがある。

【問25】坂道にやむを得ず駐車する場合、縁石や溝があるときは、上り坂ではハンドルを左に、下り坂では右に切っておく。

【問26】運転者は、図4の表示板のある道路で駐車するときは、60分を超える駐車をするときに限り、パーキング・メーターを作動させなければならない。

図4

【問27】舗装されていない道路のぬかるみや水たまりを通行するときは、泥土や汚水を飛散させて、歩行者や付近の住民に迷惑をかけるような運転をしてはならない。

【問28】急病人が出たのでやむを得ず、近くの病院へ連れていくため、無免許の者が自動車を運転して運んだ。

【問29】車を運転中、交通事故を起こして負傷者が出たときは、まず第一に警察官に届け出ることが大切である。

【問30】信号機が青色の灯火を表示していても、前方の交通が混雑していて、そのまま進行すると交差点内で動きがとれなくなるようなときは、進入してはならない。

【問31】図5の標識のある道路は、普通自動車のうちのミニカー、普通自動二輪車のうちの総排気量が125cc以下のもの、それと原動機付自転車は、通行することが禁止されている。

図5

【問32】こう配の急な下り坂であっても、危険を防止するためやむを得ないときは、停止することができる。

【問33】車の右側の道路上に、2.5メートルしか余地を残せない場所に車を止め、運転者が買い物をするため、直ちに運転できない状態で4分間、車から離れた。

【問34】雪道でのハンドルやブレーキの操作は、横滑りを起こす危険が大きいので、特に慎重に行うようにする。

【問35】こどもがけがをしたのでやむを得ず、原動機付自転車の荷台に乗せて、病院まで運んだ。

【問36】普通自動車は、図6の標識のある車両通行帯では右左折するときや道路工事などでやむを得ないときのほかは、通行することができない。

図6

【問37】大地震が発生したときは、車で避難すると大混乱を引き起こし、道路をふさぐだけでなく、車両火災を起こす危険もあるので、絶対に車で避難してはならない。

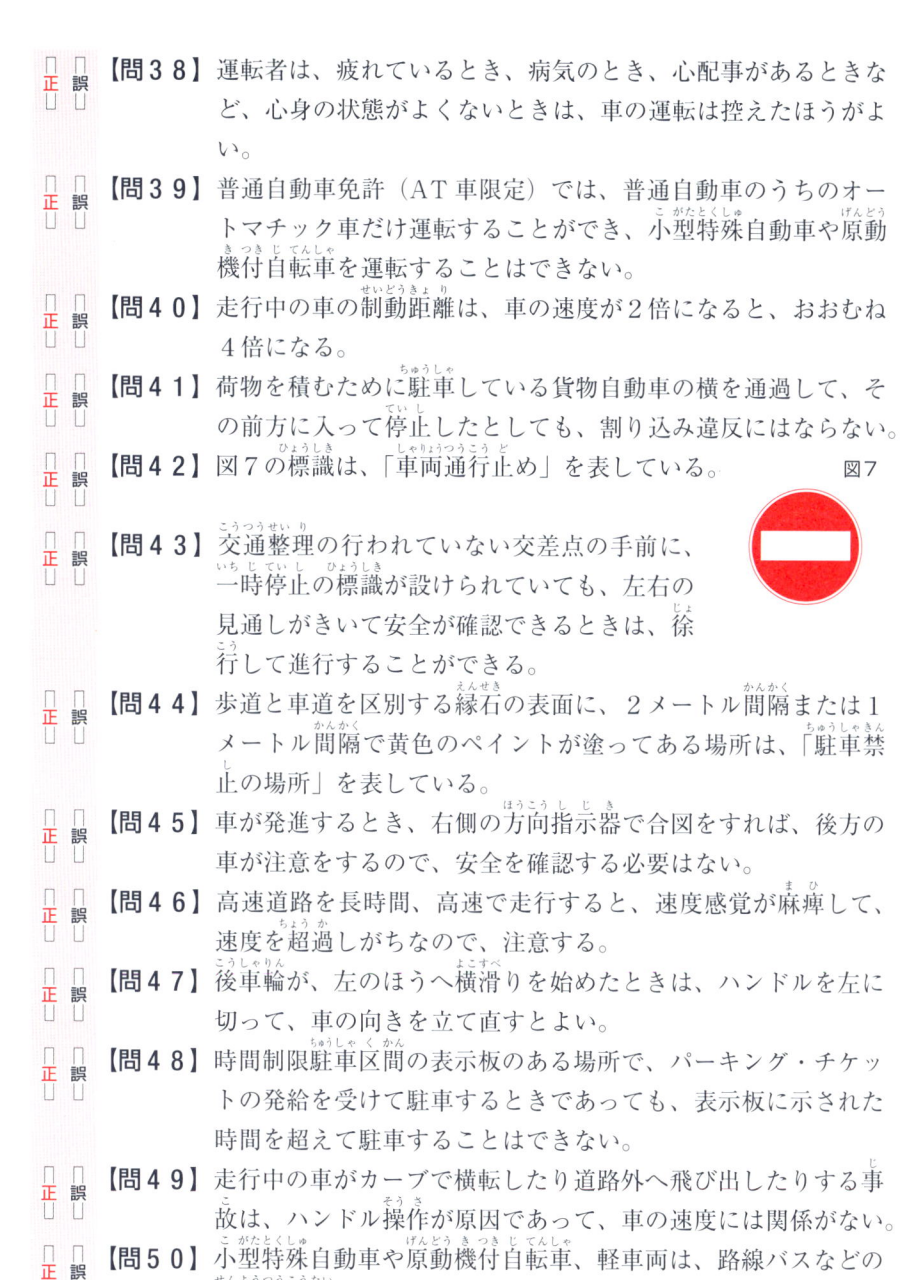

【問38】運転者は、疲れているとき、病気のとき、心配事があるときなど、心身の状態がよくないときは、車の運転は控えたほうがよい。

【問39】普通自動車免許（AT車限定）では、普通自動車のうちのオートマチック車だけ運転することができ、小型特殊自動車や原動機付自転車を運転することはできない。

【問40】走行中の車の制動距離は、車の速度が2倍になると、おおむね4倍になる。

【問41】荷物を積むために駐車している貨物自動車の横を通過して、その前方に入って停止したとしても、割り込み違反にはならない。

【問42】図7の標識は、「車両通行止め」を表している。　　図7

【問43】交通整理の行われていない交差点の手前に、一時停止の標識が設けられていても、左右の見通しがきいて安全が確認できるときは、徐行して進行することができる。

【問44】歩道と車道を区別する縁石の表面に、2メートル間隔または1メートル間隔で黄色のペイントが塗ってある場所は、「駐車禁止の場所」を表している。

【問45】車が発進するとき、右側の方向指示器で合図をすれば、後方の車が注意をするので、安全を確認する必要はない。

【問46】高速道路を長時間、高速で走行すると、速度感覚が麻痺して、速度を超過しがちなので、注意する。

【問47】後車輪が、左のほうへ横滑りを始めたときは、ハンドルを左に切って、車の向きを立て直すとよい。

【問48】時間制限駐車区間の表示板のある場所で、パーキング・チケットの発給を受けて駐車するときであっても、表示板に示された時間を超えて駐車することはできない。

【問49】走行中の車がカーブで横転したり道路外へ飛び出したりする事故は、ハンドル操作が原因であって、車の速度には関係がない。

【問50】小型特殊自動車や原動機付自転車、軽車両は、路線バスなどの専用通行帯を通行することができる。

【問51】二輪の原動機付自転車のエンジンを止めて押して歩いているときは、歩行者として扱われるので、歩道や歩行者用路側帯などを通行することができる。

【問52】夜間運転中、他の車と行き違い、そのライトがまぶしいときは、視点をやや左前方に移すとよい。

【問53】車に荷物を積むとき、外部から番号標（ナンバープレート）や尾灯などが少しぐらい見えにくくなってもやむを得ない。

【問54】図8の標識は、この近くに「学校、幼稚園、保育所等がある」という意味を表している。

【問55】自動車の所有者は、自動車損害賠償責任保険か責任共済（強制保険）に必ず加入しなければならない。

【問56】自動車専用道路を走行中、あやまって出口のインターチェンジを通り過ぎたときは、前後の交通に注意して転回することができる。

【問57】車（二輪のものは除く）は、歩道も路側帯もない道路を通行するときは、その車輪が路肩（路端から0.5メートルの部分）にはみ出して通行してはならない。

【問58】車を運転して、トンネルの中を通行するときは、右側の方向指示器をつけておくと、対向車との行き違いが安全にできるのでよい。

【問59】車は路面電車の運行終了後ならば、軌道敷内に駐車も停車もすることができる。

【問60】左右の見通しがきく交差点で、赤色の灯火の点滅信号に対面した車は、他の交通に注意して進行することができる。

【問61】夜間は、視界が狭くなるだけでなく、すべてが黒ずんで見えにくくなるなど危険度が高くなるので、昼間よりも減速して運転したほうが安全である。

【問62】アンチロックブレーキシステムを備えた自動車で急ブレーキをかけるときは、フットブレーキを数回に分けて踏むようにする。

【問63】交差点の信号待ちで交差方向の信号が青色から黄色に変わったときは、前方の信号が赤色でも、徐々に発進したほうがよい。

【問64】高速道路を高速走行中にハンドルを切るときは、時計の針で5分ぐらいの角度が限度である。

【問65】運転者は、運転中に自動車検査証や強制保険証明書（自動車損害賠償責任保険証明書か責任共済証明書）を紛失しないように、家に保管しておいたほうがよい。

【問66】道路上に図9の標示があるときは、「交差する前方の道路が優先道路」であることを表している。

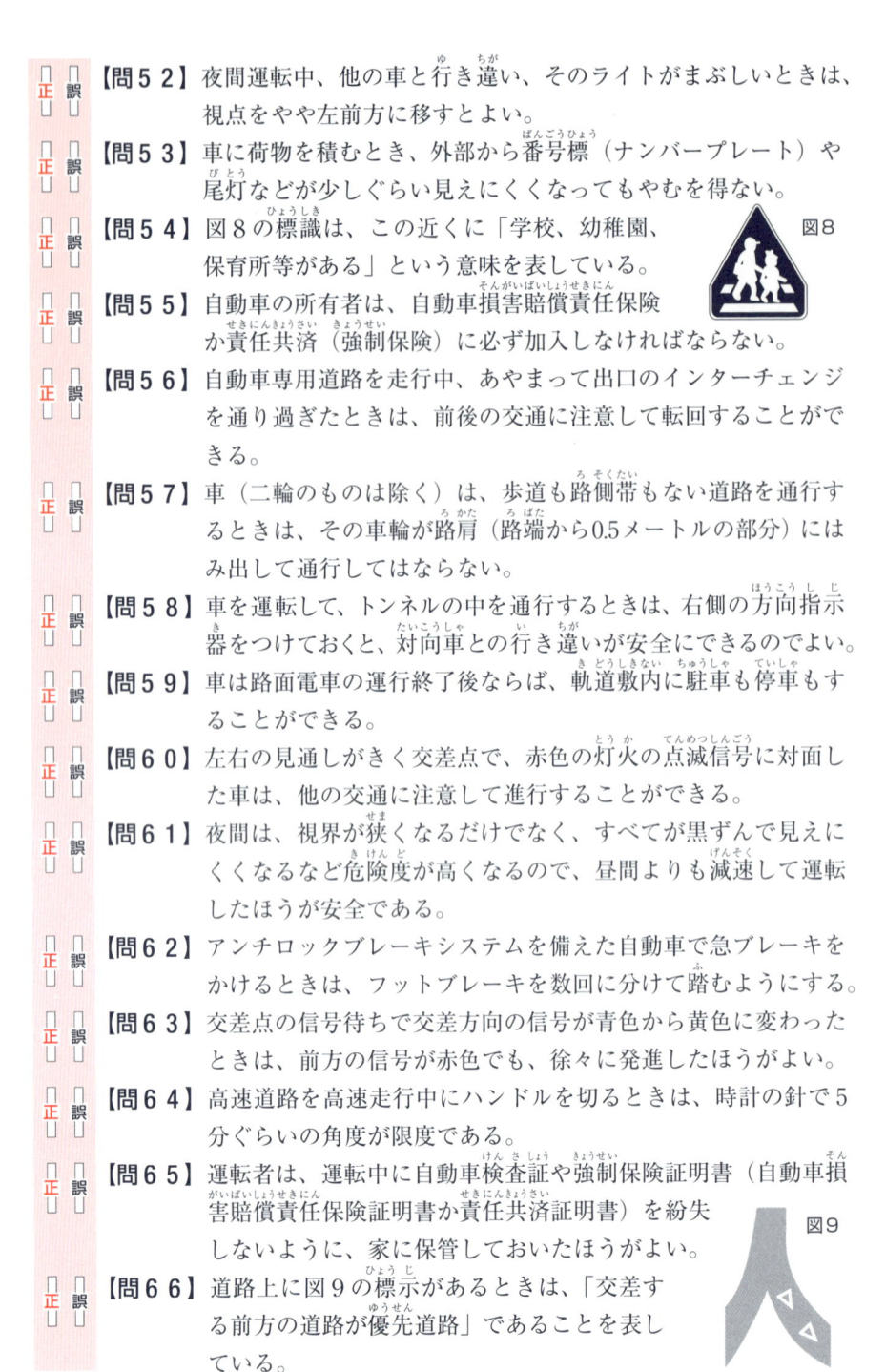

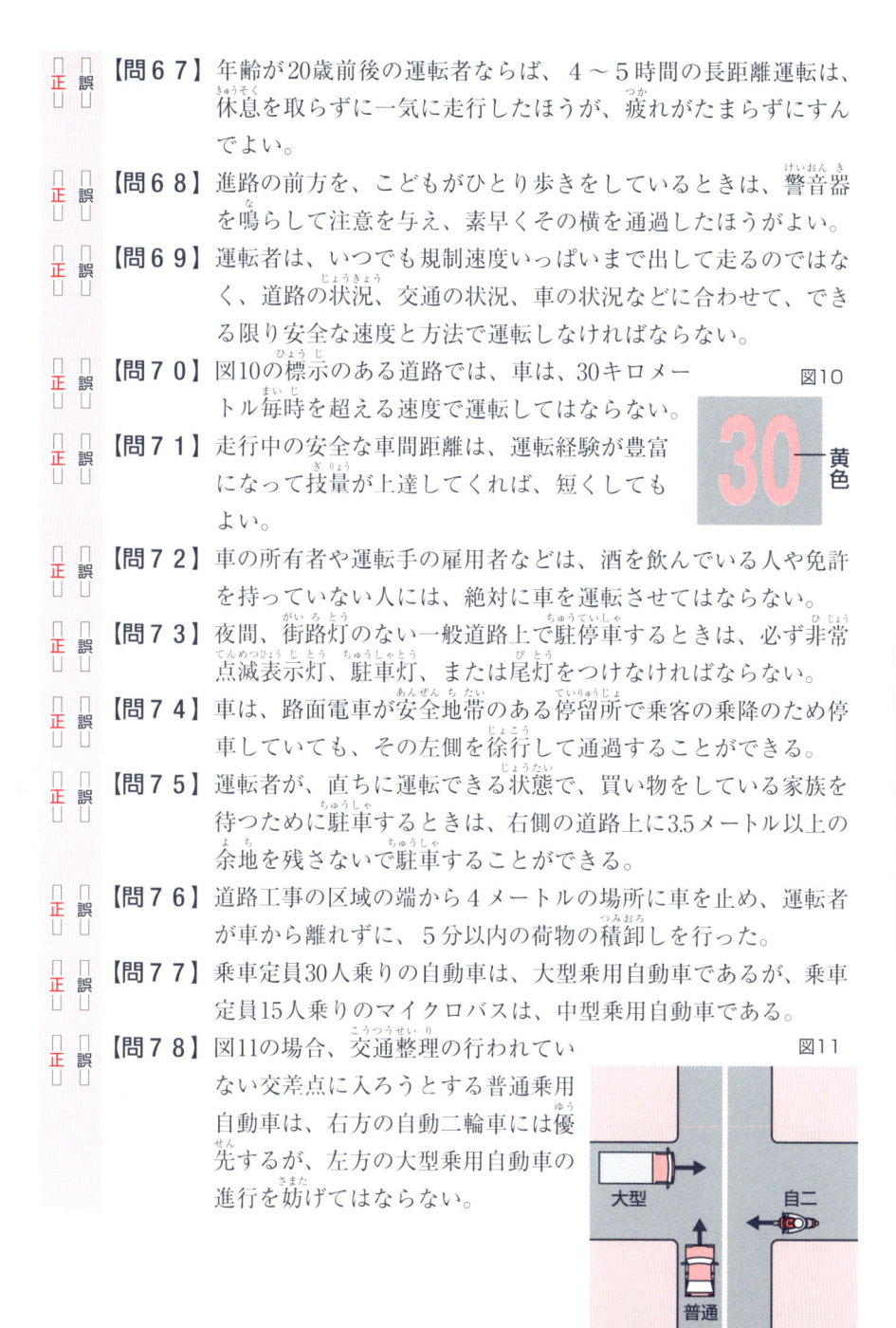

【問67】年齢が20歳前後の運転者ならば、4〜5時間の長距離運転は、休息を取らずに一気に走行したほうが、疲れがたまらずにすんでよい。

【問68】進路の前方を、こどもがひとり歩きをしているときは、警音器を鳴らして注意を与え、素早くその横を通過したほうがよい。

【問69】運転者は、いつでも規制速度いっぱいまで出して走るのではなく、道路の状況、交通の状況、車の状況などに合わせて、できる限り安全な速度と方法で運転しなければならない。

【問70】図10の標示のある道路では、車は、30キロメートル毎時を超える速度で運転してはならない。

【問71】走行中の安全な車間距離は、運転経験が豊富になって技量が上達してくれば、短くしてもよい。

【問72】車の所有者や運転手の雇用者などは、酒を飲んでいる人や免許を持っていない人には、絶対に車を運転させてはならない。

【問73】夜間、街路灯のない一般道路上で駐停車するときは、必ず非常点滅表示灯、駐車灯、または尾灯をつけなければならない。

【問74】車は、路面電車が安全地帯のある停留所で乗客の乗降のため停車していても、その左側を徐行して通過することができる。

【問75】運転者が、直ちに運転できる状態で、買い物をしている家族を待つために駐車するときは、右側の道路上に3.5メートル以上の余地を残さないで駐車することができる。

【問76】道路工事の区域の端から4メートルの場所に車を止め、運転者が車から離れずに、5分以内の荷物の積卸しを行った。

【問77】乗車定員30人乗りの自動車は、大型乗用自動車であるが、乗車定員15人乗りのマイクロバスは、中型乗用自動車である。

【問78】図11の場合、交通整理の行われていない交差点に入ろうとする普通乗用自動車は、右方の自動二輪車には優先するが、左方の大型乗用自動車の進行を妨げてはならない。

【問79】道幅の同じような交通整理の行われていない交差点（環状交差点や優先道路通行中の場合を除く）に、先に入って右折しようとしている車であっても、後から交差点に入ってくる直進車や左折車の進行を妨げてはならない。

【問80】踏切のしゃ断機が下り始めても、すぐには列車は来ないので、左右を確認して急いで通過すればよい。

【問81】身体障害者が、車いすに乗って通行しているときは、一時停止か徐行して、その人が安全に通れるようにしなければならない。

【問82】高速道路で大型自動二輪車を運転するときに大型二輪免許取得後1年以上であれば後部座席にほかの人を乗せて運転してもよい。

【問83】同じ速度でカーブを通過する場合、カーブの半径が短くなればなるほど（カーブがきつくなればなるほど）、遠心力は強く作用する。

【問84】前方の車を追い越す場合、前車が右折するため道路の中央（一方通行の道路では右端）に寄って通行しているとき以外は、前車の右側を通行して追い越さなければならない。

【問85】オートマチック車のエンジンを始動するときは、チェンジレバーを必ずニュートラル「N」の位置に入れて、スターターモーターを回すようにする。

【問86】交差点（環状交差点を除く）で左折するときは、その左折しようとする交差点の中心から30メートル手前の地点で、合図をしなければならない。

【問87】優先道路に入ろうとする場合は、交差点の直前で一時停止して、優先道路を通行している車の進行を妨げてはならない。

【問88】図12の標示板のある交差点では、信号機が黄色や赤色の灯火であっても、歩行者や他の交通に注意して左折することができる。

図12

【問89】交通量の多い市街地の一般道路を通行するときは、運転者も同乗者も、シートベルトは締めなくてもよい。

図13

【問90】図13の標示のある道路の部分は、車の通過と乗り入れが禁止されている。

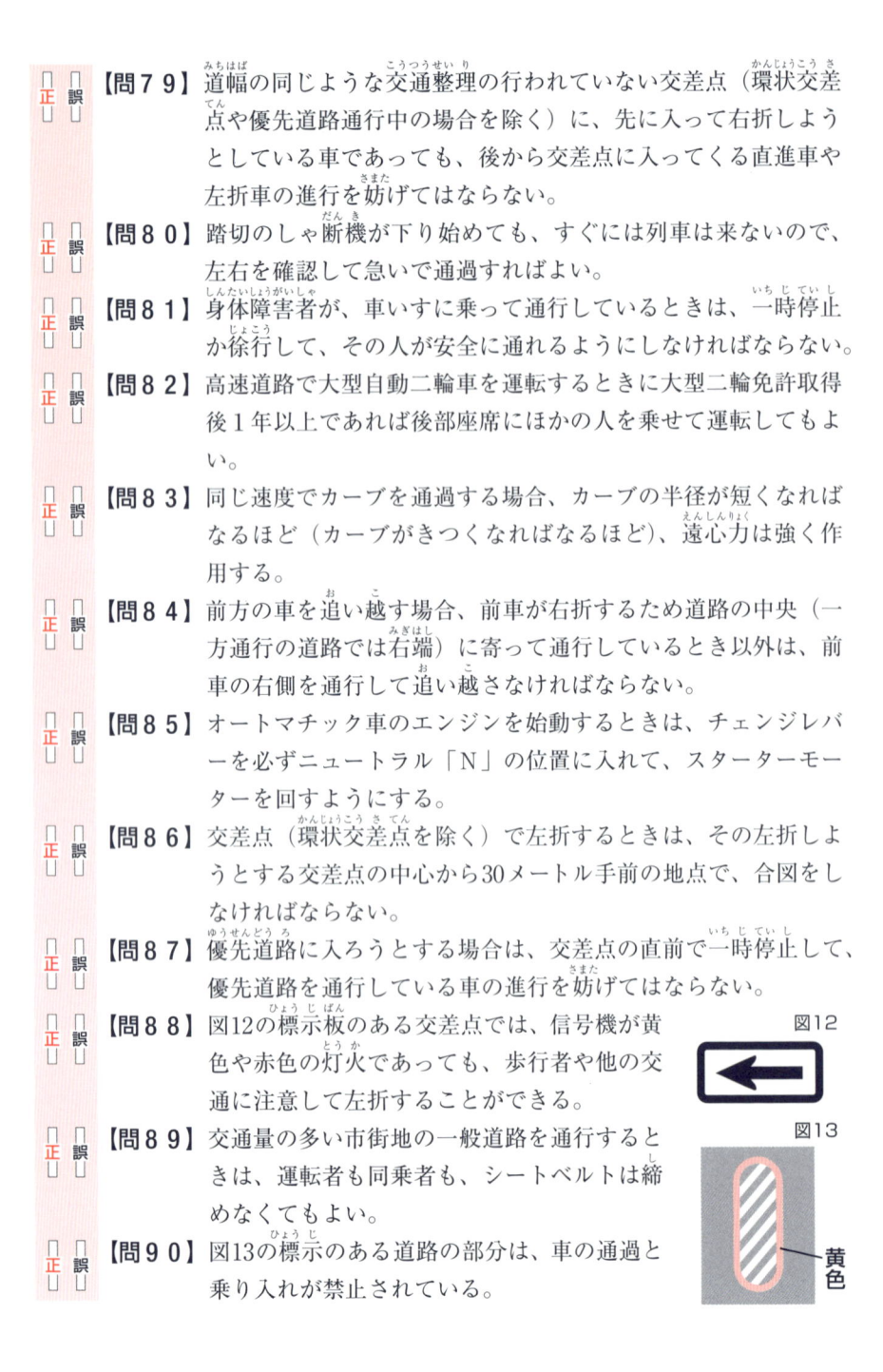

黄色

【問91】対向車線の道路が混雑している交差点で右折のため停止しています。どのようなことに注意して運転しますか？

(1) 正 誤
(2) 正 誤
(3) 正 誤

(1) 対向車線の信号が青色なのに対向車が動き出さないときは、対向車が動き出さないうちに、素早く右折する。
(2) 対向車が動き出すようすがなければ、停止している対向車の死角部分から、二輪車などが飛び出してこないかなど安全を確認し、注意しながら右折する。
(3) 対向車の運転者は自分の車を先に右折させようと停止していると思われるので、あまり待たせないように急いで右折する。

【問92】30km/hで進行しています。前のバイクを追い越すときは、どのようなことに注意して運転しますか？

(1) 正 誤
(2) 正 誤
(3) 正 誤

(1) 道路の右側部分にはみ出さないと追い越しができないと思われるので、対向車が通過するのを待つ。
(2) 対向車が通過後、追い越しをするときには、右側や右後方の安全を確かめ、安全な間隔をあけ、バイクの動きに注意する。
(3) 対向車が通過したら、すぐに追い越しができるようにできるだけバイクに接近して進行する。

【問93】夜間、40km/hで進行しています。どのようなことに注意して運転しますか？

(1) 正 誤
(2) 正 誤
(3) 正 誤

(1) 対向車が曲がり切れずにはみ出してくるかもしれないので、速度を落として車線の左寄りを進行する。
(2) 見通しの悪いカーブなので、カーブの手前で前照灯を上向きにして、なるべく早く通過するため加速する。
(3) 車線の左側を通行すると、ガードレールに接触するおそれがあるので、なるべく道路の中央寄りを進行する。

【問94】住宅街を20km/hで進行しています。歩行者や自転車がいる狭い道路を通るとき、どのようなことに注意して運転しますか？

(1) 正 誤
(2) 正 誤
(3) 正 誤

(1) 道路の幅が狭く、歩行者や自転車との間に安全な間隔をあけることができないと思われるので、徐行して進行した。
(2) あまりゆっくりと動いていると歩行者などの迷惑になると思われるので、歩行者などの横を急いで進行する。
(3) 自転車はよけてくれると思われるので、そのままの速度で自転車のそばを進行する。

【問95】 40km/hで進行しています。前方の車がガソリン・スタンドに入ろうとしているとき、どのようなことに注意して運転しますか？

(1) 正 誤
(2) 正 誤
(3) 正 誤

(1) 歩道上に歩行者や自転車がいるため前の車は歩道の手前で停止すると思われるので、速度を落として対向車線の安全を確認してから右に進路を変える。
(2) 前の車は歩道の手前で停止すると思われるので、速度を上げて対向車線を進行する。
(3) 歩道上の自転車が前の車を避けて車道に出てくることが考えられるので、自転車の動きに注意して速度を十分に落として進行する。

第7回 実力判定模擬テスト 解答&解説

● ……試験によく出る頻出問題　✋……引っかけ問題　★……理解しておきたい難問

問1：誤　ブレーキライニングやブレーキドラムが水にぬれると、摩擦がなくなってブレーキのききが悪くなる。

問2：正

問3：誤　「追越し禁止」の補助標識がついているときは、「追い越しはすべて禁止」を表している。✋

問4：正

問5：誤　前車が自動車（大型・中型・準中型・普通自動車、大型特殊自動車、大型・普通自動二輪車、小型特殊自動車のどれか）を追い越そうとしているときにその車を追い越す行為は、二重追い越しとして禁止されている。★

問6：正

問7：誤　この標示は「停止禁止部分」なので、この中で停止してしまうおそれのあるときは、その手前で停止して進入してはならない。

問 8 ：正

問 9 ：誤　安全地帯に歩行者がいるときと路面電車が停車しているときは、徐行して通行しなければならない。★

問10：正

問11：誤　自動車の種類に応じ 80、90、100 キロメートル毎時に定められている。

問12：正

問13：誤　交通法令を守らない運転者がいると、行動の予測ができないので、必ず事故が発生する。

問14：正　　　問15：正

問16：誤　緊急自動車がどの方向へでも進行していけるように、交差点から出て左側に寄り、一時停止して進路を譲らなければならない。★

問17：正　　　問18：正★

問19：誤　定期点検を受けたばかりの車であっても、定められた時期に、必ず日常点検をしなければならない。

問20：正

問21：誤　優先道路でない道路の交差点とその手前から30メートル以内の場所では、追い越しをしてはならない。★

問22：正

問23：誤　エンジンの総排気量が400cc以下の普通自動二輪車は、普通二輪免許か大型二輪免許を取らなければ運転することができない。

問24：正

問25：誤　坂道での駐車は上り坂ではハンドルを右に、下り坂ではハンドルを左に切っておき、万一車が動き出しても縁石や溝で車輪が止まるようにして駐車させておく。

問26：誤　この場所で駐車するときは、直ちにパーキング・メーターを作動させれば、60分以内の駐車をすることができる。

問27：正★

問28：誤　無免許の者に車を運転させると、事故を起こして大きな迷惑をおよぼすおそれがあるので、絶対に運転させてはならない。

問29：誤　直ちに他の交通の妨害にならないところに車を止め、負傷者を救護し、現場を片づけた後に警察官に事故報告をする。

問30：正★　　問31：正　　問32：正

問33：誤　車の右側の道路上に3.5メートル以上の余地を残せない場所では、駐車してはいけない。★

問34：正

問35：誤　原動機付自転車の乗車定員は、**運転者1人だけなので**、たとえけがや病気のこどもであっても、乗せることはできない。

問36：正 ★　　問37：正 ★　　問38：正

問39：誤　ＡＴ車限定普通免許を受けると、普通自動車のオートマチック車のほか、小型特殊自動車と原動機付自転車が運転できる。

問40：正　　　問41：正

問42：誤　この標識は、一方通行路の出口などに設けられる「車両進入禁止」なので、車はこちらから進行していくことはできない。

問43：誤　**交差点に入る直前で必ず一時停止**して、**安全を確認**した後でなければ進行してはならない。★

問44：正

問45：誤　死角の部分や右後方を直接目で見て、安全を確認した後に発進しなければならない。

問46：正　　問47：正　　問48：正

問49：誤　カーブでの横転や道路外への飛び出しは、速度の出し過ぎによる遠心力の作用なので、その遠心力を小さくするには、**カーブに入る手前で十分に速度を落とす以外に方法はない**。

問50：正 ●　　問51：正 ★　　問52：正

問53：誤　外部から方向指示器、番号標、尾灯、制動灯などが見えなくなったり、見えにくくなったりするような積み方をして運転してはならない。

問54：誤　この標識は、「横断歩道」を表している。

問55：正

問56：誤　自動車専用道路での転回は、禁止されている。

問57：正 ★

問58：誤　**左折や右折をしないのに方向指示器をつけて運転するのは、禁止**されている。

問59：誤　**軌道敷内**は、路面電車の運転時間中、運転時間外に関係なく、**駐停車が禁止**されている。

問60：誤　赤色の灯火の点滅信号に対面した車は、交差点に入る直前で一時停止し、安全を確認した後でなければ進行することはできない。★

問61：正

問62：誤　アンチロックブレーキシステムを備えた自動車で急ブレーキをかけるときは、フットブレーキを一気に強く踏み込む。

問63：誤　対面する信号が青色になったのを確認してから発進しないと、信号無視になる。

問64：正

問65：誤　自動車検査証や強制保険証明書などは、必ず車に備えつけて運転しなければならない。

問66：正

問67：誤　2時間に1回は休息を取って、疲れや眠気を取ってから運転しなければいけない。

問68：誤　警音器は鳴らさずに一時停止か徐行して、こどもが安全な場所に去るのを待つなどして、通行する。

問69：正　　　問70：正

問71：誤　30キロメートル毎時以上60キロメートル毎時までは、速度計の指針から15を引いた数字をメートルにした以上の距離を保たないと危険である。

問72：正★　　問73：正★　　問74：正★

問75：誤　人待ちで止めるのは駐車なので、車の右側に定められた余地を残さなければならない。

問76：正　運転者が車から離れない5分以内の荷物の積卸しは停車になる。●

問77：正　乗車定員10人以下は普通乗用自動車、乗車定員11人以上29人以下は中型乗用自動車で「マイクロバス」という。

問78：誤　普通乗用自動車は、優先道路を通行しているから、大型乗用自動車にも優先して進行できる。

問79：正

問80：誤　踏切のしゃ断機が作動しているときは、踏切に入ってはならない。★

問81：正★

問82：誤　高速道路での2人乗りは、20歳以上で、普通二輪免許および大型二輪免許取得後3年以上経過している者でなければできない。

問83：正　　　問84：正

問85：誤　ニュートラル「N」でもエンジンはかかるが、万一の暴走を防ぐため、必ずパーキング「P」に入れてかける。

問86：誤　交差点で右左折するときは、その交差点（手前の側端）から30メートル手前の地点で合図をしなければならない。✋

問87：誤　**優先道路に入るときは徐行**して、優先道路を通行している車の進行を妨げてはならない。✋

問88：正

問89：誤　シートベルトは、運転者も同乗者も必ず締めなければならない。

問90：正

問91： (1) 誤　(2) 正　(3) 誤
● 対向車線の道路が混雑している交差点で右折するときには、対向車が停止しているからと安全確認を十分しないで右折すると、停止した車の死角部分から進んできた二輪車などと衝突することがある。対向車の動きに注意して安全確認しながら進むことが大切。
● 対向車に進路を譲ってもらう、いわゆる「サンキュー事故」は、このような状況のときに起こる。進路を譲ってもらっても安全確認を忘れないように心がけること。

問92： (1) 正　(2) 正　(3) 誤
● 追い越しをするときには、対向車の有無、後続車の動き、前を走っているバイクの動きなどに注意しなければならない。とくに道路の状況などにより、突然、バイクが右側に出てくることがあるので、安全な間隔をあけて追い越すことが大切。

問93： (1) 正　(2) 誤　(3) 誤
● カーブに近づいたときには、その手前の直線部分で十分速度を落とす。
● 見通しの悪いカーブの手前では、前照灯を上向きに切り替えるか点滅して、歩行者やほかの車に接近を知らせるようにする。
● カーブでは対向車がはみ出してくることがあるので、道路の中央寄りを通行することは大変危険である。

問94： (1) 正　(2) 誤　(3) 誤
● 歩道と車道の区別のない狭い道路を通行するときには、歩行者や自転車などに注意しなければならない。少しでも危険を感じたら徐行するなどして、自転車などを安全に通行させることが大切。この場合、当然、歩行者や自転車のそばを通行するから、歩行者や自転車との間に安全な間隔をあけられないようであれば、徐行しなければならない。

問95： (1) 正　(2) 誤　(3) 正
● 前の車が道路外の施設に入るため歩道を横切って左折するようなときには、歩行者などの有無にかかわらず一時停止が義務づけられているので、一時停止すると考えて行動しなければいけない。このため、前の車が停止しても安全なように速度を落とすことが大切。
● この場合、歩道上に歩行者や自転車がいるので前の車は歩行者などの通過を待つことになる。後続車は対向車や後方の安全を確認して前車の右側を進行するか、左折車の後方で左折するまで待つようにする。

第8回 実力判定模擬テスト

◆制限時間：50分　◆90点以上正解で合格　◆問1〜問90：各1点、問91〜問95：各2点
（ただし、問91〜問95は3つの質問すべてを正解した場合に限り得点となる）

◆次のそれぞれの問題について、正しいものは「正」、誤っているものは「誤」のワクの中をぬりつぶしなさい。

【問 1】夜間、交差点で信号機が黄色の灯火の点滅をしているときには、歩行者や車、路面電車は他の交通に注意して進むことができる。

【問 2】図1の規制標示のある部分には車の立ち入りはできるが、停止することはできない。

【問 3】交差点に進入しようとしたときに信号が青から黄色へ変わったが、停止位置で安全に停止できなかったのでそのまま交差点を通過した。

【問 4】普通免許を持っていれば、普通自動車と小型特殊自動車、自動二輪車、原動機付自転車が運転できる。

【問 5】図2の標識がある道路では30キロメートル毎時を超えて運転してはならない。

【問 6】前方の信号が赤でも、黄色の矢印の灯火が点灯しているときには、自動車は黄色の矢印の方向へ進むことができる。

【問 7】日常点検ではブレーキとエンジンの調子、ハンドル具合などをみれば、そのほかの点検はしなくてよい。

【問 8】自動車とは、大型自動車や中型自動車、準中型自動車、普通自動車、大型・普通自動二輪車、大型特殊自動車、小型特殊自動車、原動機付自転車などを指し、自転車や荷車などの軽車両は含まない。

【問 9】停止位置とは、停止線があるところではその直前をいい、横断歩道や自転車横断帯のあるところではその1メートル手前をいう。

【問10】自動車の発進にあたっては、車に乗る前に車の前後に人がいないかを確かめ、方向指示器などで発進を合図し、もう一度バックミラーなどで前後左右の安全を確認してから発進する。

【問11】図3のように白い実線と破線で標示されている路側帯は駐停車が禁止され、歩行者以外は通行できない。

【問12】普通自動車に荷物を積むときには、車体の前後から自動車の長さの10分の1の長さを超えて荷物がはみ出してはならない。

| 正 誤 |【問13】有効な自動車検査証と自動車損害賠償責任保険（または責任共済保険）証明書は重要な書類なので、紛失しないように自宅の金庫などにしっかり保管しておくとよい。

| 正 誤 |【問14】図4の標示板のある交差点では信号が赤や黄色であっても、歩行者など周りの交通に注意しながら左折することができる。

図4

| 正 誤 |【問15】運転するときは、前方に注意するとともに、ルームミラーやサイドミラーなどによって周囲の交通の状況にも目を配らなくてはならない。

| 正 誤 |【問16】運転者が危険を感じてブレーキをかけてから実際にブレーキがきき始めるまでの距離を空走距離といい、ブレーキがきき始めてから車が実際に止まるまでの距離を制動距離という。

| 正 誤 |【問17】車を運転するときには、発炎筒や赤ランプなどの非常用信号用具を必ず備えておかなければならない。

| 正 誤 |【問18】睡眠作用のあるかぜ薬や頭痛薬を飲んだときには、運転しないほうがよい。

| 正 誤 |【問19】実際にブレーキがきき始めてから車が停止するまでの制動距離は、車の速度の2乗に比例する。

| 正 誤 |【問20】シートベルトは、運転者はもちろんのこと、同乗者にも着用させなければならないが、エアバッグを備えている場合には着用しなくてもよい。

| 正 誤 |【問21】高速道路などで長時間運転するときには、3時間に1回は休息をとるようにする。

| 正 誤 |【問22】図5の標識は「車両通行止め」を表している。

図5

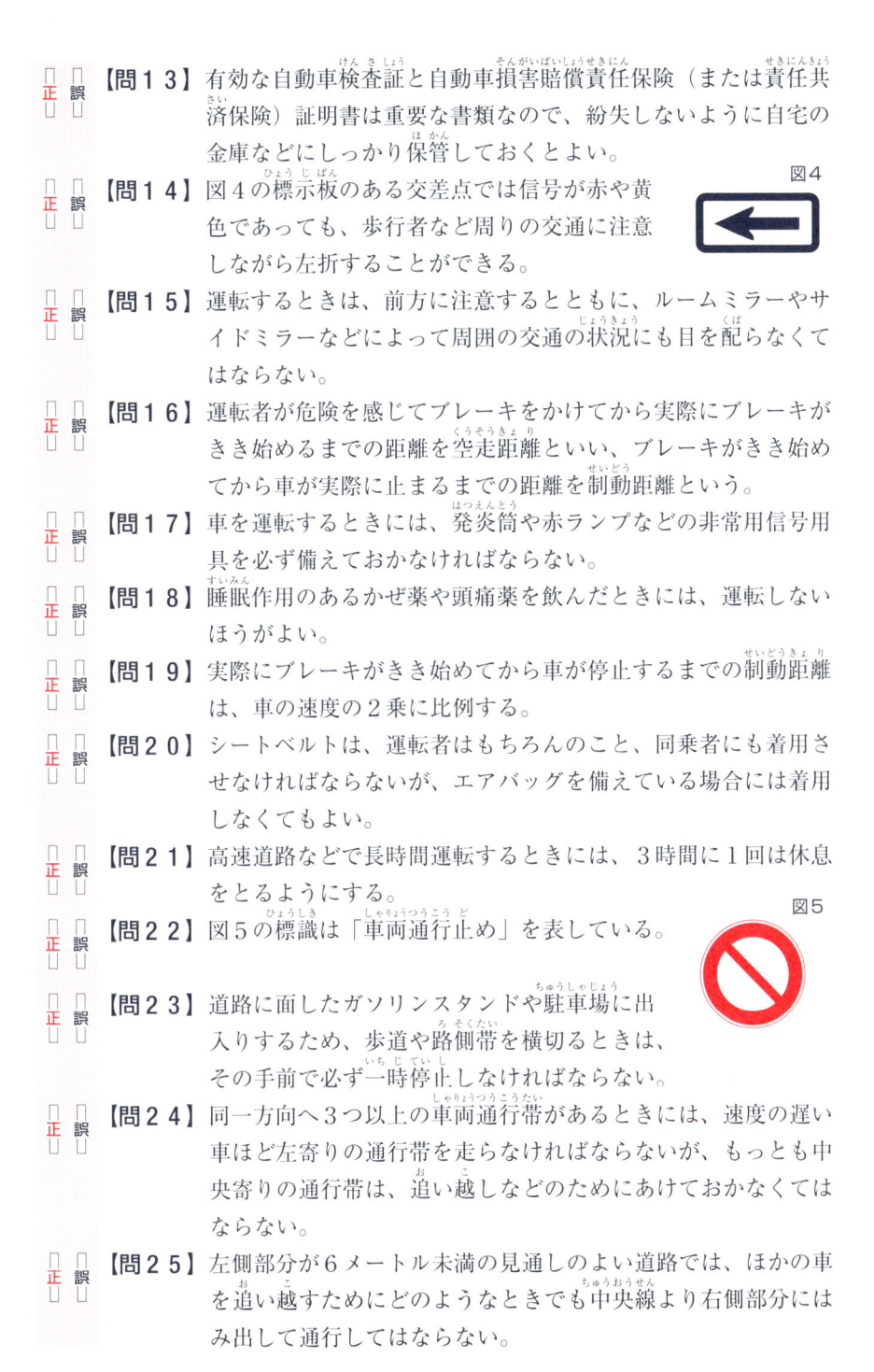

| 正 誤 |【問23】道路に面したガソリンスタンドや駐車場に出入りするため、歩道や路側帯を横切るときは、その手前で必ず一時停止しなければならない。

| 正 誤 |【問24】同一方向へ3つ以上の車両通行帯があるときには、速度の遅い車ほど左寄りの通行帯を走らなければならないが、もっとも中央寄りの通行帯は、追い越しなどのためにあけておかなくてはならない。

| 正 誤 |【問25】左側部分が6メートル未満の見通しのよい道路では、ほかの車を追い越すためにどのようなときでも中央線より右側部分にはみ出して通行してはならない。

|正|誤| 【問26】図6のように中央線が黄色で標示してある道路では、道路工事や駐車車両などにより左側部分だけで通行できないときも、右側部分にはみ出して通行することはできない。

図6　黄色

|正|誤| 【問27】安全地帯のある停留所に路面電車が止まっていない場合は、歩行者がいてもいなくても徐行しなければならない。

|正|誤| 【問28】歩道や路側帯がない道路では、自動車は路肩（路端から0.5メートルの部分）へ車輪をはみ出して通行してもかまわない。

|正|誤| 【問29】安全地帯や図7の標示のある部分は通行することも、停止することもできない。

図7

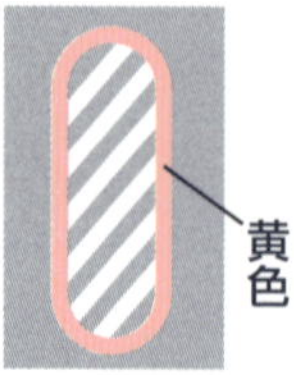

|正|誤| 【問30】図8の標識の出ている道路では、30キロメートル毎時以下で運転しなければならない。

図8

黄色

|正|誤| 【問31】横断歩道や自転車横断帯を歩行者や自転車が横断しようとしているか、横断しているときには、横断歩道や自転車横断帯の直前で一時停止しなければならない。

|正|誤| 【問32】中央線がある道路では、中央線の左側の道路の部分ならどこを走ってもよい。

|正|誤| 【問33】横断歩道や自転車横断帯の手前に車が止まっているとき、そのそばを通って前方に出るときには、必ず徐行しなければならない。

|正|誤| 【問34】止まっている自動車のそばを通るときには、急にドアが開いたり、車のかげから人が飛び出してくることがあるので、十分注意しなければならない。

|正|誤| 【問35】乗降のため止まっている通学通園バスのそばを通るときは、徐行して安全を確認しながら通行しなければならない。

|正|誤| 【問36】こどもがひとりで歩いていたり、盲導犬をつれて歩いている人や歩行に支障のある高齢者が通行しているときには、一時停止か徐行して、安全に通れるようにしなければならない。

|正|誤| 【問37】図9の標識がある道路では、右側にある駐車場に入るために道路を横断してもよい。

図9

|正|誤| 【問38】歩行者や自転車のそばを通るときは、歩行者や自転車との間に安全な間隔をあけるか、徐行しなければならない。

【問39】道路の曲がり角付近や上り坂の頂上付近、こう配の急な坂では徐行しなければならない。

【問40】疲れていると危険を感じてブレーキをかけるまでの反応時間が長くなるので、空走距離が長くなる。

【問41】徐行とは、すぐに停止できる速度で進むことで、速度を落とすことをいうのではない。

【問42】道路の滑りやすい状態のときには、ブレーキを数回に分けてかけるとよい。

【問43】進路を変更するときには、あらかじめバックミラーなどで安全を確認してから、3秒前に合図する。

【問44】右左折や転回をしようとするときには、その地点から30メートル手前の地点に達したときに合図する（環状交差点での右左折・転回を除く）。

【問45】一般道路を走る自動車の法定速度は50キロメートル毎時である。

図10

【問46】図10の標識は「一方通行」を表している。

図11

【問47】運転中に携帯電話を使用することは危険であるため、運転前には電源を切っておくとよい。

【問48】図11の標示のある道路では、午前8時から午後8時まで転回禁止である。

黄色

【問49】警音器は「警笛鳴らせ」や「警笛区間」を表す標識のあるところで鳴らすのが原則だが、標識がなくても見通しのきかない交差点や曲がり角では鳴らすようにしたほうがよい。

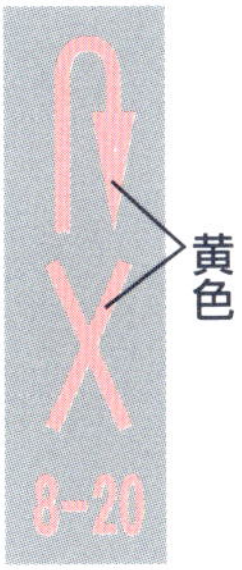

【問50】右折するときに夕日が反射して方向指示器がよく見えないような場合は、右腕を車の右側から外に出し、ひじを垂直に曲げて合図をする。

【問51】一方通行の道路から交差点を右折するときには、道路の右端に寄り、交差点の中心の内側を徐行しながら通行しなければならない（環状交差点での右折を除く）。

図12

【問52】図12の標識のある交差点では、直進しかできない。

【問53】交差点の前方が混雑していて、そのまま進むと交差点内に止まってしまうおそれのあるときは、たとえ信号が青色でも交差点内に入ってはいけない。

| 正 | 誤 | 【問54】信号のない交差点（環状交差点を除く）で前方が優先道路か、あきらかに道幅が広いときには、徐行するとともに、その道路を進行する車の進行を妨げてはならない。 |

| 正 | 誤 | 【問55】交差点で右折するときに、対向車線に直進か左折する車があっても、自分の車が先に交差点に入っていれば、その車より優先して右折することができる（環状交差点を除く）。 |

| 正 | 誤 | 【問56】前方を走る自動車が原動機付自転車を追い越そうとしていたので、二重追い越しにならないように、前の自動車が原動機付自転車を追い越すまで待たなければならない。 |

| 正 | 誤 | 【問57】優先道路を通行していても、交差点とその手前から30メートル以内の場所では追い越し禁止なので、前を走る自動車を追い越すことはできない。 |

| 正 | 誤 | 【問58】助手席用のエアバッグを備えている自動車で、やむを得ず助手席でチャイルドシートを使用するときは、座席をできるだけ後ろまで下げ、必ず前向きに固定する。 |

| 正 | 誤 | 【問59】道路の右側部分に入って追い越しをする場合に、反対方向からの車や路面電車の進行を妨げるようなときは、前の車を追い越すことはできない。 |

| 正 | 誤 | 【問60】上り坂の頂上付近やこう配の急な上り坂では、追い越しが禁止されている。 |

| 正 | 誤 | 【問61】交差点や踏切などで前の車が停止や徐行をしているときには、その前に割り込んだり、その前を横切ったりしてはいけない。 |

| 正 | 誤 | 【問62】踏切とその手前から30メートル以内の場所と横断歩道や自転車横断帯とその手前から50メートル以内の場所は、追い越し禁止になっている。 |

| 正 | 誤 | 【問63】車両通行帯のある道路で、標識や標示によって交差点で進行する方向ごとに通行区分が指定されているときでも、緊急自動車が近づいてきたときや道路工事などでやむを得ない場合は、指定された区分に従って通行しなくてもよい。 |

| 正 | 誤 | 【問64】道路の前方に障害物のあるときは、あらかじめ一時停止するか減速して、反対方向から来る車に道を譲らなくてはならない。 |

| 正 | 誤 | 【問65】トンネル内でも車両通行帯があれば、前の車を追い越すことができる。 |

| 正 | 誤 | 【問66】後ろの車に追い越されるときは、追い越しが終わるまで速度を上げてはならないが、左側に寄って道路を譲る必要はない。 |

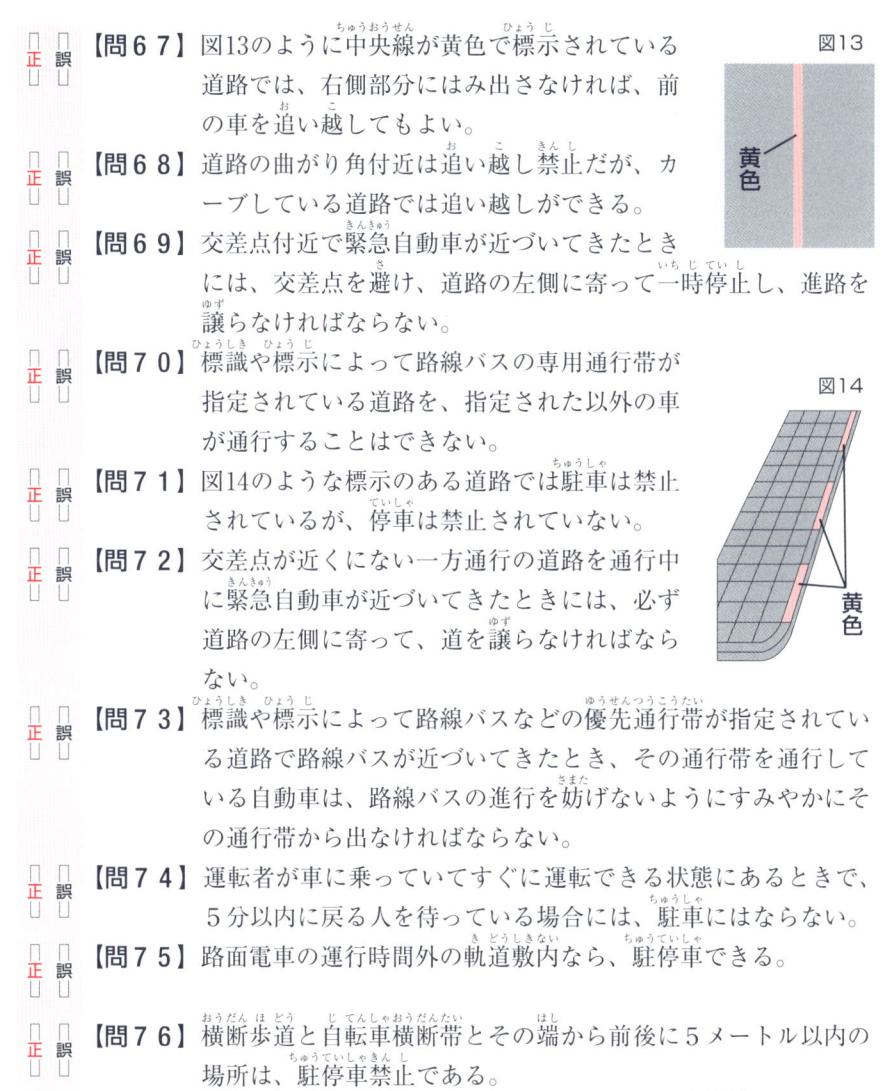

【問67】図13のように中央線が黄色で標示されている道路では、右側部分にはみ出さなければ、前の車を追い越してもよい。

【問68】道路の曲がり角付近は追い越し禁止だが、カーブしている道路では追い越しができる。

【問69】交差点付近で緊急自動車が近づいてきたときには、交差点を避け、道路の左側に寄って一時停止し、進路を譲らなければならない。

【問70】標識や標示によって路線バスの専用通行帯が指定されている道路を、指定された以外の車が通行することはできない。

【問71】図14のような標示のある道路では駐車は禁止されているが、停車は禁止されていない。

【問72】交差点が近くない一方通行の道路を通行中に緊急自動車が近づいてきたときには、必ず道路の左側に寄って、道を譲らなければならない。

【問73】標識や標示によって路線バスなどの優先通行帯が指定されている道路で路線バスが近づいてきたとき、その通行帯を通行している自動車は、路線バスの進行を妨げないようにすみやかにその通行帯から出なければならない。

【問74】運転者が車に乗っていてすぐに運転できる状態にあるときで、5分以内に戻る人を待っている場合には、駐車にはならない。

【問75】路面電車の運行時間外の軌道敷内なら、駐停車できる。

【問76】横断歩道と自転車横断帯とその端から前後に5メートル以内の場所は、駐停車禁止である。

【問77】赤色灯をつけずにサイレンも鳴らしていない救急車や消防車、パトカーなどは緊急自動車にはならない。

【問78】図15の標識のある道路は、午前8時から午後8時まで駐停車禁止である。

【問79】夜間の走行ではできるだけ視線を先の方に向け、少しでも早く前方の障害物を発見するようにするとよい。

【問80】前の車が左右の安全を確認して踏切を通過したときは、その車に続いて踏切を通過してもよい。

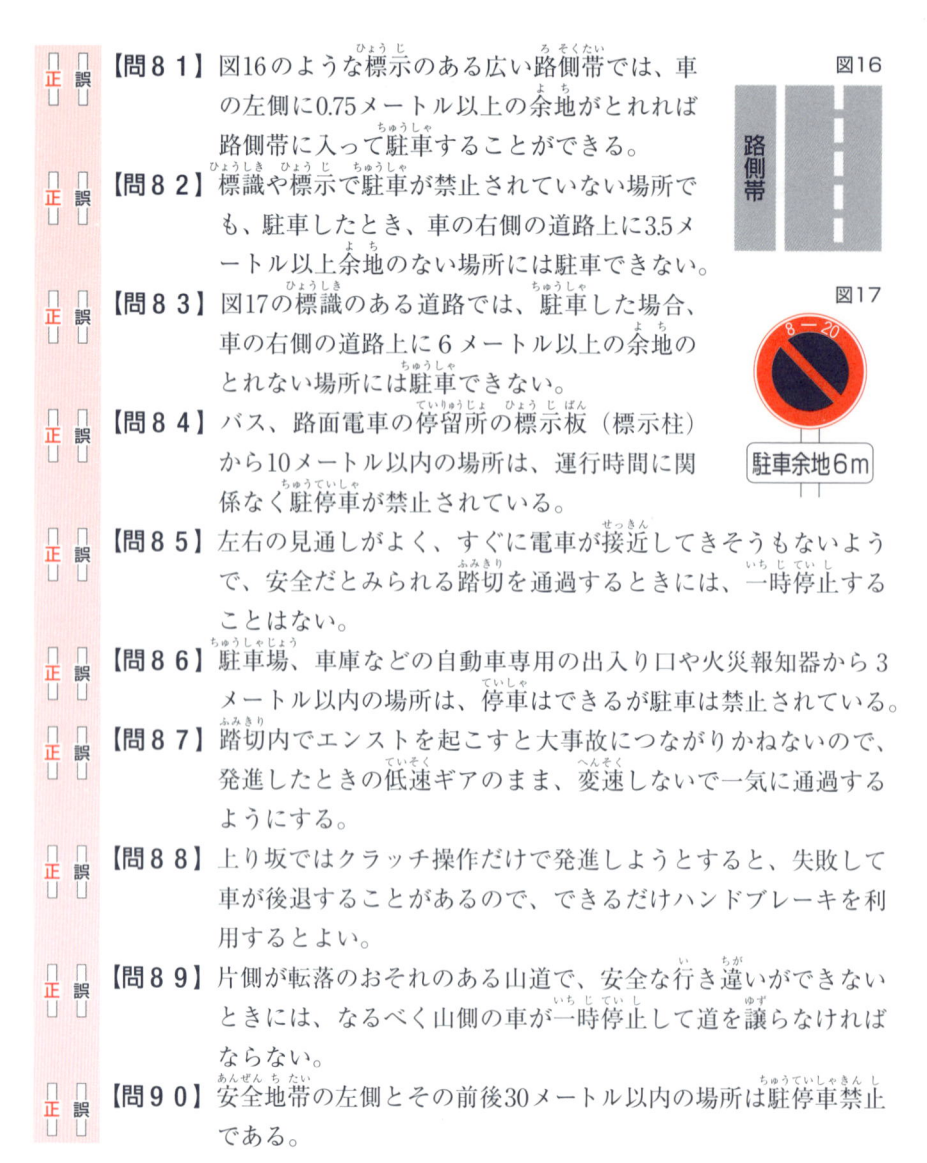

【問81】図16のような標示のある広い路側帯では、車の左側に0.75メートル以上の余地がとれれば路側帯に入って駐車することができる。

図16

【問82】標識や標示で駐車が禁止されていない場所でも、駐車したとき、車の右側の道路上に3.5メートル以上余地のない場所には駐車できない。

【問83】図17の標識のある道路では、駐車した場合、車の右側の道路上に6メートル以上の余地のとれない場所には駐車できない。

図17

【問84】バス、路面電車の停留所の標示板（標示柱）から10メートル以内の場所は、運行時間に関係なく駐停車が禁止されている。

【問85】左右の見通しがよく、すぐに電車が接近してきそうもないようで、安全だとみられる踏切を通過するときには、一時停止することはない。

【問86】駐車場、車庫などの自動車専用の出入り口や火災報知器から3メートル以内の場所は、停車はできるが駐車は禁止されている。

【問87】踏切内でエンストを起こすと大事故につながりかねないので、発進したときの低速ギアのまま、変速しないで一気に通過するようにする。

【問88】上り坂ではクラッチ操作だけで発進しようとすると、失敗して車が後退することがあるので、できるだけハンドブレーキを利用するとよい。

【問89】片側が転落のおそれのある山道で、安全な行き違いができないときには、なるべく山側の車が一時停止して道を譲らなければならない。

【問90】安全地帯の左側とその前後30メートル以内の場所は駐停車禁止である。

【問91】見通しのきかない上り坂を40km/hで進行しています。どのようなことに注意して運転しますか？

(1) 上り坂の頂上付近に近づいたら、他の車に注意し、徐行して進行する。
(2) 上り坂の頂上付近に近づいたら、警音器を鳴らしながら加速して進行する。
(3) 上り坂ではアクセルを踏み込み、頂上付近に近づいたら道路の中央寄りを進行する。

(1) 正 誤
(2) 正 誤
(3) 正 誤

【問９２】 40km/hで進行しています。どのようなことに注意して運転しますか？

(1) 正 誤
(2) 正 誤
(3) 正 誤

(1) バスのすぐ前を人が横断するかもしれないので、いつでも止まれるように徐行してバスの側方を進行する。
(2) バスの向こう側の対向車はまだ先のほうにいるようなので、加速して中央線を越えて進行する。
(3) 後続の車がいるので、速度を落とすときや停止するときには、追突されないようにブレーキを数回に分けてかける。

【問９３】 30km/hで進行しています。どのようなことに注意して運転しますか？

(1) 正 誤
(2) 正 誤
(3) 正 誤

(1) こどもや自転車の横を通過するときに対向車と行き違うのは危険なので、加速して通過する。
(2) こどもが車道に飛び出したり、自転車が車道の中央に寄ってくるかもしれな

いので、中央線を越えて通過する。
(3) こどもが車道に飛び出したり、自転車が車道の中央に寄ってくるかもしれないので、後続車に注意しながら速度を落として進行する。

【問９４】10km/hで進行しています。横断歩道の手前で駐車している車がいるときは、どのようなことに注意して運転しますか？

(1) 正 誤
(2) 正 誤
(3) 正 誤

(1) 右側の歩道にいる歩行者が横断を始めないうちに、駐車している車のかげのようすにも気をつけながら加速する。
(2) 歩行者は横断を始めていないし、対向車もすぐには来ないと思われるので、そのまま進行する。
(3) 歩行者が横断するしないにかかわらず、駐車している車の前方に出る前に一時停止する。

【問９５】30km/hで進行しています。進路の前方が道路工事により、右側部分に出なければならないときは、どのようなことに注意して運転しますか？

(1) 正 誤
(2) 正 誤
(3) 正 誤

(1) 対向車はすぐには来ないとみられるので、早めに加速して工事現場の右横を通過する。
(2) 右側部分に出て工事現場の横を通行するときには、工事関係者や歩行者が飛び出してこないか安全を確認して速度を落として進行する。
(3) 対向車が近づいてきているときには、対向車が通過するまで、工事現場の手前で一時停止か減速して道を譲る。

第8回 実力判定模擬テスト 解答＆解説

🔴……試験によく出る頻出問題　　✋……引っかけ問題　　⭐……理解しておきたい難問

問1：正 🔴　　問2：正　　問3：正 ⭐
問4：誤　普通免許で運転できるのは、普通自動車と小型特殊自動車、原動機付自転車の3種類。自動二輪車は運転できない。⭐
問5：正
問6：誤　路面電車しか進めない。**自動車が進めるのは青色の矢印の場合。**✋
問7：誤　ほかにも、灯火装置、方向指示器、タイヤなどの点検が必要。
問8：誤　**原動機付自転車は自動車に含まれない。**✋
問9：誤　横断歩道や自転車横断帯でもその直前が停止位置。✋
問10：正
問11：誤　白線が2本では歩行者用路側帯だが、1本が破線の場合は軽車両（自転車・荷車）は通行できる。いずれの場合も自動車の駐停車は禁止。
問12：正
問13：誤　自動車検査証や自動車損害賠償責任保険証明書など重要書類は、つねに自動車に備えておく必要がある。
問14：正　　問15：正　　問16：正 ⭐
問17：正　　問18：正 ⭐　　問19：正
問20：誤　シートベルトは常に着用しなければならない。ただし、病気や妊娠中などの理由がある場合は例外。🔴
問21：誤　**休息は2時間に1回はとるようにする。**
問22：正　　問23：正 ⭐　　問24：正
問25：誤　標識や標示で禁止されていなければ、右側部分にはみ出して通行できる。⭐
問26：誤　追い越しのためにはできない。しかし、**道路工事などやむを得ないときにははみ出しはできるが、できるだけ小さくする。**
問27：誤　歩行者がいなければ徐行の必要はない。⭐
問28：誤　自動二輪車を除く自動車は路肩を通行しない。
問29：正
問30：誤　「最低速度30キロメートル毎時」を表している。
問31：正 ⭐
問32：誤　中央線の左側部分のなるべく**左寄りを走る**ようにする。
問33：誤　車のそばを通って前方に出るときには、必ず一時停止する必要がある。✋
問34：正　　問35：正 ⭐　　問36：正

195

問37：誤　図は「車両横断禁止」の標識。**右側への横断はできない**。左側へはかまわない。

問38：正 ★

問39：誤　徐行が必要なのはこう配の急な下り坂のとき。上り坂は必要ない。★

問40：正　　問41：正　　問42：正　　問43：正 ★　　問44：正

問45：誤　自動車の法定速度は60キロメートル毎時。

問46：正　　問47：正 ★　　問48：正

問49：誤　**標識がない場合は**、危険を避けるためにやむを得ないときのほかは鳴らさない。

問50：誤　右折のときは、右腕を車の右側の外に出して水平に伸ばす。

問51：正

問52：誤　標識が指定している右折と左折以外は進行できない。

問53：正 ★　　問54：正 ★

問55：誤　直進か左折する車や路面電車の進行を妨げてはいけない。★

問56：誤　**原動機付自転車**は自動車ではないため、**二重追い越しにはならない**。✋

問57：誤　優先道路では、追い越してもよい。✋

問58：正　　問59：正

問60：誤　**上り坂の頂上付近とこう配の急な下り坂での追い越しは禁止**。ただし、上り坂の頂上付近より手前の上り坂は追い越し禁止ではない。★

問61：正

問62：誤　踏切や横断歩道、自転車横断帯とその手前から30メートル以内の場所は追い越し禁止。

問63：正　　問64：正 ★　　問65：正 ★

問66：誤　追い越しをするのに十分な余地がなければ、左側に寄って道を譲る。

問67：正　　問68：正　　問69：正 ★

問70：誤　右左折時や道路工事などやむを得ない場合は通行できる。

問71：正

問72：誤　一方通行では、右側に寄って道を譲る場合もある。★

問73：正

問74：誤　人待ちは、時間に関係なく**駐車**となる。★

問75：誤　軌道敷内は終日駐停車禁止。

問76：正　　問77：正　　問78：正　　問79：正

問80：誤　安全確認のため一時停止しなければならない。

問81：正　　問82：正 ★　　問83：正

問84：誤　運行時間以外は駐停車できる。

問85：誤　必ず一時停止して安全を確かめる。
問86：誤　火災報知機から1メートル以内の場所が駐車禁止。
問87：正　　問88：正 ★
問89：誤　がけ側の車が一時停止して道を譲る。
問90：誤　安全地帯の左側とその前後10メートル以内の場所が駐停車禁止。
問91：　(1) 正　(2) 誤　(3) 誤
●上り坂の頂上付近は見通しがきかないので、速度を落とさずに通行すると突然対向車があらわれるため大変危険である。上り坂の頂上の少し手前でアクセルを緩め安全を確かめながら徐行して進行する。

問92：　(1) 正　(2) 誤　(3) 正
●進路前方にいる大型車両の側方を通るときは、そのかげから歩行者や自転車が出てくることがあるので、すぐに停止できるよう徐行する。また、その大型車両により対向車が接近しているので、対向車を確認してから通過する。後続車がある場合には、追突されないよう注意しながら速度を落とすか、停止する場合はブレーキを数回に分けてかける。

問93：　(1) 誤　(2) 誤　(3) 正
●こどもが車道に飛び出したり、飛び出したこどもを避けようとした自転車が車道中央に寄ることが考えられる。そのため、安全な間隔をあけるか、徐行する必要がある。また、対向車に注意して、中央線を越えないようにする。

問94：　(1) 誤　(2) 誤　(3) 正
●本来は横断歩道とその端から前後5メートル以内の場所は、駐停車禁止だが、四輪車の前が確認できるところで停止し、安全を確認する必要がある。また、歩行者が横断しようとしているときは、一時停止して道を譲る。

問95：　(1) 誤　(2) 正　(3) 正
●工事現場を通過する前に対向車が接近し、衝突するおそれがある。また、工事現場の人や機材にも注意しなければならないため、対向車をまず通過させてから進行する。進行する際には、人が飛び出したり、路面に泥や砂があることもあるため、速度は落とす。

第9回 実力判定模擬テスト

◆制限時間：50分　◆90点以上正解で合格　◆問1～問90：各1点、問91～問95：各2点
（ただし、問91～問95は3つの質問すべてを正解した場合に限り得点となる）

◆次のそれぞれの問題について、正しいものは「正」、誤っているものは「誤」のワクの中をぬりつぶしなさい。

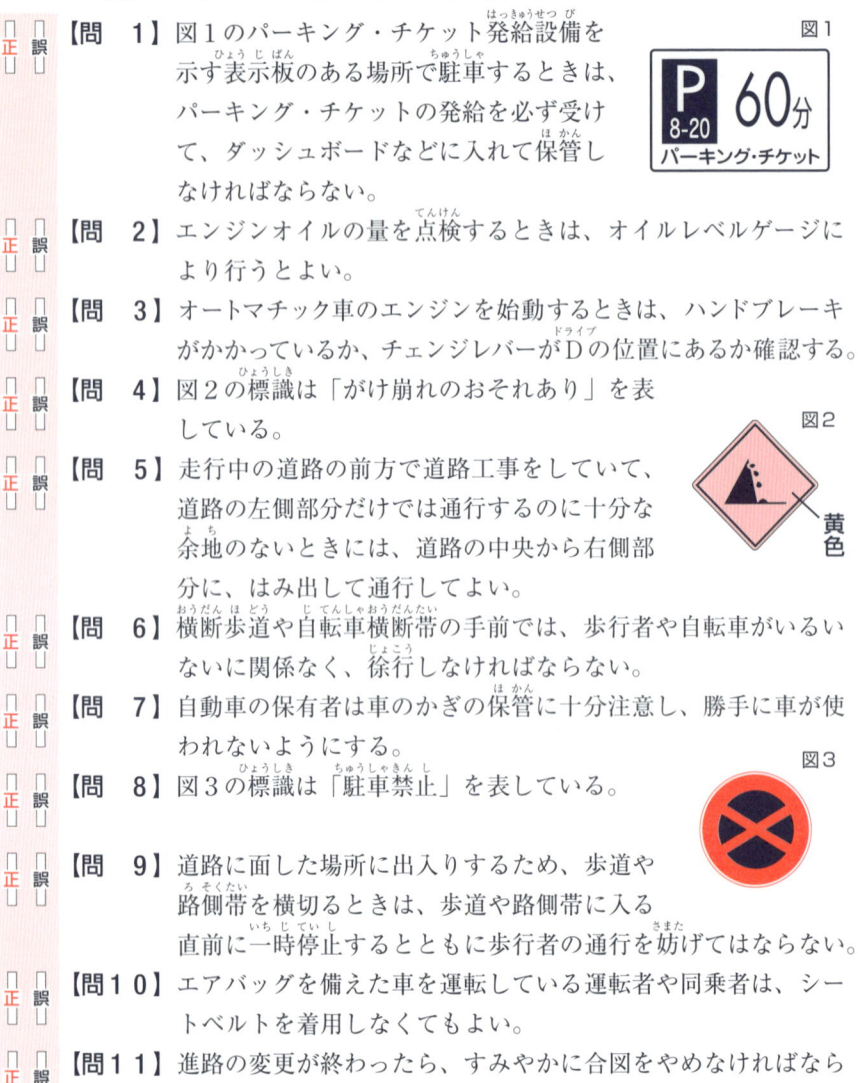

【問 1】図1のパーキング・チケット発給設備を示す表示板のある場所で駐車するときは、パーキング・チケットの発給を必ず受けて、ダッシュボードなどに入れて保管しなければならない。

図1

【問 2】エンジンオイルの量を点検するときは、オイルレベルゲージにより行うとよい。

【問 3】オートマチック車のエンジンを始動するときは、ハンドブレーキがかかっているか、チェンジレバーがDの位置にあるか確認する。

【問 4】図2の標識は「がけ崩れのおそれあり」を表している。

図2　黄色

【問 5】走行中の道路の前方で道路工事をしていて、道路の左側部分だけでは通行するのに十分な余地のないときには、道路の中央から右側部分に、はみ出して通行してよい。

【問 6】横断歩道や自転車横断帯の手前では、歩行者や自転車がいるいないに関係なく、徐行しなければならない。

【問 7】自動車の保有者は車のかぎの保管に十分注意し、勝手に車が使われないようにする。

【問 8】図3の標識は「駐車禁止」を表している。

図3

【問 9】道路に面した場所に出入りするため、歩道や路側帯を横切るときは、歩道や路側帯に入る直前に一時停止するとともに歩行者の通行を妨げてはならない。

【問10】エアバッグを備えた車を運転している運転者や同乗者は、シートベルトを着用しなくてもよい。

【問11】進路の変更が終わったら、すみやかに合図をやめなければならない。必要のない合図をしてはいけない。

【問12】路面電車の運行時間外の深夜であれば、軌道敷内に停車することができるが、駐車はできない。

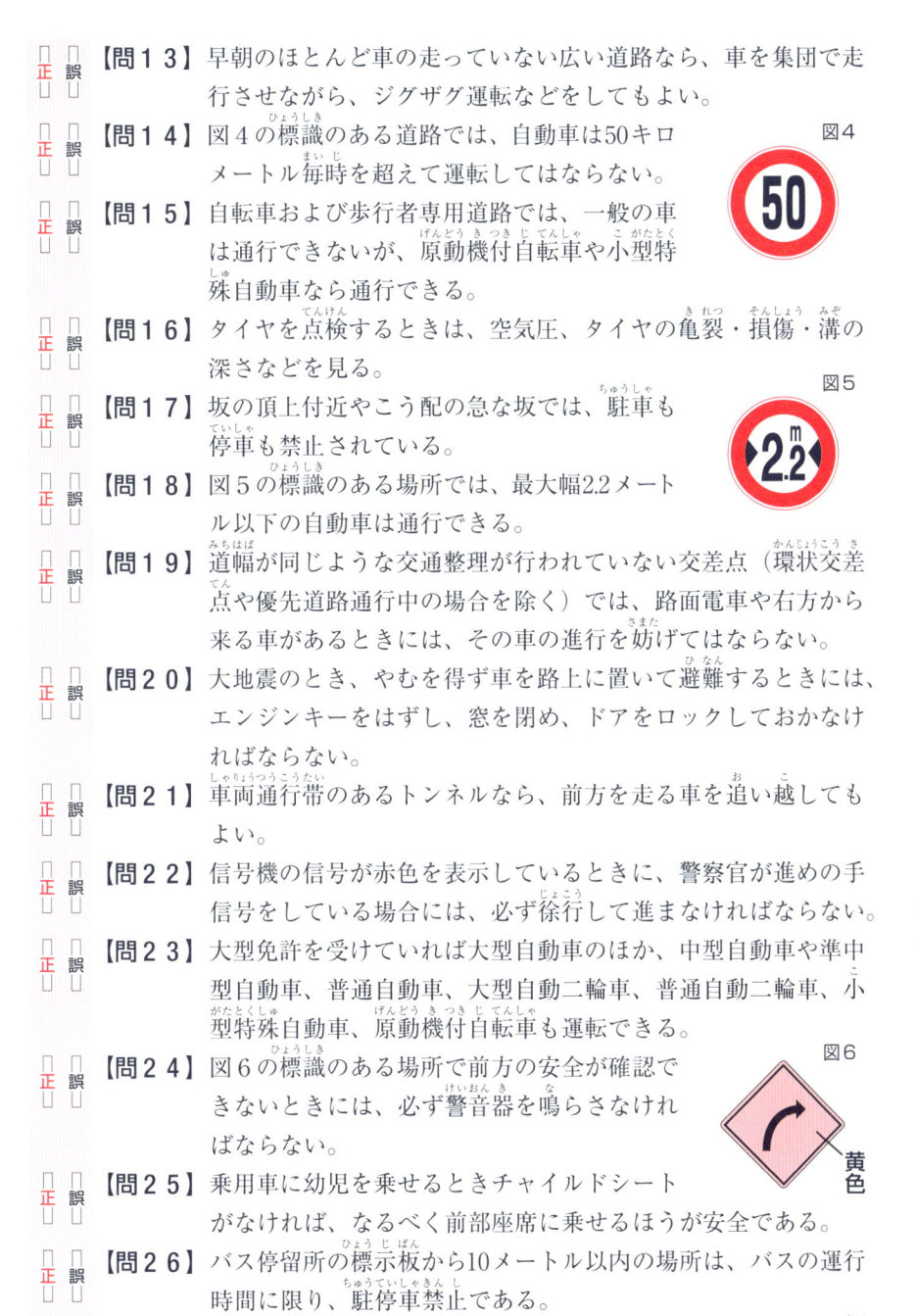

正 誤	【問13】	早朝のほとんど車の走っていない広い道路なら、車を集団で走行させながら、ジグザグ運転などをしてもよい。
正 誤	【問14】	図4の標識のある道路では、自動車は50キロメートル毎時を超えて運転してはならない。
正 誤	【問15】	自転車および歩行者専用道路では、一般の車は通行できないが、原動機付自転車や小型特殊自動車なら通行できる。
正 誤	【問16】	タイヤを点検するときは、空気圧、タイヤの亀裂・損傷・溝の深さなどを見る。
正 誤	【問17】	坂の頂上付近やこう配の急な坂では、駐車も停車も禁止されている。
正 誤	【問18】	図5の標識のある場所では、最大幅2.2メートル以下の自動車は通行できる。
正 誤	【問19】	道幅が同じような交通整理が行われていない交差点（環状交差点や優先道路通行中の場合を除く）では、路面電車や右方から来る車があるときには、その車の進行を妨げてはならない。
正 誤	【問20】	大地震のとき、やむを得ず車を路上に置いて避難するときには、エンジンキーをはずし、窓を閉め、ドアをロックしておかなければならない。
正 誤	【問21】	車両通行帯のあるトンネルなら、前方を走る車を追い越してもよい。
正 誤	【問22】	信号機の信号が赤色を表示しているときに、警察官が進めの手信号をしている場合には、必ず徐行して進まなければならない。
正 誤	【問23】	大型免許を受けていれば大型自動車のほか、中型自動車や準中型自動車、普通自動車、大型自動二輪車、普通自動二輪車、小型特殊自動車、原動機付自転車も運転できる。
正 誤	【問24】	図6の標識のある場所で前方の安全が確認できないときには、必ず警音器を鳴らさなければならない。
正 誤	【問25】	乗用車に幼児を乗せるときチャイルドシートがなければ、なるべく前部座席に乗せるほうが安全である。
正 誤	【問26】	バス停留所の標示板から10メートル以内の場所は、バスの運行時間に限り、駐停車禁止である。
正 誤	【問27】	雪道や凍りついた道を走るときは、タイヤチェーンのような滑り止め装置をつけるか、スタッドレスタイヤなどの雪用タイヤ

をつけて、できるだけ車の通った跡を走るようにする。

【問28】高速道路の本線車道での普通自動車の法定最低速度は、60キロメートル毎時である。

【問29】雨がやんで、乾燥し始めた道路が一番スリップしやすいので、運転には十分注意する。

【問30】ライトバンには人以外に荷物を載せることが多く、荷物を積むことで多少運転しづらくなるのはやむを得ない。

【問31】道路の曲がり角やカーブでは、とくに標示がなくても道路の中央から右側部分にはみ出して通行してよい。

【問32】図7の標示は、普通自転車がこの標示を越えて交差点に進入することを禁止するものである。

図7

【問33】普通自動車に11歳以下のこどもを乗せるときは、こども3人を大人2人として計算する。

【問34】中央分離帯のない高速道路の本線車道を走る普通自動車の最高速度は、60キロメートル毎時である。

図8

【問35】図8の標識のある交差点では、車は前方の信号が赤や黄であっても、歩行者などの周りの交通に注意すれば右折してもよい。

【問36】走行中にエンジンの回転数が上がったまま下がらなくなったときには、四輪車ではギアをニュートラル（N）にするとよい。

【問37】原動機付自転車で走行中に、客の乗り降りしているタクシーがいるときは、安全を確認できたら、そのタクシーの前を横切って前に出てもよい。

【問38】下り坂ではギアを高速にし、できるだけフットブレーキを使いながら下らなければならない。

【問39】2つ以上の車両通行帯のあるとき、道路が混雑していれば、普通自動車は2つの車両通行帯にまたがって通行してもよい。

【問40】車を運転中に大地震が発生したとき、ラジオで地震情報や交通情報を聞いて、その情報に応じて車で大至急避難しなければならない。

【問41】夜間、信号のない交差点で警察官が灯火信号を行っているとき、灯火を振っている方向と平行して進行する交通は黄色の信号と同じ意味である。

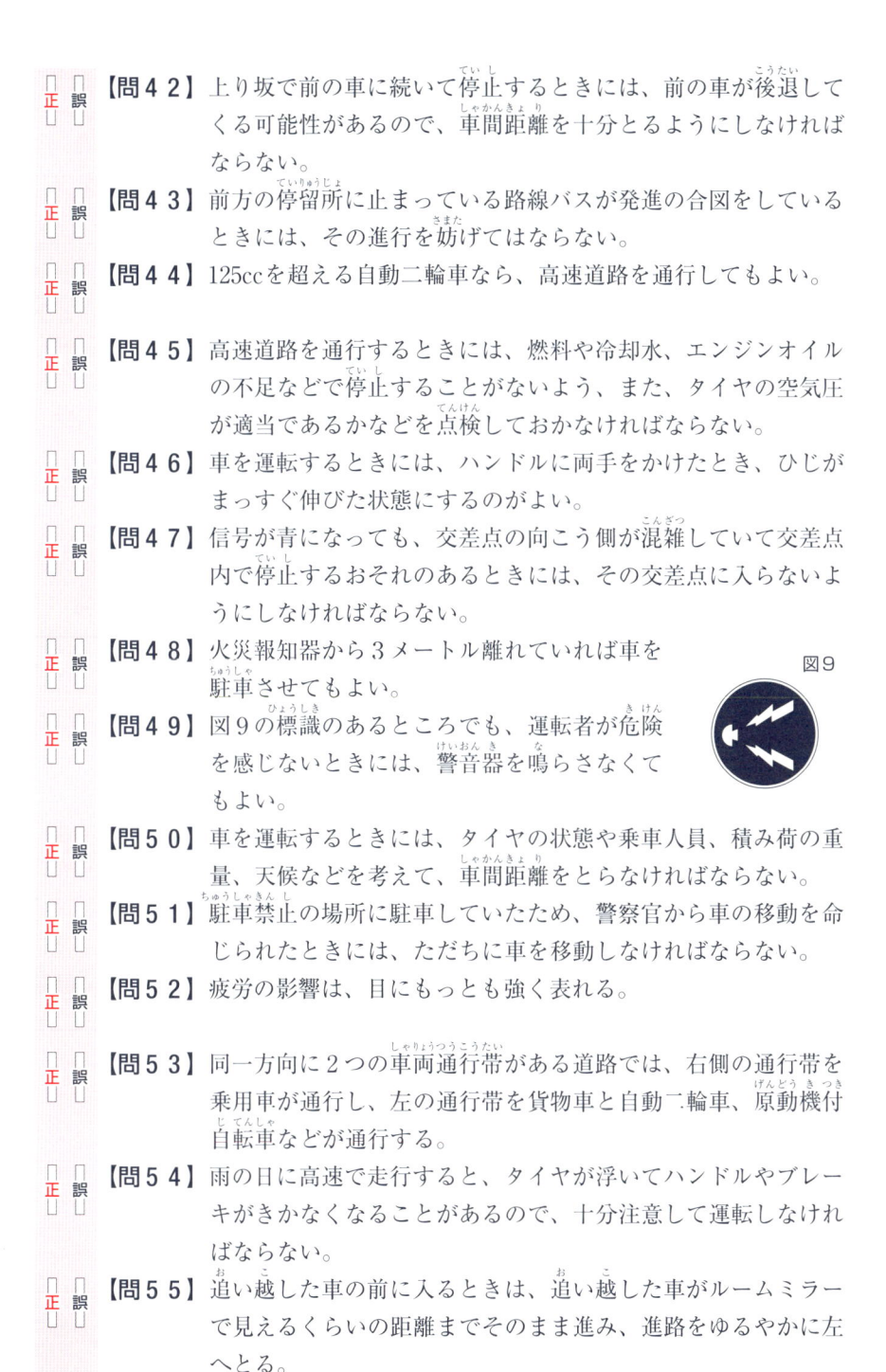

【問42】 上り坂で前の車に続いて停止するときには、前の車が後退してくる可能性があるので、車間距離を十分とるようにしなければならない。

【問43】 前方の停留所に止まっている路線バスが発進の合図をしているときには、その進行を妨げてはならない。

【問44】 125ccを超える自動二輪車なら、高速道路を通行してもよい。

【問45】 高速道路を通行するときには、燃料や冷却水、エンジンオイルの不足などで停止することがないよう、また、タイヤの空気圧が適当であるかなどを点検しておかなければならない。

【問46】 車を運転するときには、ハンドルに両手をかけたとき、ひじがまっすぐ伸びた状態にするのがよい。

【問47】 信号が青になっても、交差点の向こう側が混雑していて交差点内で停止するおそれのあるときには、その交差点に入らないようにしなければならない。

【問48】 火災報知器から3メートル離れていれば車を駐車させてもよい。

【問49】 図9の標識のあるところでも、運転者が危険を感じないときには、警音器を鳴らさなくてもよい。

図9

【問50】 車を運転するときには、タイヤの状態や乗車人員、積み荷の重量、天候などを考えて、車間距離をとらなければならない。

【問51】 駐車禁止の場所に駐車していたため、警察官から車の移動を命じられたときには、ただちに車を移動しなければならない。

【問52】 疲労の影響は、目にもっとも強く表れる。

【問53】 同一方向に2つの車両通行帯がある道路では、右側の通行帯を乗用車が通行し、左の通行帯を貨物車と自動二輪車、原動機付自転車などが通行する。

【問54】 雨の日に高速で走行すると、タイヤが浮いてハンドルやブレーキがきかなくなることがあるので、十分注意して運転しなければならない。

【問55】 追い越した車の前に入るときは、追い越した車がルームミラーで見えるくらいの距離までそのまま進み、進路をゆるやかに左へとる。

| 正 | 誤 | 【問56】図10の「指定方向外進行禁止」の標識のある場所では、矢印のある3方向にしか進行できない。 図10

【問57】ブレーキの調子やききが悪いときには、とくに注意して運転しなければならない。

【問58】通学バスが乗降のため停車していても、こどもの姿が見えないときには、とくに徐行せず通過してもよい。

【問59】対向車に進路を譲ってもらったときには、感謝の意味を込めて軽く警音器を鳴らしあいさつする。

【問60】ワイパーが故障して動かなくなっていても、天気がよければそのまま運転してもよい。

【問61】車を運転するときは、免許証を携帯していれば、とくに自動車検査証や保険証明書は携帯しなくてもよい。

【問62】図11の標識のある道路では、自動二輪車や原動機付自転車のエンジンをかけたまま押して歩くことが禁止されている。 図11

【問63】標示とは、ペイントや道路びょうなどによって路面に示された線、記号や文字のことをいう。

【問64】初心者マークは、車の前面か後面のどちらかにつければよい。

【問65】放置車両確認標章を取り付けられた車の使用者は、放置違反金の納付を命ぜられることがある。

【問66】車から降りるためにドアを開けるときには、まず少し開けて一度止め、安全を確かめてから開ける。

【問67】タクシーやハイヤーなどの事業用自動車などは、3カ月に一度の定期点検を受けなければならない。

【問68】踏切の警報機は列車が通過する数分前から鳴り出すので、警報機が鳴り始めた直後なら、安全が確かめられれば、通過することができる。

【問69】左右の見通しのきかない交差点を通過するときには、どんな場合でも必ず徐行しなければならない。

【問70】横断歩道や自転車横断帯とその端から前後に10メートル以内の場所は、駐車も停車も禁止されている。

【問71】車を運転するときに下駄やハイヒールなど、運転の妨げになるはきものをはいて運転してはならない。

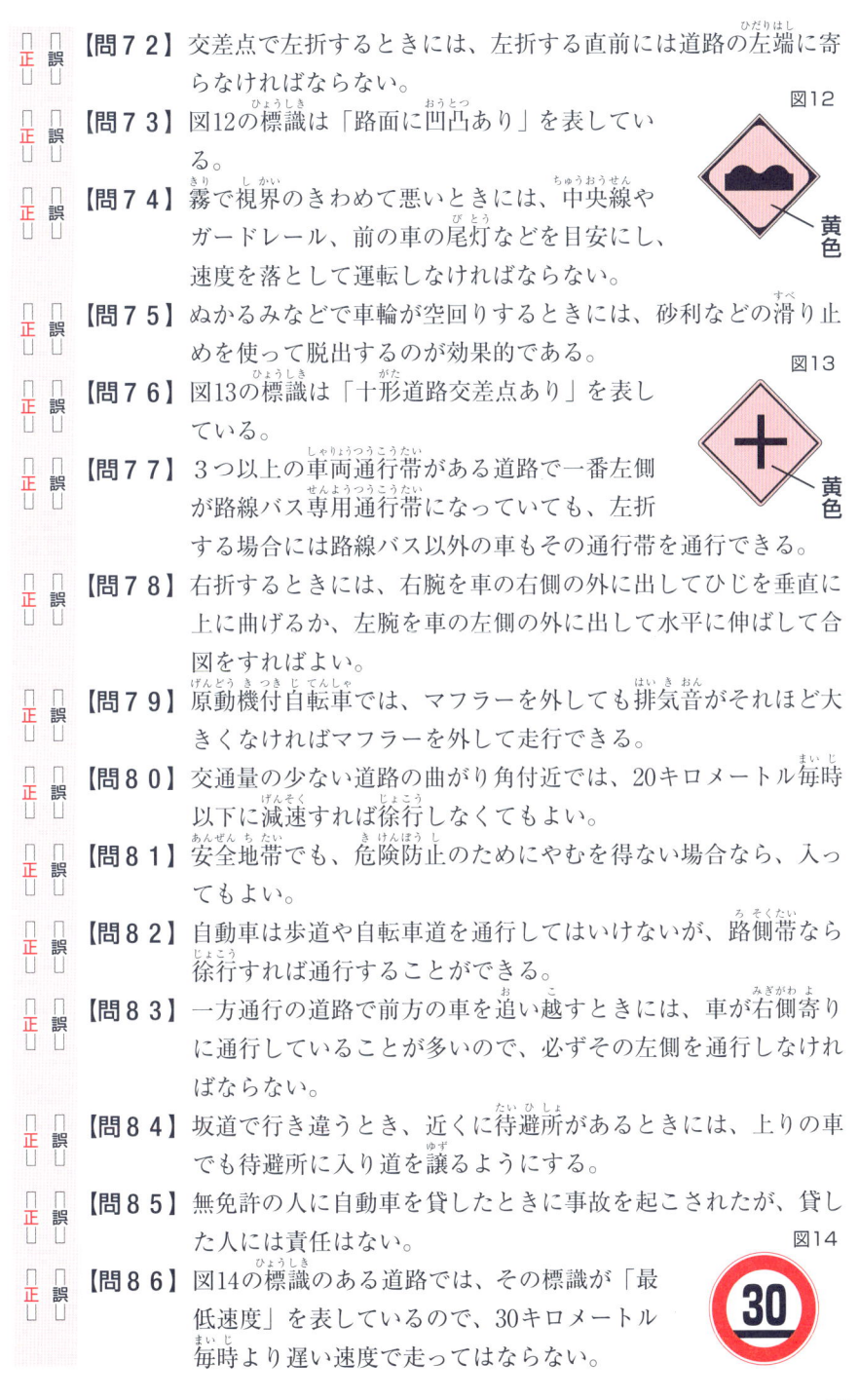

正	誤		
□	□	【問72】	交差点で左折するときには、左折する直前には道路の左端に寄らなければならない。
□	□	【問73】	図12の標識は「路面に凹凸あり」を表している。
□	□	【問74】	霧で視界のきわめて悪いときには、中央線やガードレール、前の車の尾灯などを目安にし、速度を落として運転しなければならない。
□	□	【問75】	ぬかるみなどで車輪が空回りするときには、砂利などの滑り止めを使って脱出するのが効果的である。
□	□	【問76】	図13の標識は「十形道路交差点あり」を表している。
□	□	【問77】	3つ以上の車両通行帯がある道路で一番左側が路線バス専用通行帯になっていても、左折する場合には路線バス以外の車もその通行帯を通行できる。
□	□	【問78】	右折するときには、右腕を車の右側の外に出してひじを垂直に上に曲げるか、左腕を車の左側の外に出して水平に伸ばして合図をすればよい。
□	□	【問79】	原動機付自転車では、マフラーを外しても排気音がそれほど大きくなければマフラーを外して走行できる。
□	□	【問80】	交通量の少ない道路の曲がり角付近では、20キロメートル毎時以下に減速すれば徐行しなくてもよい。
□	□	【問81】	安全地帯でも、危険防止のためにやむを得ない場合なら、入ってもよい。
□	□	【問82】	自動車は歩道や自転車道を通行してはいけないが、路側帯なら徐行すれば通行することができる。
□	□	【問83】	一方通行の道路で前方の車を追い越すときには、車が右側寄りに通行していることが多いので、必ずその左側を通行しなければならない。
□	□	【問84】	坂道で行き違うとき、近くに待避所があるときには、上りの車でも待避所に入り道を譲るようにする。
□	□	【問85】	無免許の人に自動車を貸したときに事故を起こされたが、貸した人には責任はない。
□	□	【問86】	図14の標識のある道路では、その標識が「最低速度」を表しているので、30キロメートル毎時より遅い速度で走ってはならない。

図12 黄色

図13 黄色

図14

【問87】高速道路で加速車線から本線車道へ入るとき、本線車道を通行する車の通行を妨げないために、低速で入らなければならない。

【問88】制限速度のない一般道路での普通自動車の最高速度は、40キロメートル毎時である。

【問89】道路の左側部分の幅が6メートル以上ある見通しのよい道路で前の車を追い越そうとするときには、道路の中央から右側部分にはみ出して通行することができる。

【問90】オートマチック車では、エンジン回転中はブレーキペダルをしっかり踏み込んでおかないと、動き出すことがあるので注意する。

【問91】進路の前方にトラックが止まっているため、右側部分に出なければならないときは、どのようなことに注意して運転しますか？

(1) 止まっているトラックのドアが開き人が出てくることが考えられるので、トラックの手前で中央線を越えて通過する。
(2) 対向車が近づいてきているので、その前に通過できるように、早めに加速する。
(3) 通過するときに安全な間隔をとると中央線をはみ出すおそれがあるので、対向車が通過してから通過できるように速度を落として進行する。

【問92】25km/hで進行しています。交通整理の行われていない交差点を直進するときはどのようなことに注意して運転しますか？

(1) 交差点の左側に自動車が見えており、その車が交差点に入ってこないうちにそのままの速度で通過する。
(2) 交差点の見通しが悪く、交差する道路から歩行者や自動二輪車などが出てくることも考えられるので、速度を上げて早く通過する。
(3) カーブミラーには映らない車や歩行者がいると思われるので、自分の目で安全を確かめ、速度を落として進行する。

【問９３】交差点の中を右折するトラックに続いて５km/hで進行しています。右折するときは、どのようなことに注意して運転しますか？

(1) 正 誤
(2) 正 誤
(3) 正 誤

(1) トラックのかげで前方が見えないので、トラックの右側に並んで速度を合わせてトラックと一緒に右折する。
(2) トラックのかげで前方が見えないので、トラックに続いて、対向車が来ないうちに、そのすぐ後ろを右折する。
(3) トラックのかげで前方が見えないので、一時停止してトラックを先に右折させ、対向車が来ないことや歩行者の動きを確かめて右折する。

【問９４】40km/hで進行しています。前方に通学通園バスが停車しているとき、どのようなことに注意して運転しますか？

(1) 正 誤
(2) 正 誤
(3) 正 誤

(1) こどもがバスのすぐ前を横断するかもしれないので、いつでも止まれるように徐行してバスの側方を進行する。
(2) 対向車があるかどうかがバスのかげでよくわからないので、中央線側に寄っ

て、前方の安全を確かめてから中央線を越えて進行する。
(3) 後続車がいるので、速度を落とすときや停止をするときには、追突されないようにブレーキは数回に分けて踏む。

【問９５】交差点で右折待ちのため止まっています。対向車も右折する場合、どのようなことに注意して運転しますか？

(1) 正 誤
(2) 正 誤
(3) 正 誤

(1) 対向車の後ろの安全が確認できず歩行者もいるので、安全確認できるまで右折しない。
(2) 対向車の後ろが見えないので、右折する対向車を先に行かせて、前方の安全を確かめ、歩行者にも注意しながら右折する。
(3) 対向車の後ろの状況は見えないが、ほかの対向車は直進してこないようなので、急いで右折する。

第9回 実力判定模擬テスト 解答＆解説

●……試験によく出る頻出問題　　✋……引っかけ問題　　★……理解しておきたい難問

問1：誤　パーキング・チケットはフロントガラスなど外から見えるところに掲示する。
問2：正
問3：誤　ハンドブレーキをかけ、チェンジレバーが「Ｐ」の位置にあることを確認する。
問4：誤　図の標識は「この先落石のおそれあり」を表している。
問5：正 ★
問6：誤　あきらかに歩行者や自転車がいない場合は、そのまま通行してよい。★
問7：正

206

問 8 ：誤　図の標識は「駐停車禁止」を表している。
問 9 ：正 🔴
問10：誤　**シートベルトは必ず着用する。**⭐
問11：正
問12：誤　軌道敷内では終日、駐停車禁止。
問13：誤　ほかの車に危険や迷惑をおよぼす行為はしてはならない。
問14：正
問15：誤　原則として自動車や原動機付自転車は、自転車および歩行者専用道路を通行できない。
問16：正　　問17：正 ⭐　問18：正
問19：誤　**路面電車や左方から来る車の進行を妨げてはならない。**⭐
問20：誤　**避難するときは、エンジンキーをつけたまま、窓は閉め、ドアはロックしない。**⭐
問21：正 🔴
問22：誤　**警察官の指示に従い通行する。必ずしも徐行する必要はない。**⭐
問23：誤　大型免許では、大型自動二輪車、普通自動二輪車は運転できない。
問24：誤　図の標識は、「右（左）方屈曲あり」を表している。警音器は鳴らせない。
問25：誤　幼児はできるだけ、チャイルドシートを着けた後部座席に乗せる。⭐
問26：正　　問27：正
問28：誤　本線車道での自動車の法定最低速度は50キロメートル毎時。
問29：誤　雨の降り始めが一番スリップしやすい。⭐
問30：誤　運転の妨げになるような荷物の載せ方をしてはいけない。
問31：誤　曲がり角やカーブでは、標示がないかぎり右側部分にはみ出してはいけない。
問32：正　　問33：正　　問34：正 ⭐
問35：誤　図の標識は「指定方向外進行禁止」を表し、この交差点では左折しかできない。
問36：正　　問37：正
問38：誤　下り坂では、エンジンブレーキを使う。また高速ギアより1〜2段低いギアにする。⭐
問39：誤　**車両通行帯はまたがって通行できない。**
問40：誤　大地震のときには車で避難してはならない。
問41：誤　青信号と同じ意味である。
問42：正　　問43：正 ⭐　問44：正　　問45：正

問46：誤　ひじがわずかに曲がるようにする。
問47：正★　　問48：正
問49：誤　図の標識は「警笛鳴らせ」であり、警笛を鳴らさなければならない。
問50：正　　　問51：正　　　問52：正
問53：誤　**右側の通行帯は追い越しのためにあけておく。**
問54：正　　　問55：正　　　問56：正
問57：誤　ブレーキの調子が悪いときは、運転してはならない。✋
問58：誤　**乗降のため停止中の通学バスのそばを通るときは、徐行しなければならない。**
問59：誤　警音器は、危険防止のときや指定された場所以外で鳴らしてはならない。
問60：誤　急な天候の変化も考えられ、修理してから運転するようにする。
問61：誤　自動車検査証や保険証明書は常に携帯する。
問62：正　　　問63：正
問64：誤　初心者マークは車の前後の**指定された場所につけなければならない。**
問65：正　　　問66：正　　　問67：正
問68：誤　警報機が鳴り始めたら踏切に入ってはならない。
問69：誤　交通整理が行われている場合や優先道路を通行しているときは、徐行の規定はない。右左折などは徐行する。✋
問70：誤　横断歩道などの端から前後に5メートル以内の場所が駐停車禁止。
問71：正
問72：誤　左折するときは、あらかじめ道路の左端に寄らなければならない。
問73：正　　　問74：正★　　問75：正　　　問76：正　　　問77：正★
問78：誤　手による右折の合図は、右腕を車の右側の外に水平に伸ばす。左ハンドル車の場合、左腕を左側の外に水平に伸ばすのは左折の合図。
問79：誤　マフラーを外して走行してはならない。
問80：誤　**曲がり角付近では徐行しなければならない。**
問81：誤　**安全地帯には車は入れない。**✋
問82：誤　**自動車は路側帯を通行できない。**
問83：誤　一方通行でも、追い越すときには原則として前の車の右側を通行する。
問84：正
問85：誤　無免許と分かっていて車を貸せば、事故を起こしたとき貸した人にも責任が生じる。
問86：正
問87：誤　加速車線で十分加速し、**本線車道を走る車の通行を妨げない。**★

問88：誤　一般道路での普通自動車の最高速度は60キロメートル毎時である。
問89：誤　道路の左側部分の幅が6メートル以上ある道路では、右側部分にはみ出してはいけない。★
問90：正
問91：　(1) 誤　 (2) 誤　 (3) 正
●止まっているトラックのドアがいきなり開くことがある。そのまま通過する場合は手前から、右のウインカーを出し、右側に寄っておく。それでも危険があると考えられるので速度を落とし、慎重に進む。また、対向車を先に通すようにするとよい。

問92：　(1) 誤　 (2) 誤　 (3) 正
●見通しのきかない交差点に入るときや交差点内を通過するときは、ほかの車や歩行者などの安全をカーブミラーや自分の目で確かめながら、交差点の状況に応じてできる限り安全な速度と方法で進行する。
●見通しのきかない交差点では、車や歩行者が突然飛び出してくることも考えられるので、いつでも停止できる速度で進行する。

問93：　(1) 誤　 (2) 誤　 (3) 正
●トラックのかげで前方が見えないので前方が確認できないし、対向車や歩行者からも自分の車は認知されていない。このときは、トラックが右折したあと、対向車の有無や歩行者の動きを確認して右折する。

問94：　(1) 正　 (2) 正　 (3) 正
●通学通園バスの側方を通過するときは、そのかげから歩行者が道路を横断しようとして出てくることがあるので、すぐに停止できるように徐行して進行する。
●通学通園バスにより対向車の状況が分かりにくいので、車線の右側に寄って対向車が接近していないことを確かめてから通学通園バスの側方を通過する。
●後続車がある場合に、速度を落としたり、いったん停止するときには追突されないようにブレーキは数回に分けて踏み、ブレーキランプを点滅させて、後続車へ合図するようにする。

問95：　(1) 正　 (2) 正　 (3) 誤
●交差点で右折する場合は、対向車はもちろん、対向車のかげに二輪車や自転車がいないかを確認する。対向車が右折のため停止している場合でも、先の見通しが悪い場合は十分注意する必要がある。対向車を先に行かせることで、前方が確認しやすくなる。

第10回 実力判定模擬テスト

◆制限時間：50分　◆90点以上正解で合格　◆問1～問90：各1点、問91～問95：各2点
（ただし、問91～問95は3つの質問すべてを正解した場合に限り得点となる）

◆次のそれぞれの問題について、正しいものは「正」、誤っているものは「誤」のワクの中をぬりつぶしなさい。

【問1】エアバッグを備えている車でも、運転するときはシートベルトを着用しなくてはならない。

【問2】黄色の灯火の点滅は、必ず一時停止をして安全を確かめてから進まなければならない。

【問3】警察官が信号機の信号と違う手信号により交通整理を行っているときは、手信号に従って通行する。

【問4】停止位置とは、停止線があるところでは、停止線の直前をいう。

【問5】大地震が起き、車を置いて避難するときは、エンジンを止め、エンジンキーを抜き、ドアをロックしておく。

【問6】ミニカーは、普通自動車なので高速道路を通行できる。

【問7】自動車は前方の信号が青のときには、直進、左折、右折することができる。

【問8】図1の標識のある場所では、午前8時から午後8時まで駐車してはならない。

図1

【問9】有効な自動車検査証と自動車損害賠償責任保険証明書または責任共済証明書は大切なものなので、自宅に保管しておく。

【問10】幼児（6歳未満の子供）を自動車に乗せるときには、発育の程度に応じた形状のチャイルドシートを使用しなければならない。

【問11】図2の路側帯の標示のある道路では、路側帯の幅が0.75メートルを超えるときだけ、その中に入って駐停車することができる。

図2

【問12】高速自動車国道の本線車道での普通自動車（三輪のものを除く）の最高速度は80キロメートル毎時である。

【問13】原付免許では、原動機付自転車と小型特殊自動車を運転することができる。

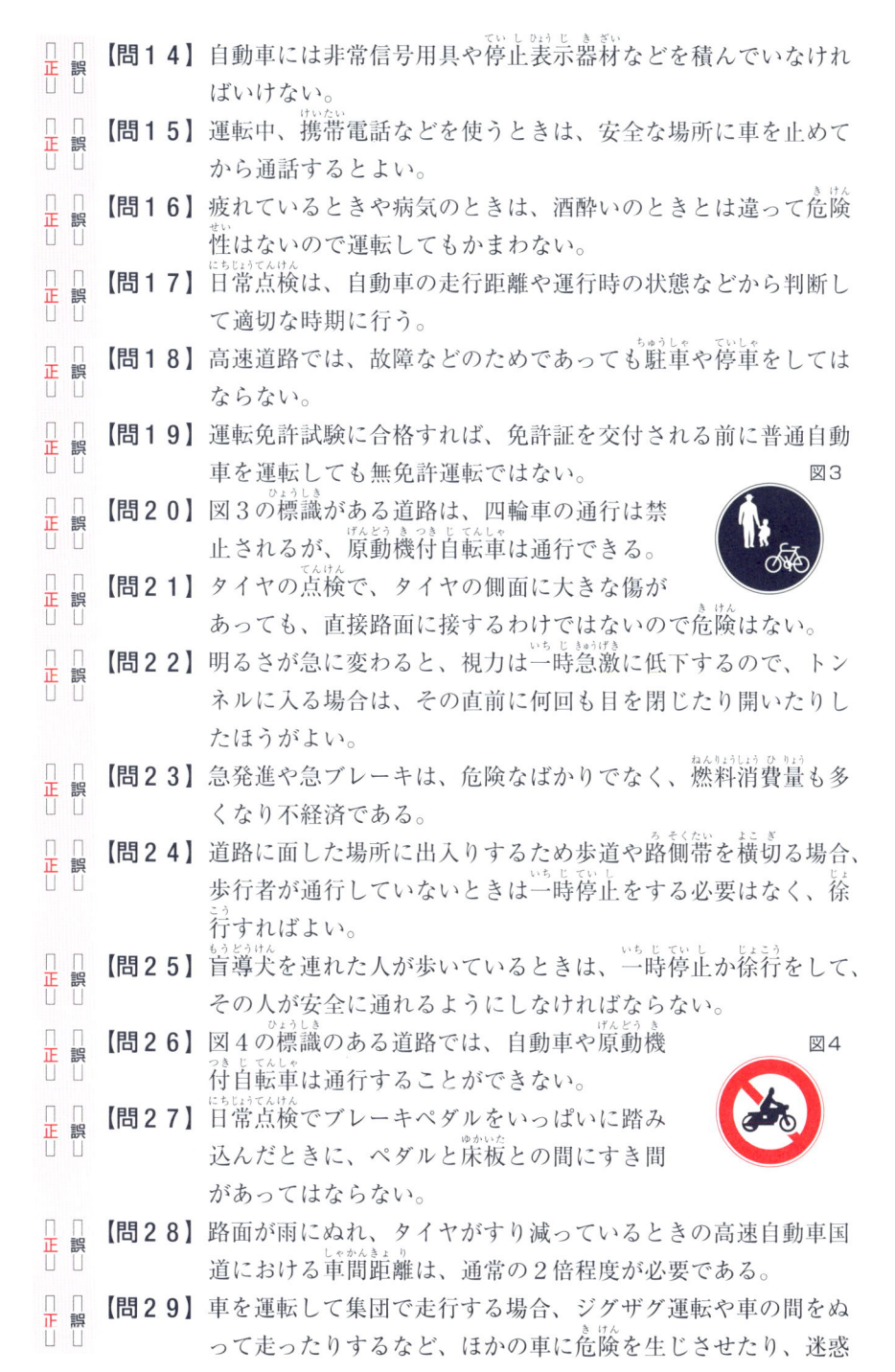

【問14】自動車には非常信号用具や停止表示器材などを積んでいなければいけない。

【問15】運転中、携帯電話などを使うときは、安全な場所に車を止めてから通話するとよい。

【問16】疲れているときや病気のときは、酒酔いのときとは違って危険性はないので運転してもかまわない。

【問17】日常点検は、自動車の走行距離や運行時の状態などから判断して適切な時期に行う。

【問18】高速道路では、故障などのためであっても駐車や停車をしてはならない。

【問19】運転免許試験に合格すれば、免許証を交付される前に普通自動車を運転しても無免許運転ではない。

【問20】図3の標識がある道路は、四輪車の通行は禁止されるが、原動機付自転車は通行できる。

図3

【問21】タイヤの点検で、タイヤの側面に大きな傷があっても、直接路面に接するわけではないので危険はない。

【問22】明るさが急に変わると、視力は一時急激に低下するので、トンネルに入る場合は、その直前に何回も目を閉じたり開いたりしたほうがよい。

【問23】急発進や急ブレーキは、危険なばかりでなく、燃料消費量も多くなり不経済である。

【問24】道路に面した場所に出入りするため歩道や路側帯を横切る場合、歩行者が通行していないときは一時停止をする必要はなく、徐行すればよい。

【問25】盲導犬を連れた人が歩いているときは、一時停止か徐行をして、その人が安全に通れるようにしなければならない。

【問26】図4の標識のある道路では、自動車や原動機付自転車は通行することができない。

図4

【問27】日常点検でブレーキペダルをいっぱいに踏み込んだときに、ペダルと床板との間にすき間があってはならない。

【問28】路面が雨にぬれ、タイヤがすり減っているときの高速自動車国道における車間距離は、通常の2倍程度が必要である。

【問29】車を運転して集団で走行する場合、ジグザグ運転や車の間をぬって走ったりするなど、ほかの車に危険を生じさせたり、迷惑

をおよぼす行為をしてはならない。

【問30】図5の標識は優先道路であることを表している。

【問31】走行速度は、決められた速度の範囲内で、道路や交通の状況、天候や視界などに応じ、安全な速度を選ぶべきである。

【問32】高速道路の本線車道を走行するときは、右側の白線を目安にすると感覚がつかみやすいので、車両通行帯のやや右寄りを走行する。

【問33】こどもがひとりで歩いていたので、安全に通れるように一時停止をした。

【問34】エンジンブレーキは、高速ギアになるほどききがよくなる。

【問35】道路の左寄り部分が工事中のときは、どのような場合でも中央線から右側にはみだして走行してもよい。

【問36】重い荷物を積むとブレーキがよくきく。

【問37】中央線だけで車線のない道路では、できるだけ中央線寄りを走行するのがよい。

【問38】図6の標識のある場所は、「右折禁止」を表している。

【問39】停留所で止まっている路線バスが、方向指示器などで発進の合図をしたときは、後方の車は急いで通過する。

【問40】横断歩道に近づいたときは、横断する人がいないことが明らかな場合のほかは、その手前で停止できるように速度を落として進まなければならない。

【問41】雨にぬれたアスファルト路面では、車の制動距離は短くなるので、強くブレーキをかけるとよい。

【問42】著しく他人に迷惑を及ぼす騒音を生じさせるような運転をしてはならない。

【問43】路線バス等優先通行帯であったが、他の通行帯が渋滞していたので、路線バス等優先通行帯を通行した。

【問44】黄色の線の車両通行帯のある道路を通行しているときに、緊急自動車が近づいてきたときは、進路を譲らなくてもよい。

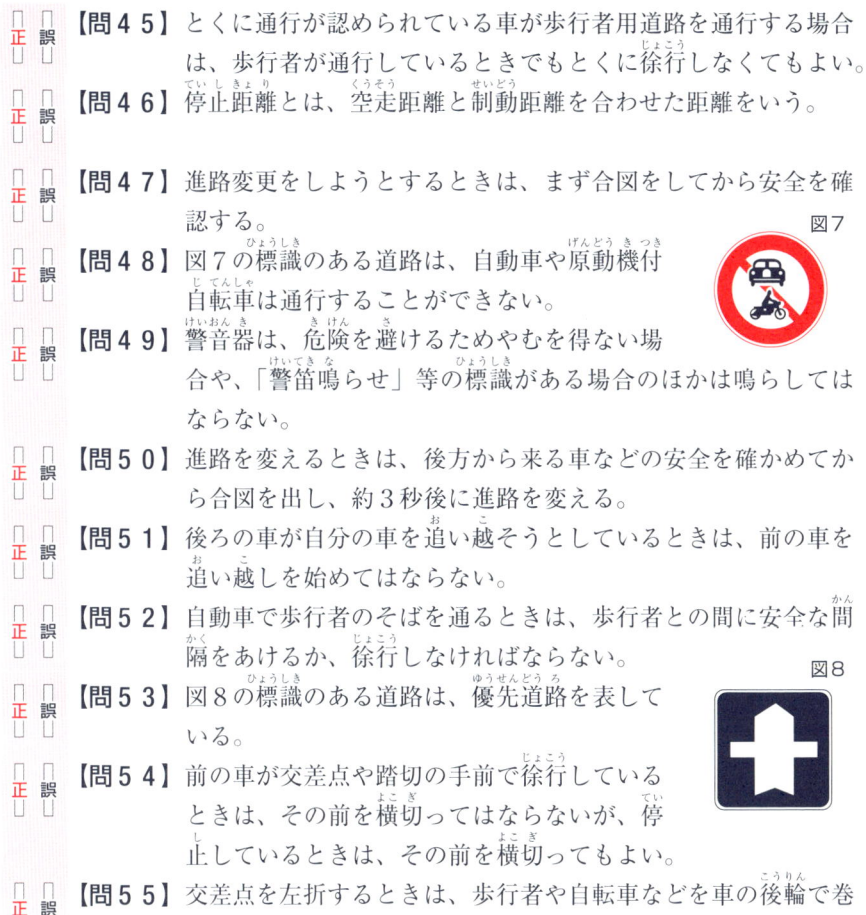

正	誤	【問45】	とくに通行が認められている車が歩行者用道路を通行する場合は、歩行者が通行しているときでもとくに徐行しなくてもよい。
正	誤	【問46】	停止距離とは、空走距離と制動距離を合わせた距離をいう。
正	誤	【問47】	進路変更をしようとするときは、まず合図をしてから安全を確認する。
正	誤	【問48】	図7の標識のある道路は、自動車や原動機付自転車は通行することができない。
正	誤	【問49】	警音器は、危険を避けるためやむを得ない場合や、「警笛鳴らせ」等の標識がある場合のほかは鳴らしてはならない。
正	誤	【問50】	進路を変えるときは、後方から来る車などの安全を確かめてから合図を出し、約3秒後に進路を変える。
正	誤	【問51】	後ろの車が自分の車を追い越そうとしているときは、前の車を追い越しを始めてはならない。
正	誤	【問52】	自動車で歩行者のそばを通るときは、歩行者との間に安全な間隔をあけるか、徐行しなければならない。
正	誤	【問53】	図8の標識のある道路は、優先道路を表している。
正	誤	【問54】	前の車が交差点や踏切の手前で徐行しているときは、その前を横切ってはならないが、停止しているときは、その前を横切ってもよい。
正	誤	【問55】	交差点を左折するときは、歩行者や自転車などを車の後輪で巻き込むおそれがあるので注意する。
正	誤	【問56】	追い越しをしようとするときは、合図をする前に前後の安全を確かめるのがよい。
正	誤	【問57】	安全地帯のない停留所に路面電車が停車しているときに乗降客がいない場合、路面電車との間隔を1.5メートル以上あければ徐行して通行できる。
正	誤	【問58】	他の車に追い越されるときに、相手に追い越しをするための十分な余地がないときは、できるだけ左に寄り進路を譲る。
正	誤	【問59】	交差点で右折しようとして先に交差点に入ったときには、対向車線を直進する車より先に進行することができる（環状交差点を除く）。
正	誤	【問60】	軌道敷内は駐停車禁止場所であるが、路面電車の運行時間外であれば駐停車できる。

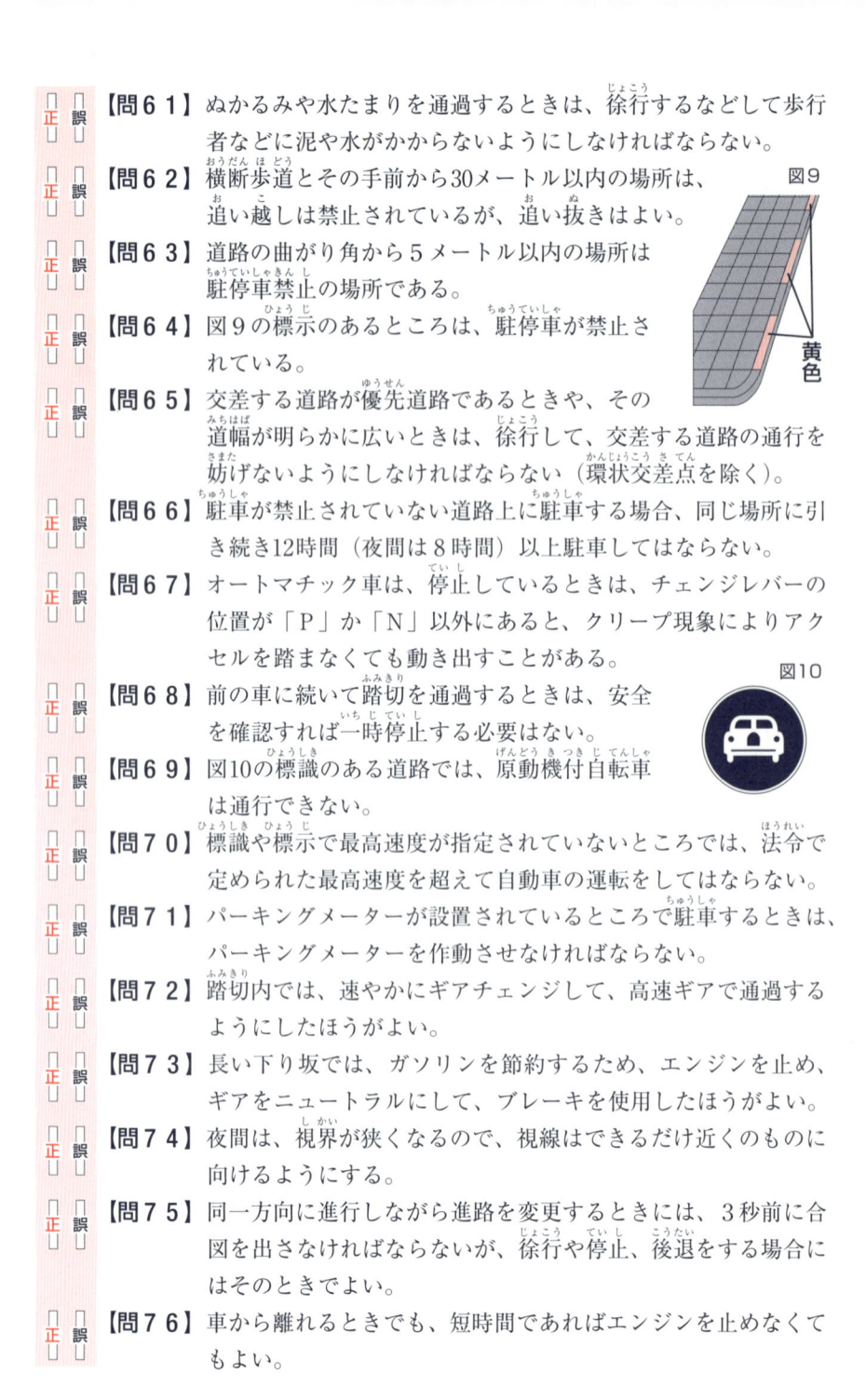

【問61】ぬかるみや水たまりを通過するときは、徐行するなどして歩行者などに泥や水がかからないようにしなければならない。

【問62】横断歩道とその手前から30メートル以内の場所は、追い越しは禁止されているが、追い抜きはよい。

【問63】道路の曲がり角から5メートル以内の場所は駐停車禁止の場所である。

【問64】図9の標示のあるところは、駐停車が禁止されている。

【問65】交差する道路が優先道路であるときや、その道幅が明らかに広いときは、徐行して、交差する道路の通行を妨げないようにしなければならない（環状交差点を除く）。

【問66】駐車が禁止されていない道路上に駐車する場合、同じ場所に引き続き12時間（夜間は8時間）以上駐車してはならない。

【問67】オートマチック車は、停止しているときは、チェンジレバーの位置が「P」か「N」以外にあると、クリープ現象によりアクセルを踏まなくても動き出すことがある。

【問68】前の車に続いて踏切を通過するときは、安全を確認すれば一時停止する必要はない。

【問69】図10の標識のある道路では、原動機付自転車は通行できない。

【問70】標識や標示で最高速度が指定されていないところでは、法令で定められた最高速度を超えて自動車の運転をしてはならない。

【問71】パーキングメーターが設置されているところで駐車するときは、パーキングメーターを作動させなければならない。

【問72】踏切内では、速やかにギアチェンジして、高速ギアで通過するようにしたほうがよい。

【問73】長い下り坂では、ガソリンを節約するため、エンジンを止め、ギアをニュートラルにして、ブレーキを使用したほうがよい。

【問74】夜間は、視界が狭くなるので、視線はできるだけ近くのものに向けるようにする。

【問75】同一方向に進行しながら進路を変更するときには、3秒前に合図を出さなければならないが、徐行や停止、後退をする場合にはそのときでよい。

【問76】車から離れるときでも、短時間であればエンジンを止めなくてもよい。

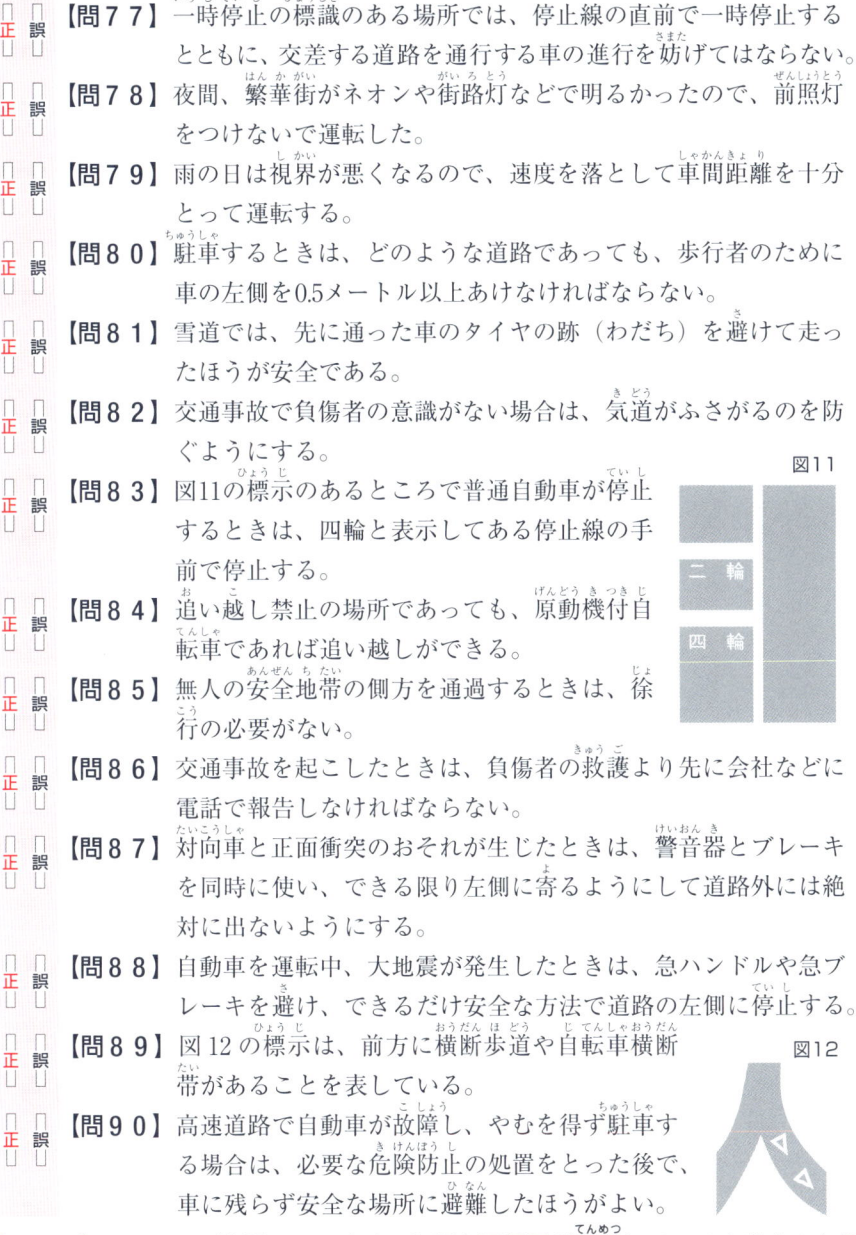

【問77】一時停止の標識のある場所では、停止線の直前で一時停止するとともに、交差する道路を通行する車の進行を妨げてはならない。

【問78】夜間、繁華街がネオンや街路灯などで明るかったので、前照灯をつけないで運転した。

【問79】雨の日は視界が悪くなるので、速度を落として車間距離を十分とって運転する。

【問80】駐車するときは、どのような道路であっても、歩行者のために車の左側を0.5メートル以上あけなければならない。

【問81】雪道では、先に通った車のタイヤの跡（わだち）を避けて走ったほうが安全である。

【問82】交通事故で負傷者の意識がない場合は、気道がふさがるのを防ぐようにする。

【問83】図11の標示のあるところで普通自動車が停止するときは、四輪と表示してある停止線の手前で停止する。

図11

【問84】追い越し禁止の場所であっても、原動機付自転車であれば追い越しができる。

【問85】無人の安全地帯の側方を通過するときは、徐行の必要がない。

【問86】交通事故を起こしたときは、負傷者の救護より先に会社などに電話で報告しなければならない。

【問87】対向車と正面衝突のおそれが生じたときは、警音器とブレーキを同時に使い、できる限り左側に寄るようにして道路外には絶対に出ないようにする。

【問88】自動車を運転中、大地震が発生したときは、急ハンドルや急ブレーキを避け、できるだけ安全な方法で道路の左側に停止する。

【問89】図12の標示は、前方に横断歩道や自転車横断帯があることを表している。

図12

【問90】高速道路で自動車が故障し、やむを得ず駐車する場合は、必要な危険防止の処置をとった後で、車に残らず安全な場所に避難したほうがよい。

【問91】15km/hで進行しています。歩行者用信号が点滅している交差点を左折するとき、どのようなことに注意して運転しますか？

(1) 自転車が急いで横断してくると思われるので、横断歩道の手前で停止して様子を見る。

(2) 急停止すると後続車に追突されるかもしれないので、ブレーキを数回に分けて踏み、後続車に注意を促す。
(3) 自転車が横断するより先に左折できると思われるので、急いで左折する。

(1) 正 誤
(2) 正 誤
(3) 正 誤

【問92】40km/hで進行しています。どのようなことに注意して運転しますか？

(1) 正 誤
(2) 正 誤
(3) 正 誤

(1) 自転車が歩道上の歩行者をよけて車道に出てくるかもしれないので、速度を落としながら走行する。
(2) 自転車が歩道上の歩行者をよけて車道に出てくるかもしれないので、出てきても安全なように対向車線に出て走行する。
(3) 自転車が車道に出てこないよう警音器を鳴らし、注意を促しながら走行する。

【問93】30km/hで進行しています。どのようなことに注意して運転しますか？

(1) 正 誤
(2) 正 誤
(3) 正 誤

(1) 自転車もこどもも車の接近に気づいていないかもしれないので、急な動きに備えて、いつでも止まれるよう速度を落とす。
(2) 自転車とこどもの横を同時に通過すると危険なので、早めに加速して自転車を追い越す。
(3) このまま進行するとこどもの横で自転車を追い越すことになるので、速度を落とし、こどもの横を通過するまで自転車の後ろで間隔を保って走行する。

【問９４】30km/hで雪道を進行しています。どのようなことに注意して運転しますか？

(1) 正 誤
(2) 正 誤
(3) 正 誤

(1) 対向車が来たときに急ハンドルや急ブレーキで避けると危険なので、できるだけ道路の左端に寄って走行する。
(2) 他の車が通った跡は雪が固まって滑りやすいので、車の通っていない場所を選んで走行する。
(3) 自車は四輪ともスタッドレスタイヤとタイヤチェーンを装着しているので、普通の路面を走行するときと同じように運転する。

【問９５】80km/hで高速道路の走行車線を走行しています。どのようなことに注意して運転しますか？

(1) 正 誤
(2) 正 誤
(3) 正 誤

(1) 前方を走行している車がブレーキをかけたので、危険を避けるため急いで追い越し車線に進入する。
(2) 前方を走行している車がブレーキをかけたので、その後ろの車もブレーキを

かけると考え、自分の車と前方の車との車間距離や速度の調節を早めに行う。
(3) 前方を走行している車がブレーキをかけたということは、見えない前方に何か原因があると考えたほうがよい。

第10回 実力判定模擬テスト 解答&解説

🔴……試験によく出る頻出問題　✋……引っかけ問題　★……理解しておきたい難問

問1：正 🔴
問2：誤　**黄色の灯火の点滅**の場合には、歩行者や車、路面電車は**他の交通に注意して進むことができる。** 🔴
問3：正 🔴　　問4：正
問5：誤　大地震で避難するときは、車のキーをつけたままにして、ドアをロックせず、だれでも移動できるようにしておく。✋
問6：誤　**高速道路**では、ミニカー、総排気量125cc以下の普通自動二輪車、原動機付自転車は**通行できない。** ★
問7：正　　問8：正
問9：誤　自動車検査証や責任共済証明書などは車に備えておく。
問10：正
問11：誤　問題の標示は駐停車禁止の路側帯なので、その中に入って駐停車することはできない。★
問12：誤　普通自動車（三輪を除く）の本線車道での最高速度は100キロメートル毎時である。✋
問13：誤　原付免許では、原動機付自転車以外は運転できない。
問14：正　　問15：正 🔴
問16：誤　疲れているとき、病気のとき、眠気を催すような薬を飲んでいるときなどは運転しないようにする。🔴
問17：正
問18：誤　高速道路では、故障などのためやむを得ないときは、十分な幅のある路肩や路側帯に駐車や停車をすることができる。✋
問19：誤　免許証の交付前に運転すれば無免許運転になる。✋
問20：誤　問題の標識は、「自転車および歩行者専用」を意味しているので、自転

車と歩行者のみが通行できる。

問21：誤　タイヤに大きな傷があると、走行中にパンクや破裂することがあるので**危険である。**★

問22：誤　明るさが急に変わると視力は一時急激に低下するので、**トンネルに入る前に速度を落とすようにする。**★

問23：正

問24：誤　**歩道や路側帯を横切る**場合には、必ずその**直前で一時停止**し、歩行者の通行を**妨げてはならない。**🔴

問25：正

問26：誤　問題の標識は、「二輪の自動車・一般原動機付自転車通行止め」を表している。

問27：誤　ペダルをいっぱいに踏み込んだとき、床板との間に適当なすき間がなければならない。✋

問28：正　　問29：正

問30：誤　問題の標識は安全地帯を意味している。

問31：正

問32：誤　**本線車道**では接触事故を防止するため**左側の白線を目安**にして、通行帯のやや**左寄りを走行する。**

問33：正

問34：誤　エンジンブレーキは低速ギアのほうがよくきく。

問35：誤　左側部分に安全に通れるだけの幅が残されているときは、道路の中央から右へはみ出してはならない。🔴

問36：誤　重い荷物を積んだ場合、制動距離が長くなり、ブレーキをかける強さが同じだときは悪くなる。

問37：誤　車は道路の中央から左側部分の**左寄りを通行するのが原則。**★

問38：誤　問題の標識は「車両横断禁止」を意味している。この標識のある道路では横断することはできない。

問39：誤　路線バスが発進の合図をしたときは、発進を妨げないようにする。★

問40：正 ★

問41：誤　雨にぬれた道路では制動距離は長くなる。急ブレーキは禁止である。

問42：正

問43：誤　バスが近づいてきたとき出られなくなるおそれがあるときは、その通行帯を通行することはできない。🔴

問44：誤　進路変更禁止の場所であっても、緊急自動車に進路を譲らなければならない。🔴

問45：誤　歩行者用道路は、特に通行を認められた車だけが通行できる。この場合、**歩行者に注意して徐行する。**

問46：正

問47：誤　進路変更、転回、後退などをしようとするときは、あらかじめ**安全を確かめてから合図をする。**🔴

問48：正🔴　　問49：正　　　問50：正　　　問51：正

問52：正　　問53：正

問54：誤　前の車が交差点や踏切などの手前で停止や徐行をしているときは、その前に割り込んだり、横切ってはならない。

問55：正⭐　　問56：正　　　問57：正　　　問58：正⭐

問59：誤　右折車は、直進車や左折車の進行を妨げてはならない。⭐

問60：誤　軌道敷内は路面電車の運行時間外であっても駐停車禁止場所である。⭐

問61：正

問62：誤　横断歩道とその手前から30メートル以内の場所では、追い越しや追い抜きはしてはならない。⭐

問63：正

問64：誤　問題の標示は駐車禁止の場所を意味している。

問65：正　　問66：正⭐　　問67：正⭐

問68：誤　**前車に続くときでも、一時停止をし安全を確かめなければならない。**🔴

問69：正　　問70：正　　　問71：正

問72：誤　踏切内では、エンストを防止するため、発進したときの低速ギアのまま一気に通過する。✋

問73：誤　長い下り坂ではエンジンブレーキを活用する。ブレーキだけに頼ると突然きかなくなることがある。

問74：誤　**夜間の視線は、できるだけ先の方へ向け、少しでも早く前方の障害物を発見するようにする。**✋

問75：正⭐

問76：誤　短時間でも車から離れるときはエンジンを止めなければならない。⭐

問77：正

問78：誤　夜間、道路を通行するときは、前照灯などをつけなければならない。✋

問79：正

問80：誤　**歩道や路側帯のない道路**では、道路の左端に沿って駐車する。

問81：誤　雪道では、わだち（車の通った跡）を走行するほうが安全である。

問82：正　　問83：正

問84：誤　追い越し禁止の場所では、自動車や原動機付自転車は追い越しをする

ことはできない。✋

問85：正

問86：誤　交通事故を起こしたときは、**事故の続発を防ぐとともに、負傷者の救護を先に行う。**★

問87：誤　道路外の場所が危険でないときは、道路外に出て危険を回避する。

問88：正

問89：誤　問題の標示は、「前方優先道路」を意味している。

問90：正

問91：　(1) 正　　(2) 正　　(3) 誤
●歩行者用信号が点滅し始めても横断しようとする自転車や歩行者もいる。また、車も信号が赤に変わる前に交差点を通過しようと気持ちが焦ってしまうもの。この場合、自転車が横断すると考え、左折側の横断歩道の手前で停止できるような速度で進行し、安全を確かめなければならない。自転車より先に左折しようと速度を落とさずに進行するのは、大変危険である。

問92：　(1) 正　　(2) 誤　　(3) 誤
●車を運転するときには、車道だけでなく歩道にも注意を払わなければならない。この場合、目の前の歩行者を避けることに気をとられた自転車は、車道に出てくることが考えられるので、自転車の動きに注意する必要がある。危険を避ける方法としては、速度を落とす、安全な間隔をあけるために対向車線に出るという方法があるが、イラストでは対向車が来ているため対向車線には出られない。

問93：　(1) 正　　(2) 誤　　(3) 正
●同時に両側に気を配ることは困難なため、速度を落とし、片側ずつ対応できる方法で通行する。この場合、右側にこども、左側に自転車がおり、両方に十分な間隔をあける必要がある。

問94：　(1) 誤　　(2) 誤　　(3) 誤
●道路一面に積雪のある道路では、路面の標示はもちろん、側溝や縁石などの位置がわかりにくいので、あまり道路の左に寄ると脱輪したりする危険性がある。そのため、できるだけ車の通った跡（わだち）を走行する。

問95：　(1) 誤　　(2) 正　　(3) 正
●前方の車がブレーキをかけたということは、自分から見えない前方に何かの原因があると考え、前の車との車間距離が短くならないように速度の調節を早めに行う。

第11回 実力判定模擬テスト

◆制限時間：50分　◆90点以上正解で合格　◆問1〜問90：各1点、問91〜問95：各2点
（ただし、問91〜問95は3つの質問すべてを正解した場合に限り得点となる）

◆次のそれぞれの問題について、正しいものは「正」、誤っているものは「誤」のワクの中をぬりつぶしなさい。

正 誤【問 1】上り坂の頂上付近とこう配の急な上り坂は、追い越しが禁止されている。

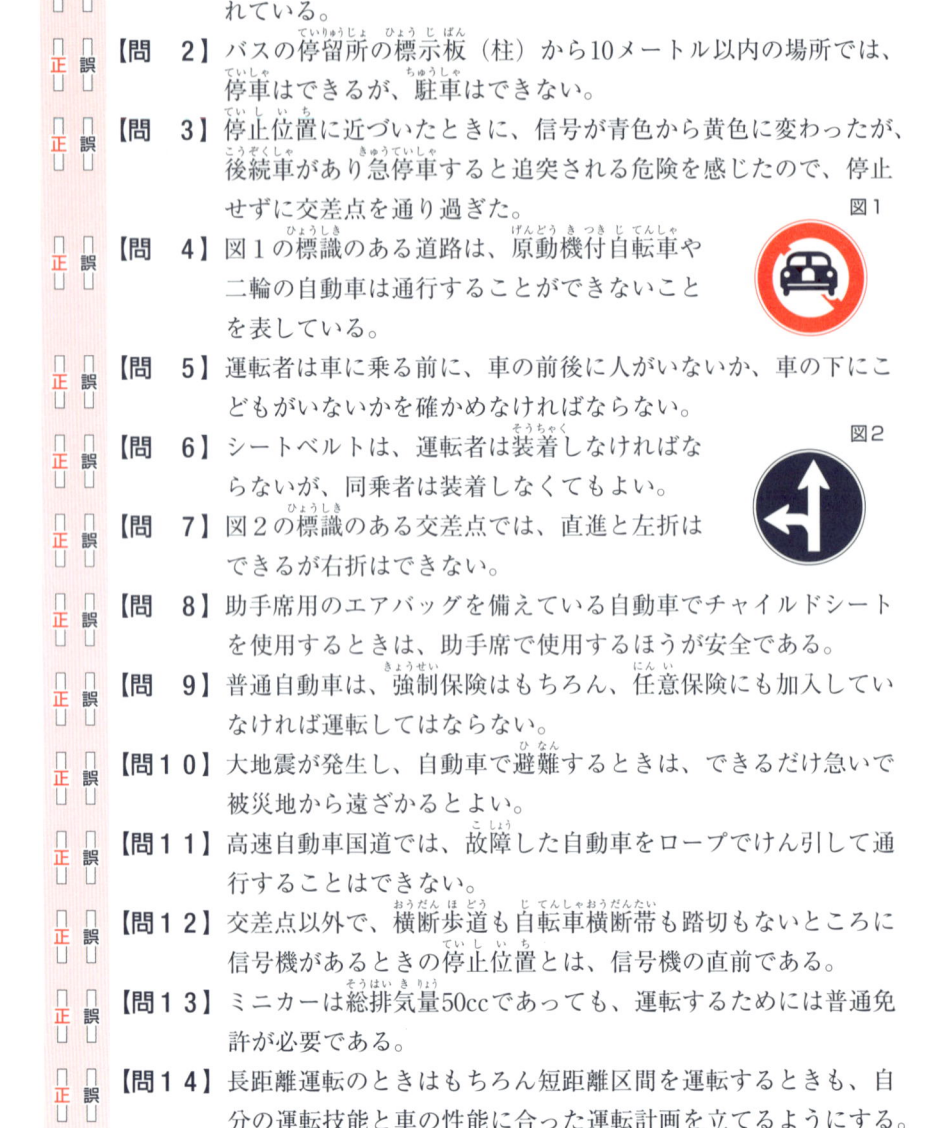

正 誤【問 2】バスの停留所の標示板（柱）から10メートル以内の場所では、停車はできるが、駐車はできない。

正 誤【問 3】停止位置に近づいたときに、信号が青色から黄色に変わったが、後続車があり急停車すると追突される危険を感じたので、停止せずに交差点を通り過ぎた。

正 誤【問 4】図1の標識のある道路は、原動機付自転車や二輪の自動車は通行することができないことを表している。

図1

正 誤【問 5】運転者は車に乗る前に、車の前後に人がいないか、車の下にこどもがいないかを確かめなければならない。

正 誤【問 6】シートベルトは、運転者は装着しなければならないが、同乗者は装着しなくてもよい。

図2

正 誤【問 7】図2の標識のある交差点では、直進と左折はできるが右折はできない。

正 誤【問 8】助手席用のエアバッグを備えている自動車でチャイルドシートを使用するときは、助手席で使用するほうが安全である。

正 誤【問 9】普通自動車は、強制保険はもちろん、任意保険にも加入していなければ運転してはならない。

正 誤【問10】大地震が発生し、自動車で避難するときは、できるだけ急いで被災地から遠ざかるとよい。

正 誤【問11】高速自動車国道では、故障した自動車をロープでけん引して通行することはできない。

正 誤【問12】交差点以外で、横断歩道も自転車横断帯も踏切もないところに信号機があるときの停止位置とは、信号機の直前である。

正 誤【問13】ミニカーは総排気量50ccであっても、運転するためには普通免許が必要である。

正 誤【問14】長距離運転のときはもちろん短距離区間を運転するときも、自分の運転技能と車の性能に合った運転計画を立てるようにする。

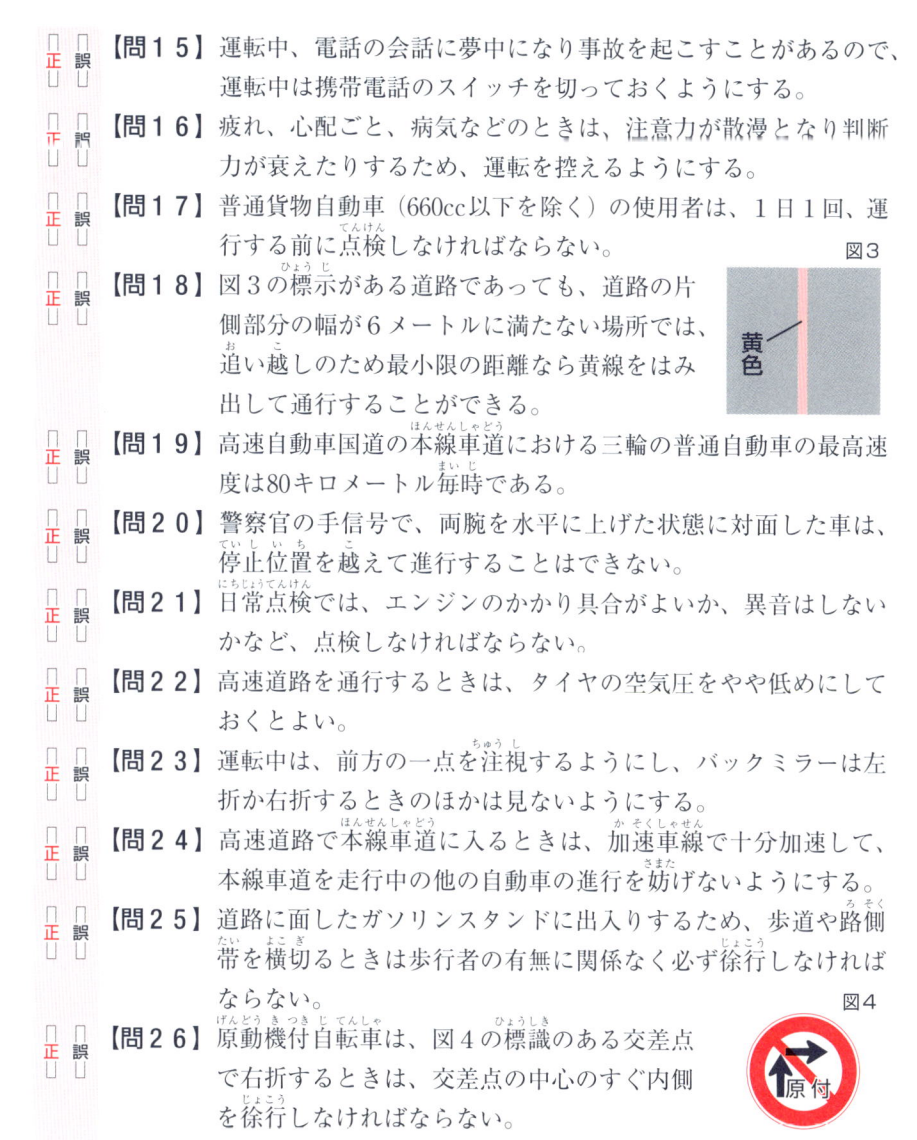

【問15】運転中、電話の会話に夢中になり事故を起こすことがあるので、運転中は携帯電話のスイッチを切っておくようにする。

【問16】疲れ、心配ごと、病気などのときは、注意力が散漫となり判断力が衰えたりするため、運転を控えるようにする。

【問17】普通貨物自動車（660cc以下を除く）の使用者は、1日1回、運行する前に点検しなければならない。

【問18】図3の標示がある道路であっても、道路の片側部分の幅が6メートルに満たない場所では、追い越しのため最小限の距離なら黄線をはみ出して通行することができる。

図3　黄色

【問19】高速自動車国道の本線車道における三輪の普通自動車の最高速度は80キロメートル毎時である。

【問20】警察官の手信号で、両腕を水平に上げた状態に対面した車は、停止位置を越えて進行することはできない。

【問21】日常点検では、エンジンのかかり具合がよいか、異音はしないかなど、点検しなければならない。

【問22】高速道路を通行するときは、タイヤの空気圧をやや低めにしておくとよい。

【問23】運転中は、前方の一点を注視するようにし、バックミラーは左折か右折するときのほかは見ないようにする。

【問24】高速道路で本線車道に入るときは、加速車線で十分加速して、本線車道を走行中の他の自動車の進行を妨げないようにする。

【問25】道路に面したガソリンスタンドに出入りするため、歩道や路側帯を横切るときは歩行者の有無に関係なく必ず徐行しなければならない。

【問26】原動機付自転車は、図4の標識のある交差点で右折するときは、交差点の中心のすぐ内側を徐行しなければならない。

図4

【問27】身体障害者を乗せた車いすを、健康な人が押して通行している場合は、一時停止や徐行する必要はない。

【問28】高速自動車国道の登坂車線は、荷物を積んだ大型貨物自動車以外、通行してはならない。

【問29】泥をはねる危険がある道路で、歩行者のそばを通るときには、徐行するなど注意して通行しなければならない。

【問30】図5の標識は、前方に横断歩道があることを表している。

図5 黄色

【問31】高齢者がつえを持って歩いている場合には、一時停止か徐行をして、これらの人が安全に通れるようにする。

【問32】道路の曲がり角付近では追い越しが禁止されている。

【問33】道路に平行して駐車している車の右側に並んで駐車することはできないが、停車はできる。

【問34】安全な速度とは、最高速度の範囲内であれば、交通の状況や天候などによって変わるものではない。

【問35】信号機の信号が赤色の点滅を表示しているときは、一時停止し安全確認した後に進行することができる。

【問36】曲がり角やカーブを通過するとき、車には遠心力の働きで外側に飛び出そうとする力が働く。この遠心力は、速度が速くなるほど大きくなる。

【問37】左右の見とおしのきかない交通整理の行われていない交差点を通過する場合は、徐行しなければならない（優先道路通行中の場合を除く）。

【問38】一方通行の道路では、道路の中央から右側部分にはみ出して通行することができない。

図6 黄色

【問39】図6の標識のある道路では、前方で道路工事をしていることを表している。

【問40】車両通行帯のない道路では、追い越しなどでやむを得ない場合のほかは、道路の左に寄って通行しなければならない。

【問41】高速自動車国道の路肩や路側帯には、故障したときは駐停車できるが、休憩のために駐停車してはならない。

【問42】不必要な急発進や急ブレーキ、空ぶかしは危険なばかりでなく、交通公害のもととなる。

【問43】安全地帯に歩行者がいるときは、徐行して進むことができる。

【問44】原動機付自転車の法定最高速度は、標識や標示による指定がなければ40キロメートル毎時である。

【問45】追い越されるときは、追い越しが終わるまで速度を上げてはならない。

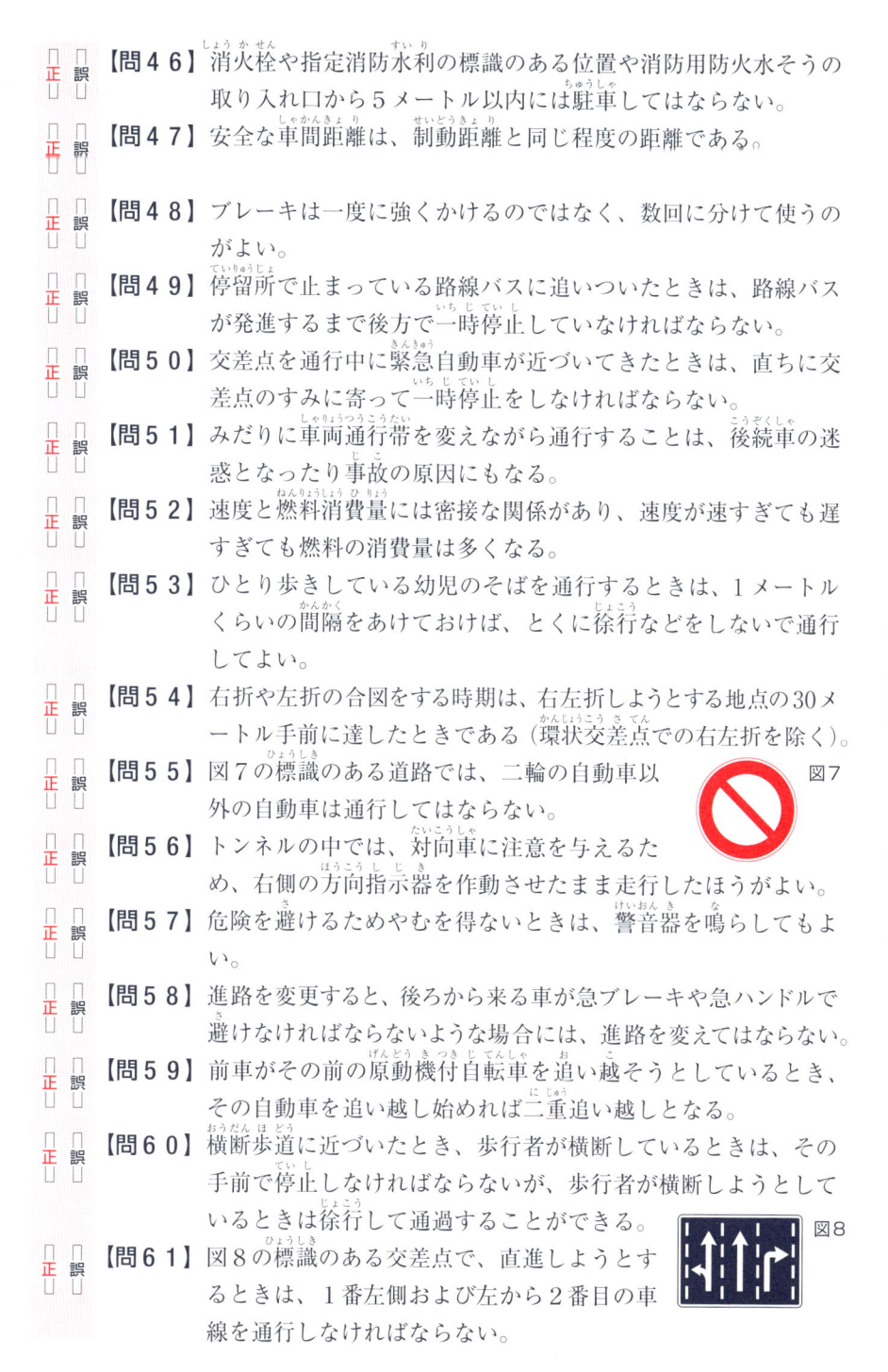

【問46】消火栓や指定消防水利の標識のある位置や消防用防火水そうの取り入れ口から5メートル以内には駐車してはならない。

【問47】安全な車間距離は、制動距離と同じ程度の距離である。

【問48】ブレーキは一度に強くかけるのではなく、数回に分けて使うのがよい。

【問49】停留所で止まっている路線バスに追いついたときは、路線バスが発進するまで後方で一時停止していなければならない。

【問50】交差点を通行中に緊急自動車が近づいてきたときは、直ちに交差点のすみに寄って一時停止をしなければならない。

【問51】みだりに車両通行帯を変えながら通行することは、後続車の迷惑となったり事故の原因にもなる。

【問52】速度と燃料消費量には密接な関係があり、速度が速すぎても遅すぎても燃料の消費量は多くなる。

【問53】ひとり歩きしている幼児のそばを通行するときは、1メートルくらいの間隔をあけておけば、とくに徐行などをしないで通行してよい。

【問54】右折や左折の合図をする時期は、右左折しようとする地点の30メートル手前に達したときである(環状交差点での右左折を除く)。

【問55】図7の標識のある道路では、二輪の自動車以外の自動車は通行してはならない。　　図7

【問56】トンネルの中では、対向車に注意を与えるため、右側の方向指示器を作動させたまま走行したほうがよい。

【問57】危険を避けるためやむを得ないときは、警音器を鳴らしてもよい。

【問58】進路を変更すると、後ろから来る車が急ブレーキや急ハンドルで避けなければならないような場合には、進路を変えてはならない。

【問59】前車がその前の原動機付自転車を追い越そうとしているとき、その自動車を追い越し始めれば二重追い越しとなる。

【問60】横断歩道に近づいたとき、歩行者が横断しているときは、その手前で停止しなければならないが、歩行者が横断しようとしているときは徐行して通過することができる。

【問61】図8の標識のある交差点で、直進しようとするときは、1番左側および左から2番目の車線を通行しなければならない。　　図8

【問62】追い越しをしようとするときは、前方の安全を確かめればよく、後方の安全を確かめる必要はない。

【問63】対向車と行き違うときは、安全な間隔を保たなければならない。

【問64】走行中は携帯電話の電源を切っておくか、ドライブモードに設定するなどして呼出音が鳴らないようにする。

【問65】交差点（環状交差点を除く）へ先に入っても、右折車は、直進車や左折車、路面電車の進行を妨げてはならない。

【問66】信号が青色でも、前方の交通が混雑しているため交差点の中で動きがとれなくなりそうなときは、交差点に入ってはならない。

【問67】交通整理が行われていない道幅が同じような交差点（環状交差点や優先道路通行中の場合を除く）では、左方から来る車があるときは、その車の進行を妨げてはならない。

【問68】踏切を通過しようとしたとき、しゃ断機が降り始めていたが、電車はまだ見えなかったので、急いで通過した。

【問69】坂の頂上付近は、駐車も停車も禁止されている。

図9

【問70】図9の標識のあるところでは、車は進入することはできない。

【問71】歩行者用道路でも、沿道に車庫をもつ車などとくに通行を認められた車は通行できる。

【問72】オートマチック車で長い下り坂を走るときは、エンジンブレーキをきかせるためチェンジレバーを「2」か「1」（または「L」）に入れるとよい。

図10

【問73】図10の標識のある道路を原動機付自転車で通行する場合は、原動機付自転車を降り、エンジンを切って押して歩かなければならない。

【問74】しゃ断機が上がった直後の踏切では、車が連続して通行している場合に限って一時停止をしなくてもよい。

【問75】車は歩行者との間に安全な間隔があけられない場合は、徐行して進行しなければならない。

【問76】日中、道路上に駐車する場合は、駐車禁止でなくても同じ場所に引き続き8時間以上駐車してはならない。

【問77】下り坂では加速がつくので、高速ギアを用いてエンジンブレーキを活用する。

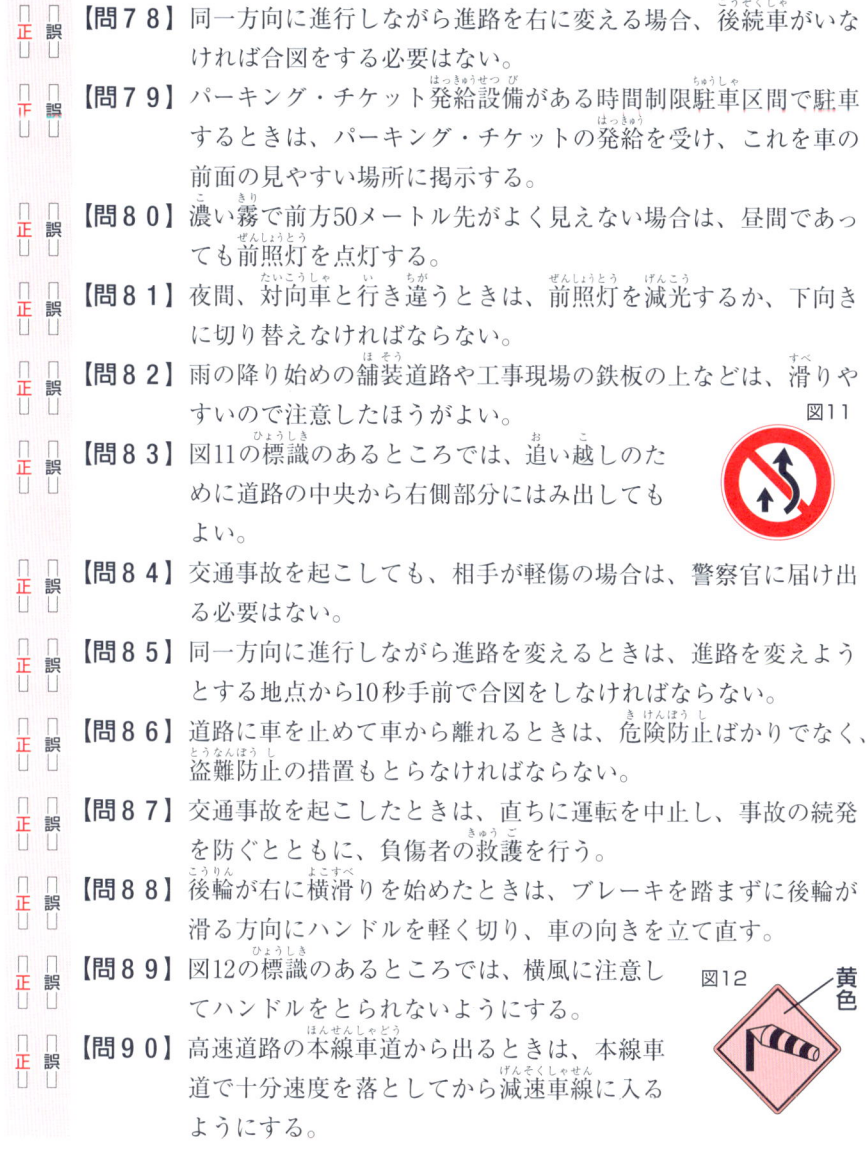

【問78】同一方向に進行しながら進路を右に変える場合、後続車がいなければ合図をする必要はない。

【問79】パーキング・チケット発給設備がある時間制限駐車区間で駐車するときは、パーキング・チケットの発給を受け、これを車の前面の見やすい場所に掲示する。

【問80】濃い霧で前方50メートル先がよく見えない場合は、昼間であっても前照灯を点灯する。

【問81】夜間、対向車と行き違うときは、前照灯を減光するか、下向きに切り替えなければならない。

【問82】雨の降り始めの舗装道路や工事現場の鉄板の上などは、滑りやすいので注意したほうがよい。

図11

【問83】図11の標識のあるところでは、追い越しのために道路の中央から右側部分にはみ出してもよい。

【問84】交通事故を起こしても、相手が軽傷の場合は、警察官に届け出る必要はない。

【問85】同一方向に進行しながら進路を変えるときは、進路を変えようとする地点から10秒手前で合図をしなければならない。

【問86】道路に車を止めて車から離れるときは、危険防止ばかりでなく、盗難防止の措置もとらなければならない。

【問87】交通事故を起こしたときは、直ちに運転を中止し、事故の続発を防ぐとともに、負傷者の救護を行う。

【問88】後輪が右に横滑りを始めたときは、ブレーキを踏まずに後輪が滑る方向にハンドルを軽く切り、車の向きを立て直す。

【問89】図12の標識のあるところでは、横風に注意してハンドルをとられないようにする。

図12　黄色

【問90】高速道路の本線車道から出るときは、本線車道で十分速度を落としてから減速車線に入るようにする。

【問91】雨の日に30km/hで進行しています。どのようなことに注意して運転しますか？

(1) 雨が降っていても歩行者は車の接近に気づいていると思われるので、速度を落として通行すれば安全である。

(2) 歩行者に水や泥をはねて迷惑かけないように、速度を落として通過する。

(3) 右側を歩いているこどもがふざけていて道路の中央に飛び出してくるかもし

れないので、いつでも止まれる速度で通過する。

(1) 正 誤

(2) 正 誤

(3) 正 誤

【問92】長い下り坂を40km/hで進行しています。どのようなことに注意して運転しますか？

(1) 正 誤

(2) 正 誤

(3) 正 誤

(1) 前車がブレーキをかけているので、自車もブレーキをかけ、前車の前方の交通が見えるように接近する。
(2) 足ブレーキだけで速度調整するのではなく、エンジンブレーキを活用し、足ブレーキは補助的に使う。
(3) 対向車は遠くにいるので、前車をできるだけ早く追い越す。

【問93】40km/hで進行しています。前のトラックを追い越そうとするとき、どのようなことに注意して運転しますか？

(1) 正 誤

(2) 正 誤

(3) 正 誤

(1) 対向車が見えるが、対向車が来る前に追い越せると思うので、急いで追い越してしまう。
(2) 対向車がいるので、対向車が通過してから前方の安全を確認して、追い越しをするか、しないかを判断する。
(3) 後続車が接近しているので、後続車が自車の追い越しを始める前に急いで追い越しを開始する。

【問94】20km/hで進行しています。狭い道路で対向車と行き違いをするとき、どのようなことに注意して運転しますか？

(1) 正 誤
(2) 正 誤
(3) 正 誤

(1) 対向車が道を譲ってくれると思えるので、加速して急いで通過する。
(2) 対向車の後ろの自転車は対向車の後ろで待っていてくれると思うので、対向車との間に安全な間隔を保って通過する。
(3) 停止した対向車の横を自転車が進行してくることも考えられるので、自転車の動きに注意する。

【問95】80km/hで高速道路を走行中、前車が非常点滅表示灯をつけました。どのようなことに注意して運転しますか？

(1) 正 誤
(2) 正 誤
(3) 正 誤

(1) 前車が急ブレーキをかけると追突するかもしれないので、事前に急ブレーキを踏んで車間距離をとるようにする。
(2) 前車は故障などの理由により左に寄って停止すると思われるので、素早く追い越し車線に進路を変更する。

(3) 急ブレーキを踏むと後続車に追突されるかもしれないので、非常点滅表示灯をつけるとともにブレーキを数回に分けて踏み、後続車に注意を促す。

第11回 実力判定模擬テスト 解答&解説

🔴……試験によく出る頻出問題　✋……引っかけ問題　★……理解しておきたい難問

問1：誤　こう配の急な下り坂は**追い越し禁止**であるが、こう配の急な上り坂は追い越し禁止ではない。✋

問2：誤　信号や危険を防止するためやむを得ず一時停止する場合などの例外のほかは**停車も駐車も**してはならない。

問3：正

問4：誤　問題の標識は、二輪の自動車以外の自動車（四輪の自動車など）の通行止めを意味している。

問5：正

問6：誤　シートベルトは、**運転者も同乗者も装着**しなければならない。★

問7：正

問8：誤　助手席用のエアバッグを備えている**自動車**では、なるべく**後部座席でチャイルドシートを使用する**。🔴

問9：誤　強制保険のみでも運転できるが、万一の場合を考え、任意保険にも加入したほうがよい。✋

問10：誤　大地震で避難するときは、自動車や原動機付自転車など車を使用して避難しないこと。✋

問11：正 ★　　問12：正　　問13：正　　問14：正

問15：正 🔴　　問16：正　　問17：正

問18：誤　標示は追い越しのための右側部分はみ出し通行禁止を表しているので、右側部分にはみ出しての追い越しはできない。★

問19：正　　問20：正　　問21：正

問22：誤　**高速道路**を通行するときは、**タイヤの空気圧をやや高め**にしておく。✋

問23：誤　運転中は一点だけを注視したり、ぼんやり見るのではなく、バックミラーなどで後方の状況などにも目を配る。

問24：正

問25：誤　徐行ではなく、**一時停止**して歩行者の通行を妨げてはならない。✋

問26：正

問27：誤　車いすの通行を保護しなければならないので、一時停止か徐行をして、安全に通れるようにする。✋

問28：誤　**登坂車線は、速度の遅くなる車は車種に関係なく通行できる。**✋

問29：正

問30：誤　問題の標識は、前方に学校、幼稚園、保育所などがあることを意味している。

問31：正　　問32：正

問33：誤　道路に平行して駐停車している**車と並んで駐停車してはならない。**⭐

問34：誤　規定の速度の範囲内でも道路や交通の状況、天候や視界などをよく考えて、**安全な速度で走行する。**⭐

問35：正⭐　　問36：正⭐　　問37：正

問38：誤　一方通行の道路では右側を通行することができる。✋

問39：正　　問40：正　　問41：正　　問42：正⭐　　問43：正

問44：誤　原動機付自転車の法定最高速度は30キロメートル毎時である。✋

問45：正　　問46：正

問47：誤　**安全な車間距離は、停止距離と同じ程度の距離である。**⭐

問48：正

問49：誤　路線バスが発進の合図をしたとき以外は、安全を確認して通過する。✋

問50：誤　交差点付近で緊急自動車が近づいてきたときは、交差点を避けて道路の左側に寄って一時停止する。⭐

問51：正　　問52：正

問53：誤　こどもがひとり歩きしている場合は、一時停止か徐行をして、安全に通れるようにしなければならない。⭐

問54：正

問55：誤　問題の標識は車両通行止めなので、すべての車の通行は禁止されている。

問56：誤　右折や進路変更などをしないのに合図をしてはならない。✋

問57：正　　問58：正⭐

問59：誤　前の自動車が自動車以外の車（原動機付自転車は自動車ではない）を追い越そうとしているときは、二重追い越しにはならない。✋

問60：誤　**歩行者が横断中や横断しようとしているときは、横断歩道の手前で一時停止をしなければならない。**⭐

問61：正

問62：誤　追い越しをするときは、前方および後方に車がいないかなど安全を確認しなければならない。

問63：正　　　問64：正　　　問65：正　　　問66：正　　　問67：正 ★
問68：誤　警報機が鳴っているときやしゃ断機が下りていたり、下り始めているときは、踏切に入ってはならない。★
問69：正　　　問70：正　　　問71：正　　　問72：正　　　問73：正 ★
問74：誤　前の車に続いて通過するときでも、一時停止をし、安全を確かめなければならない。●
問75：正
問76：誤　道路上に駐車する場合、同じ場所に引き続き12時間（夜間は8時間）以上駐車してはならない。
問77：誤　下り坂では、低速のギアを用いエンジンブレーキを活用する。✋
問78：誤　後続車がいなくても合図をしなければならない。✋
問79：正　　問80：正 ✋　　問81：正　　問82：正
問83：誤　追い越しのための右側部分はみ出し通行禁止だが、右側部分にはみ出さなければ追い越しができる。✋
問84：誤　交通事故を起こした場合は、必ず警察官に届けなければならない。★
問85：誤　合図を行う時期は、進路を変えようとするときの約3秒前である。✋
問86：正　　問87：正　　問88：正 ★　　問89：正
問90：誤　本線車道から出るときは、減速車線に入ってから十分速度を落とすようにする。★
問91：　　(1) 誤　　(2) 正　　(3) 正
●雨の日の歩行者は、足元に気をとられたり、雨具で視界をさえぎられたりして、車の接近に気が付かないことがある。水たまりを避けるため道路の中央に寄ってくることがあるので、速度を落とし、歩行者の動向に注意する。また、歩行者に泥水などをかけないようにする必要がある。
問92：　　(1) 誤　　(2) 正　　(3) 誤
●下り坂では加速がつき、停止距離が長くなるため、車間距離を多めにとることが大切。
●長い下り坂での速度調整は、足ブレーキを使いすぎるとブレーキのききが悪くなったり、きかなくなることがあり危険なので、エンジンブレーキを十分に活用し、足ブレーキは補助的に使うようにする。
問93：　　(1) 誤　　(2) 正　　(3) 誤
●追い越しをしようとするときは、対向車の状況、前車の前方の状況、後続車の状況を十分に確認し、少しでも危険を感じたときは追い越しを始めてはいけない。

●この場合、対向車が接近しており、前方の状況もわからないので追い越しは無理と判断すべきである。

問94： (1) 誤　　(2) 誤　　(3) 正

●車を運転しているときには、歩行者を含めて自分に都合のよい判断をして「待ってくれるだろう」とか「止まってくれるだろう」と考えてはいけない。自転車が先に行こうとして出てくることも十分考えられるので、注意しなければならない。

●対向車と行き違うときには、安全な間隔をとり、もし安全な間隔がとれないときは、一時停止するか徐行しなければならない。

問95： (1) 誤　　(2) 誤　　(3) 正

●車同士のコミュニケーション手段として、いろいろな合図が使われているが、これらの合図は一般的ではなく、誰にでも正しく伝わるとは限らないので注意が必要。

●この場合は、前方が渋滞しているため減速するという意味で使われているので、非常点滅表示灯をつけるとともにブレーキを数回に分けて踏み、後続車に注意を促す。

第12回 実力判定模擬テスト

◆制限時間：50分　◆90点以上正解で合格　◆問1〜問90：各1点、問91〜問95：各2点
（ただし、問91〜問95は3つの質問すべてを正解した場合に限り得点となる）

◆次のそれぞれの問題について、正しいものは「正」、誤っているものは「誤」のワクの中をぬりつぶしなさい。

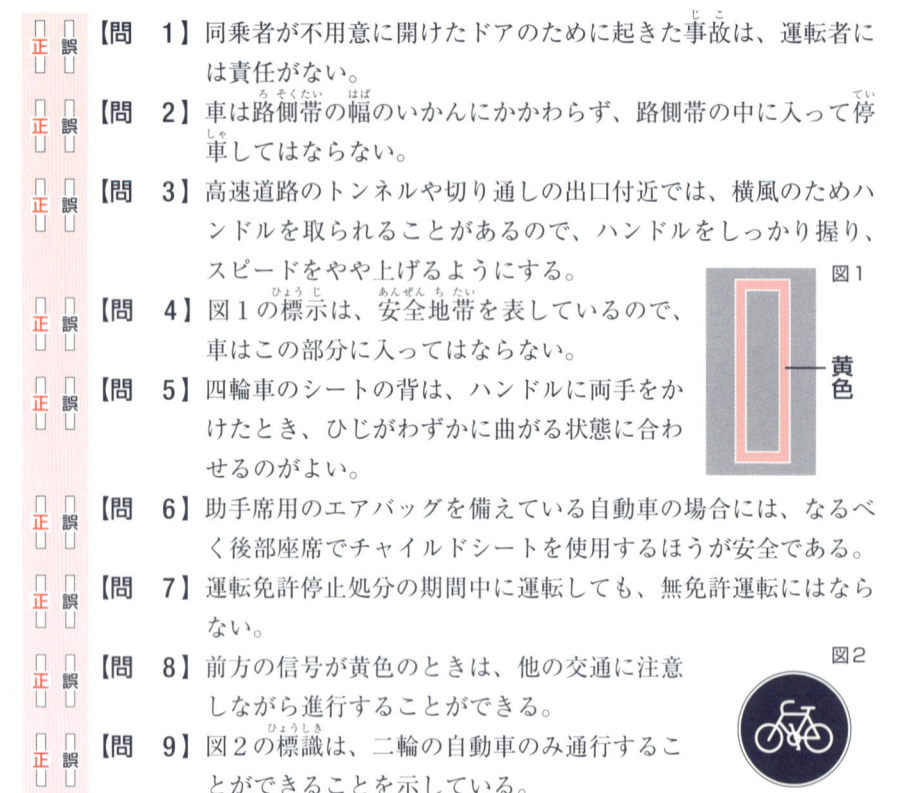

【問1】同乗者が不用意に開けたドアのために起きた事故は、運転者には責任がない。

【問2】車は路側帯の幅のいかんにかかわらず、路側帯の中に入って停車してはならない。

【問3】高速道路のトンネルや切り通しの出口付近では、横風のためハンドルを取られることがあるので、ハンドルをしっかり握り、スピードをやや上げるようにする。

【問4】図1の標示は、安全地帯を表しているので、車はこの部分に入ってはならない。

図1 — 黄色

【問5】四輪車のシートの背は、ハンドルに両手をかけたとき、ひじがわずかに曲がる状態に合わせるのがよい。

【問6】助手席用のエアバッグを備えている自動車の場合には、なるべく後部座席でチャイルドシートを使用するほうが安全である。

【問7】運転免許停止処分の期間中に運転しても、無免許運転にはならない。

【問8】前方の信号が黄色のときは、他の交通に注意しながら進行することができる。

図2

【問9】図2の標識は、二輪の自動車のみ通行することができることを示している。

【問10】自動車を運転するときは、4時間に1回は休憩をとるように運転計画を立てるとよい。

【問11】自動車を運転するときは、事前に携帯電話の電源を切っておくか、ドライブモードに切り替えておくようにする。

【問12】ほんのわずかでも酒気を帯びていたら、運転してはならない。

【問13】自家用乗用車は、定期点検を受けていれば日常点検をしなくてもよい。

【問14】警察官や交通巡視員が、信号機の信号と違う手信号をしている場合は、警察官や交通巡視員の手信号に従わなければならない。

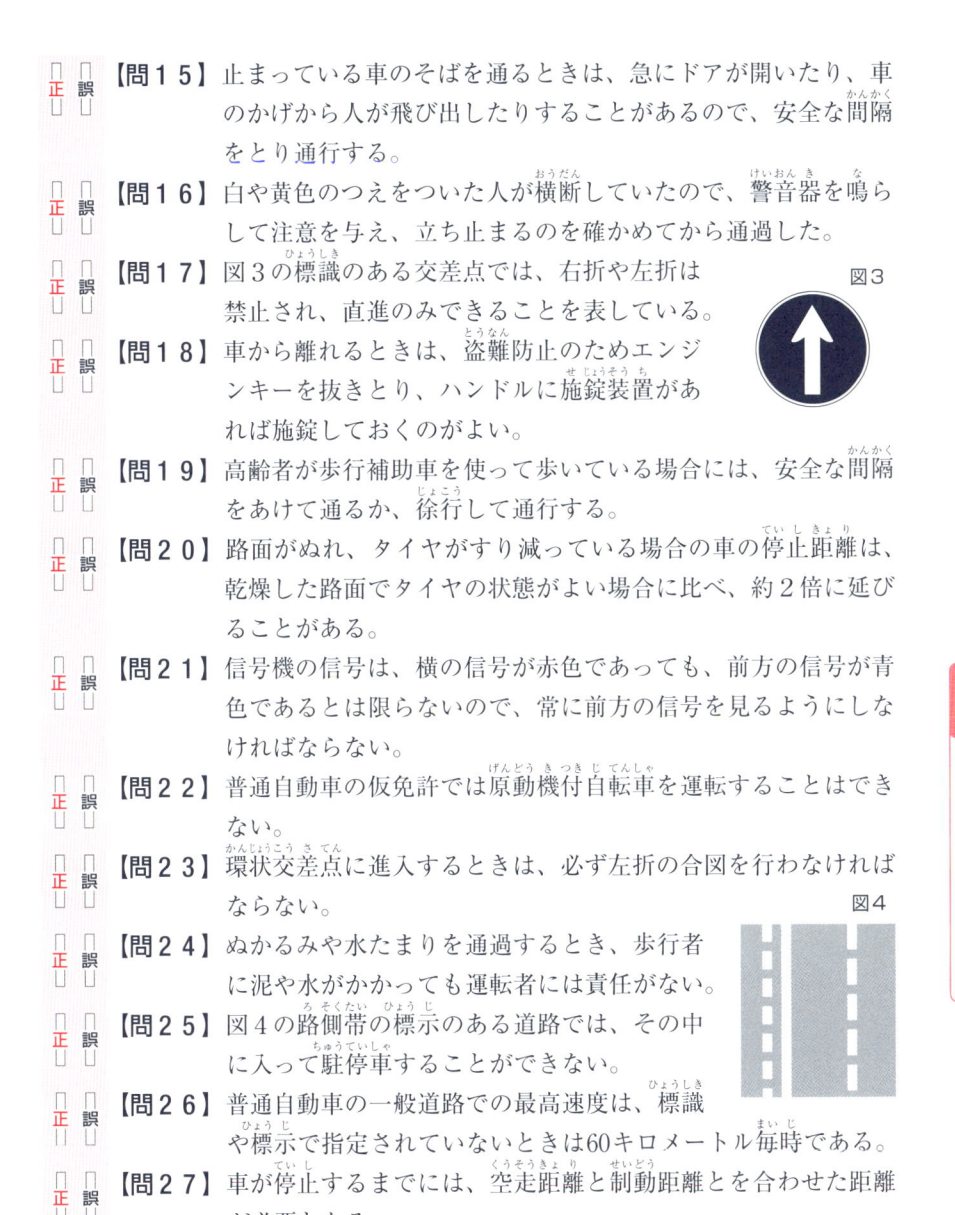

正	誤		
□	□	【問15】	止まっている車のそばを通るときは、急にドアが開いたり、車のかげから人が飛び出したりすることがあるので、安全な間隔をとり通行する。
□	□	【問16】	白や黄色のつえをついた人が横断していたので、警音器を鳴らして注意を与え、立ち止まるのを確かめてから通過した。
□	□	【問17】	図3の標識のある交差点では、右折や左折は禁止され、直進のみできることを表している。
□	□	【問18】	車から離れるときは、盗難防止のためエンジンキーを抜きとり、ハンドルに施錠装置があれば施錠しておくのがよい。
□	□	【問19】	高齢者が歩行補助車を使って歩いている場合には、安全な間隔をあけて通るか、徐行して通行する。
□	□	【問20】	路面がぬれ、タイヤがすり減っている場合の車の停止距離は、乾燥した路面でタイヤの状態がよい場合に比べ、約2倍に延びることがある。
□	□	【問21】	信号機の信号は、横の信号が赤色であっても、前方の信号が青色であるとは限らないので、常に前方の信号を見るようにしなければならない。
□	□	【問22】	普通自動車の仮免許では原動機付自転車を運転することはできない。
□	□	【問23】	環状交差点に進入するときは、必ず左折の合図を行わなければならない。
□	□	【問24】	ぬかるみや水たまりを通過するとき、歩行者に泥や水がかかっても運転者には責任がない。
□	□	【問25】	図4の路側帯の標示のある道路では、その中に入って駐停車することができない。
□	□	【問26】	普通自動車の一般道路での最高速度は、標識や標示で指定されていないときは60キロメートル毎時である。
□	□	【問27】	車が停止するまでには、空走距離と制動距離とを合わせた距離が必要となる。
□	□	【問28】	車を駐車したときに、車の右側に2.5メートルの余地しか残らなかったが、交通のじゃまにならないと思えるので、そのまま駐車した。
□	□	【問29】	自動車を運転中、大地震が起きたときには、直ちに左側に寄り、車を置いて避難するときは道路外に止める。

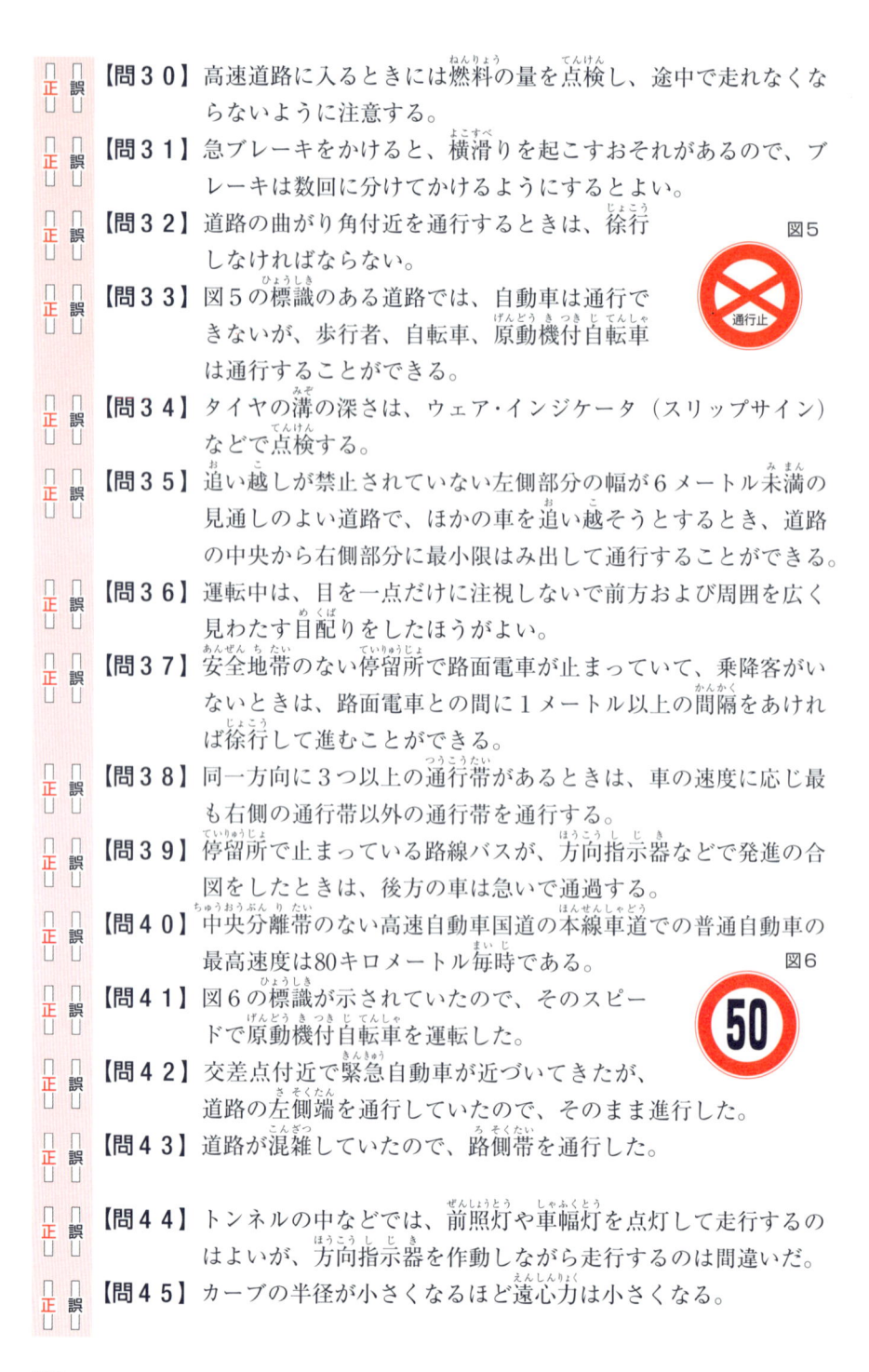

【問30】高速道路に入るときには燃料の量を点検し、途中で走れなくならないように注意する。

【問31】急ブレーキをかけると、横滑りを起こすおそれがあるので、ブレーキは数回に分けてかけるようにするとよい。

【問32】道路の曲がり角付近を通行するときは、徐行しなければならない。

【問33】図5の標識のある道路では、自動車は通行できないが、歩行者、自転車、原動機付自転車は通行することができる。

図5

【問34】タイヤの溝の深さは、ウェア・インジケータ（スリップサイン）などで点検する。

【問35】追い越しが禁止されていない左側部分の幅が6メートル未満の見通しのよい道路で、ほかの車を追い越そうとするとき、道路の中央から右側部分に最小限はみ出して通行することができる。

【問36】運転中は、目を一点だけに注視しないで前方および周囲を広く見わたす目配りをしたほうがよい。

【問37】安全地帯のない停留所で路面電車が止まっていて、乗降客がいないときは、路面電車との間に1メートル以上の間隔をあければ徐行して進むことができる。

【問38】同一方向に3つ以上の通行帯があるときは、車の速度に応じ最も右側の通行帯以外の通行帯を通行する。

【問39】停留所で止まっている路線バスが、方向指示器などで発進の合図をしたときは、後方の車は急いで通過する。

【問40】中央分離帯のない高速自動車国道の本線車道での普通自動車の最高速度は80キロメートル毎時である。

【問41】図6の標識が示されていたので、そのスピードで原動機付自転車を運転した。

図6

【問42】交差点付近で緊急自動車が近づいてきたが、道路の左側端を通行していたので、そのまま進行した。

【問43】道路が混雑していたので、路側帯を通行した。

【問44】トンネルの中などでは、前照灯や車幅灯を点灯して走行するのはよいが、方向指示器を作動しながら走行するのは間違いだ。

【問45】カーブの半径が小さくなるほど遠心力は小さくなる。

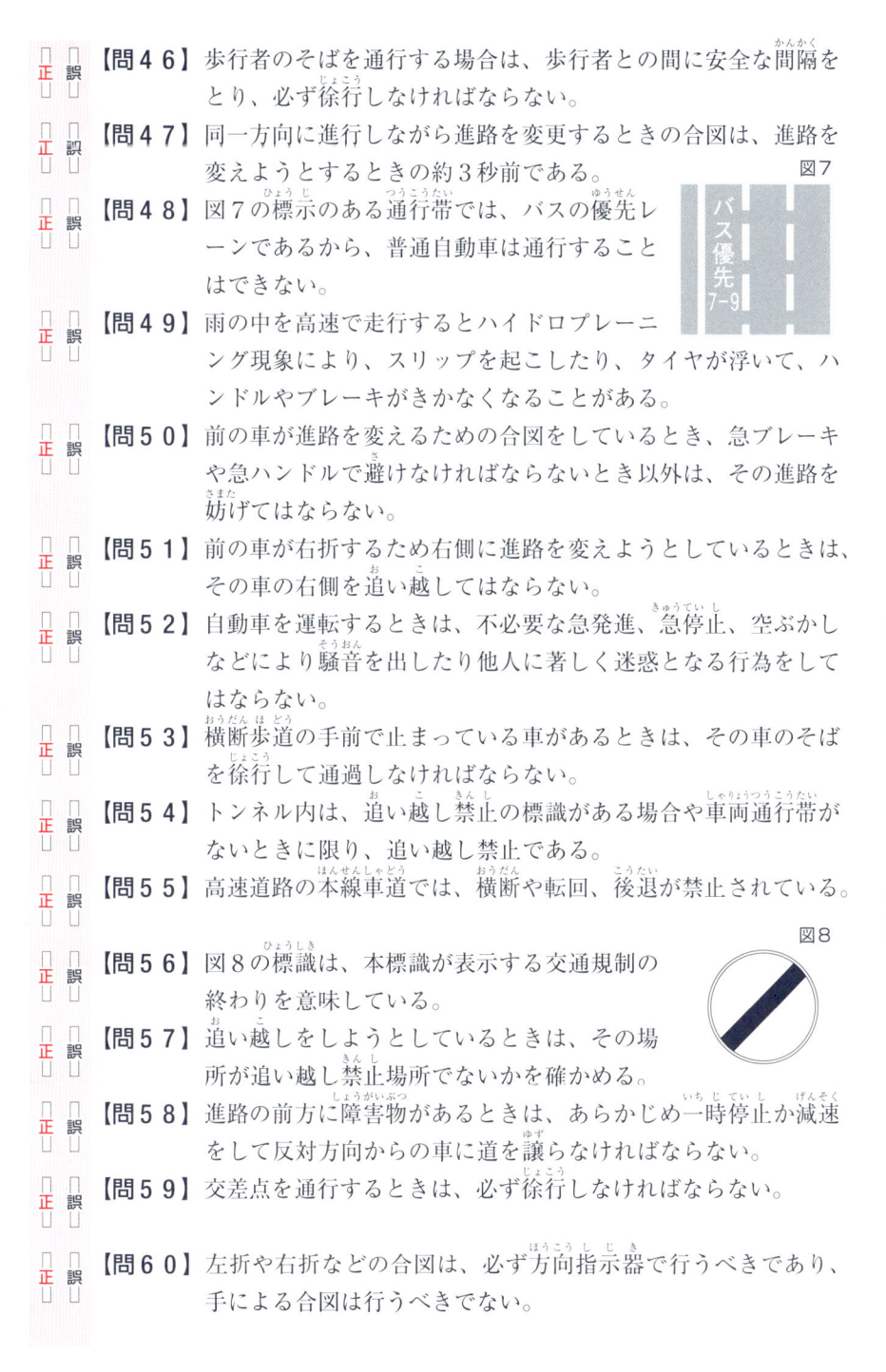

| 正 | 誤 | 【問46】歩行者のそばを通行する場合は、歩行者との間に安全な間隔をとり、必ず徐行しなければならない。

| 正 | 誤 | 【問47】同一方向に進行しながら進路を変更するときの合図は、進路を変えようとするときの約3秒前である。

| 正 | 誤 | 【問48】図7の標示のある通行帯では、バスの優先レーンであるから、普通自動車は通行することはできない。

図7

| 正 | 誤 | 【問49】雨の中を高速で走行するとハイドロプレーニング現象により、スリップを起こしたり、タイヤが浮いて、ハンドルやブレーキがきかなくなることがある。

| 正 | 誤 | 【問50】前の車が進路を変えるための合図をしているとき、急ブレーキや急ハンドルで避けなければならないとき以外は、その進路を妨げてはならない。

| 正 | 誤 | 【問51】前の車が右折するため右側に進路を変えようとしているときは、その車の右側を追い越してはならない。

| 正 | 誤 | 【問52】自動車を運転するときは、不必要な急発進、急停止、空ぶかしなどにより騒音を出したり他人に著しく迷惑となる行為をしてはならない。

| 正 | 誤 | 【問53】横断歩道の手前で止まっている車があるときは、その車のそばを徐行して通過しなければならない。

| 正 | 誤 | 【問54】トンネル内は、追い越し禁止の標識がある場合や車両通行帯がないときに限り、追い越し禁止である。

| 正 | 誤 | 【問55】高速道路の本線車道では、横断や転回、後退が禁止されている。

| 正 | 誤 | 【問56】図8の標識は、本標識が表示する交通規制の終わりを意味している。

図8

| 正 | 誤 | 【問57】追い越しをしようとしているときは、その場所が追い越し禁止場所でないかを確かめる。

| 正 | 誤 | 【問58】進路の前方に障害物があるときは、あらかじめ一時停止か減速をして反対方向からの車に道を譲らなければならない。

| 正 | 誤 | 【問59】交差点を通行するときは、必ず徐行しなければならない。

| 正 | 誤 | 【問60】左折や右折などの合図は、必ず方向指示器で行うべきであり、手による合図は行うべきでない。

【問61】中央に軌道敷のある道路で路面電車を追い越すときは、左側を通行しなければならない。

【問62】図9の標識がある場合には、普通自動車は軌道敷内を通行できる。

【問63】一方通行の道路から右折するときは、道路の左端に寄り、交差点の内側を徐行して通行しなければならない（環状交差点での右折を除く）。

【問64】知り合いの車と行き違うときは、あいさつのため軽く警音器を鳴らしてもよい。

【問65】交差点の手前30メートル以内は追い越しが禁止されているので、優先道路を通行している場合でも追い越しはできない。

【問66】交差する道路が優先道路であるときや、その道幅が明らかに広いときは、徐行して、交差する道路の通行を妨げないようにしなければならない（環状交差点を除く）。

【問67】トンネルの中に車両通行帯がなければ駐停車禁止であるが、車両通行帯があれば駐停車できる。

【問68】停車中にアイドリング状態を続けると、一酸化炭素、炭化水素、窒素酸化物などの人体に有害な物質のほか、二酸化炭素の排出量が増加するので、エンジンを切るようにする。

【問69】自転車横断帯に近づいたとき進路前方を自転車が横断しようとしていたので、いつでも止まることができる速度に落として通過した。

【問70】図10の標識のある交差点では、直進してその交差点を通過してはならない。

【問71】オートマチック車が交差点で停止したときに、停止時間が長くなりそうなときには、チェンジレバーをN（ニュートラル）に入れておくようにする。

【問72】見通しのきく踏切では、安全を確認すれば一時停止する必要はない。

【問73】踏切の向こう側が混雑しているため、そのまま進むと踏切内で動きがとれなくなるおそれがあるときは、踏切に入ってはならない。

【問74】上り坂で停止するとき、前の車に接近しすぎないように止めるとよい。

【問75】昼間、トンネルの中などで50メートル先が見えないときは、前照灯をつけなければならない。

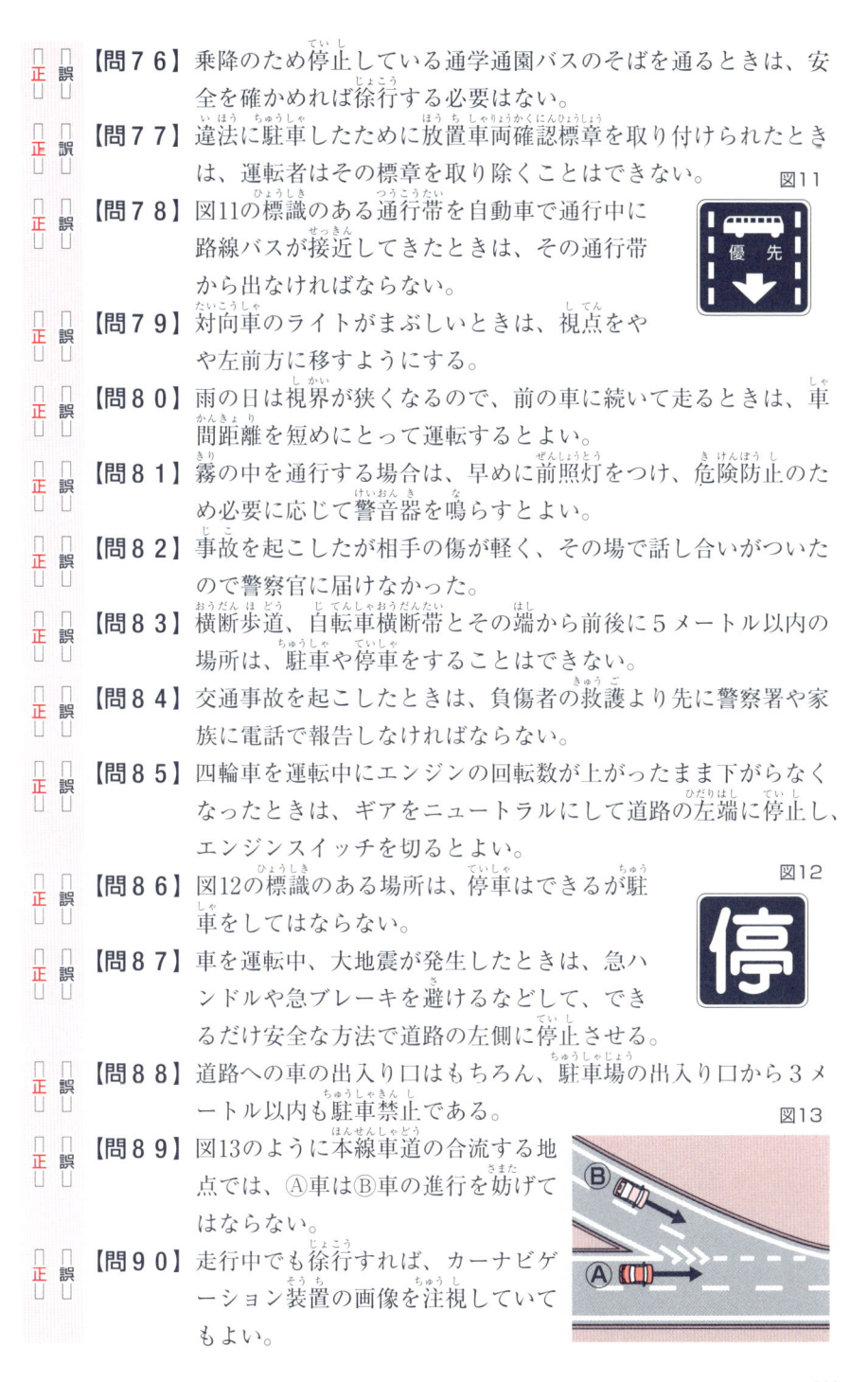

【問76】乗降のため停止している通学通園バスのそばを通るときは、安全を確かめれば徐行する必要はない。

【問77】違法に駐車したために放置車両確認標章を取り付けられたときは、運転者はその標章を取り除くことはできない。

図11

【問78】図11の標識のある通行帯を自動車で通行中に路線バスが接近してきたときは、その通行帯から出なければならない。

【問79】対向車のライトがまぶしいときは、視点をやや左前方に移すようにする。

【問80】雨の日は視界が狭くなるので、前の車に続いて走るときは、車間距離を短めにとって運転するとよい。

【問81】霧の中を通行する場合は、早めに前照灯をつけ、危険防止のため必要に応じて警音器を鳴らすとよい。

【問82】事故を起こしたが相手の傷が軽く、その場で話し合いがついたので警察官に届けなかった。

【問83】横断歩道、自転車横断帯とその端から前後に5メートル以内の場所は、駐車や停車をすることはできない。

【問84】交通事故を起こしたときは、負傷者の救護より先に警察署や家族に電話で報告しなければならない。

【問85】四輪車を運転中にエンジンの回転数が上がったまま下がらなくなったときは、ギアをニュートラルにして道路の左端に停止し、エンジンスイッチを切るとよい。

図12

【問86】図12の標識のある場所は、停車はできるが駐車をしてはならない。

【問87】車を運転中、大地震が発生したときは、急ハンドルや急ブレーキを避けるなどして、できるだけ安全な方法で道路の左側に停止させる。

【問88】道路への車の出入り口はもちろん、駐車場の出入り口から3メートル以内も駐車禁止である。

図13

【問89】図13のように本線車道の合流する地点では、Ⓐ車はⒷ車の進行を妨げてはならない。

【問90】走行中でも徐行すれば、カーナビゲーション装置の画像を注視していてもよい。

【問91】雨で路面がぬれている道路を30km/hで進行しています。工事のため鉄板が敷かれています。どのようなことに注意して運転しますか？

(1) 正 誤
(2) 正 誤
(3) 正 誤

(1) 工事現場から工事関係者が飛び出してくるかもしれないので、速度を落として、注意しながら通行する。
(2) 鉄板がぬれているため滑りやすくなっているので、急ブレーキにならないようにあらかじめ速度を落とし、前車と車間距離を保って通行する。
(3) 雨で視界が妨げられて前方の状況が見づらいので、前車にできるだけ接近して通行する。

【問92】交差点の手前を40km/hで進行しています。前方から緊急自動車がサイレンを鳴らして交差点に接近してきたとき、どのようなことに注意して運転しますか？

(1) 正 誤
(2) 正 誤
(3) 正 誤

(1) 緊急自動車は対向車線を通行しているので、できるだけ早く交差点を通過するように進行する。
(2) 緊急自動車は中央線をはみ出してくるかもしれないので、道路の左側に寄って速度を落とし、緊急自動車に進路を譲る。
(3) 交差点の手前を通行しているので、交差点に入らず、左側に寄って一時停止をする。

【問93】交差点の手前で赤信号で停止していたところ、青信号に変わりました。どのようなことに注意して運転しますか？

(1) 正 誤
(2) 正 誤
(3) 正 誤

(1) 青信号になったので、安心して発進して加速する。
(2) 対向車が右折の合図をしているので、自分の車が発進するより先に対向車が右折してこないか注意して発進する。
(3) 信号が変わっても、交差道路からの右折車や渡り切っていない歩行者がいないかなど確かめてから発進する。

【問94】高速道路を70km/hで進行しています。本線車道から出るとき、どのようなことに注意して運転しますか？

(1) 正 誤
(2) 正 誤
(3) 正 誤

(1) 減速車線に入ってから徐々にスピードを落とすよりも、本線車道上で一気に減速してから減速車線に入る。
(2) 本線車道上で急に減速すると後続車に追突されるおそれがあるので、減速車線に入るなり一気に減速させる。
(3) 減速車線に入ったら、本線車道でのスピード感の狂った感覚だけに頼らず、速度計を見て確かめながら徐々に安全な速度に落とす。

【問95】高速道路の料金所へ進入するため60km/hで進行しています。どのようなことに注意して運転しますか？

(1) 正 誤
(2) 正 誤
(3) 正 誤

(1) 自分の正面のブースよりも左右のブースがすいているので、ウィンカーを出して素早く進路変更をする。
(2) 自分の正面のブースよりも左右のブースがすいているが、後方の車が接近してきているので、そのまま正面のブースへ進む。
(3) 高速道路走行後は速度の感覚が狂っていることがあるので、速度計で速度を確認し、正面のブースに進む。

第12回 実力判定模擬テスト 解答＆解説

●……試験によく出る頻出問題　✋……引っかけ問題　★……理解しておきたい難問

問1：誤　運転者は同乗者が不用意にドアを開けないように注意する義務がある。事故は運転者にも責任がある。

問2：誤　駐停車が禁止されていない幅の広い路側帯の場合には路側帯に入れるが、このときは車の左側に0.75メートル以上の余地をあけておく。

問3：誤　横風を受けるところでは、ハンドルをしっかり握り、スピードを落とすようにする。

問4：正　　問5：正　　問6：正 ●

問7：誤　運転免許停止処分の期間中に運転すれば無免許運転になる。

問8：誤　安全に停止できない場合を除き、停止位置を越えて進んではならない。✋

問9：誤　問題の標識は「特定小型原動機付自転車・自転車専用」の指定なので、特定小型原動機付自転車・自転車以外の車と歩行者の通行禁止を意味している。

問10：誤　2時間に1回は休憩をとるように運転計画を立てる。✋

問11：正 🔴　問12：正
問13：誤　自家用乗用車は、適切な時期に日常点検を行わなければならない。⭐
問14：正　　問15：正 ⭐
問16：誤　白や黄色のつえをついた人がいる場合は一時停止か徐行をして、これらの人が安全に通れるようにする。
問17：正　　問18：正
問19：誤　通行に支障のある高齢者がいる場合には、一時停止か徐行をして安全に通れるようにする。⭐
問20：正　　問21：正　　問22：正
問23：誤　環状交差点に入るときは合図の必要はない。
問24：誤　ぬかるみや水たまりを通過するときは、徐行するなどして歩行者などに泥や水がかからないように注意して通行する。
問25：正　　問26：正　　問27：正
問28：誤　駐車した場合、車の右側の道路上に3.5メートル以上の余地がなくなる場所では駐車することはできない。🔴
問29：正　　問30：正　　問31：正　　問32：正
問33：誤　問題の標識は、歩行者、自転車、原動機付自転車、すべての自動車などの通行を禁止するものである。⭐
問34：正　　問35：正 ⭐　問36：正
問37：誤　路面電車との間に1.5メートル以上の間隔をあけなければ、徐行して通ることはできない。✋
問38：正
問39：誤　路線バスが発進の合図をしたときは、その発進を妨げないようにする。⭐
問40：誤　中央分離帯のない高速自動車国道の本線車道での法定最高速度は60キロメートル毎時である。⭐
問41：誤　問題の標識は最高速度50キロメートル毎時を意味しているが、原動機付自転車は30キロメートル毎時を超えて運転してはならない。
問42：誤　交差点付近で緊急自動車が近づいてきたときは、交差点を避け、道路の左側に寄って一時停止する。
問43：誤　歩道や路側帯や自転車道などを通行することはできない。⭐
問44：正
問45：誤　車に働く遠心力の大きさはカーブの半径が小さいほど大きくなり、速度の２乗に比例して大きくなる。
問46：誤　安全な間隔をとるか、徐行するかのどちらかを行えばよい。✋

問47：正
問48：誤　問題の標示は路線バス等優先通行帯を表しているので、路線バスなど以外の車でも通行できる。🤚

問49：正　　問50：正 ★　　問51：正　　問52：正
問53：誤　横断歩道の手前で止まっている車があるときは、前方に出る前に、一時停止をしなければならない。

問54：正　　問55：正　　問56：正　　問57：正 ★　　問58：正
問59：誤　交通整理の行われていない左右の見通しのきかない交差点を通行するときは、徐行しなければならない。★

問60：誤　夕日の反射などによって方向指示器が見えにくい場合には、方向指示器と合わせて手による合図を行うようにする。

問61：正　　問62：正
問63：誤　一方通行の道路から右折するときは、道路の右端に寄らなければならない。★

問64：誤　警音器は危険を避けるときのみ使用する。🤚
問65：誤　優先道路を通行している場合は、交差点の手前30メートル以内であっても追い越しができる。

問66：正
問67：誤　**トンネル内は**、車両通行帯のあるなしにかかわらず**駐停車禁止**の場所である。🤚

問68：正
問69：誤　自転車横断帯を自転車が横断しようとしているときは、その手前で一時停止をしなければならない。

問70：正　　問71：正
問72：誤　**信号機のない踏切では、必ず一時停止をしなければならない。**★

問73：正　　問74：正　　問75：正
問76：誤　止まっている**通学通園バスのそばを通る**ときは、**徐行**して安全を確かめなければならない。★

問77：誤　放置車両確認標章は、その車の使用者、運転者などはこの標章を取り除くことができる。

問78：正　　問79：正 🚫
問80：誤　雨の日は、速度を落とし、十分に車間距離をとって慎重に運転する。
問81：正
問82：誤　事故の発生場所、負傷の程度などを警察官に必ず報告する。★
問83：正

問84：誤　交通事故が起きたときは、事故の続発を防ぐ措置をとるとともに、負傷者の救護を行ってから警察に報告する。

問85：正　　問86：正　　問87：正 ★　問88：正

問89：誤　問題の図では、Ⓑ車がⒶ車の進行を妨げてはならない。

問90：誤　走行中は、周囲の交通の状況などに対する注意が不十分になるので、カーナビの画像を注視してはいけない。

問91：　(1) 正　(2) 正　(3) 誤
● 走行中は路面の状態に応じて通行する必要がある。特にぬれた鉄板の上は滑りやすく、路面状態のよいときに比べて約2～3倍の車間距離が必要になるので、速度を十分落とすとともに、車間距離を十分にとること。

問92：　(1) 誤　(2) 誤　(3) 正
● 緊急自動車のサイレンに気づいたら、どの方向から来ているかを早くつかむようにする。
● この場合、交差点の手前を走行しているので、交差点に入らず、左側に寄って一時停止し、緊急自動車に進路を譲らなければならない。

問93：　(1) 誤　(2) 正　(3) 正
● 信号が赤色から青色に変わったからといって、いきなり発進するのは危険なので、周りの安全を確認してから発進する。青信号で渡り切れなかった歩行者や赤信号に変わっても交差道路から右折しようとする車、また、直進車より先に右折しようとする車など、いろいろなケースが考えられるため、青信号だからといっていきなり発進するのは危険。

問94：　(1) 誤　(2) 誤　(3) 正
● 高速道路では、後続車もかなりの速度で走行しているので、本線車道上で極端な減速をすれば後続車に追突されるおそれもある。減速車線に入るまではあまり速度を落とさないようにする。本線車道から出て減速車線に入ったら、これまでのスピード感に慣らされた感覚に惑わされないように、速度計を見て確実に安全な速度へと落とすようにする。

問95：　(1) 誤　(2) 正　(3) 正
● 高速道路のゲートへ近づくときには迷いは禁物。進入するブースを早めに決める。ブースの直前で急に進路変更すると追突されるおそれがある。
● この場合、左右のブースがすいているが、後方に車が接近しているので、進路を変えずそのまま正面のブースへ進むようにする。

第13回 実力判定模擬テスト

◆制限時間：50分　◆90点以上正解で合格　◆問1～問90：各1点、問91～問95：各2点
（ただし、問91～問95は3つの質問すべてを正解した場合に限り得点となる）

◆次のそれぞれの問題について、正しいものは「正」、誤っているものは「誤」のワクの中をぬりつぶしなさい。

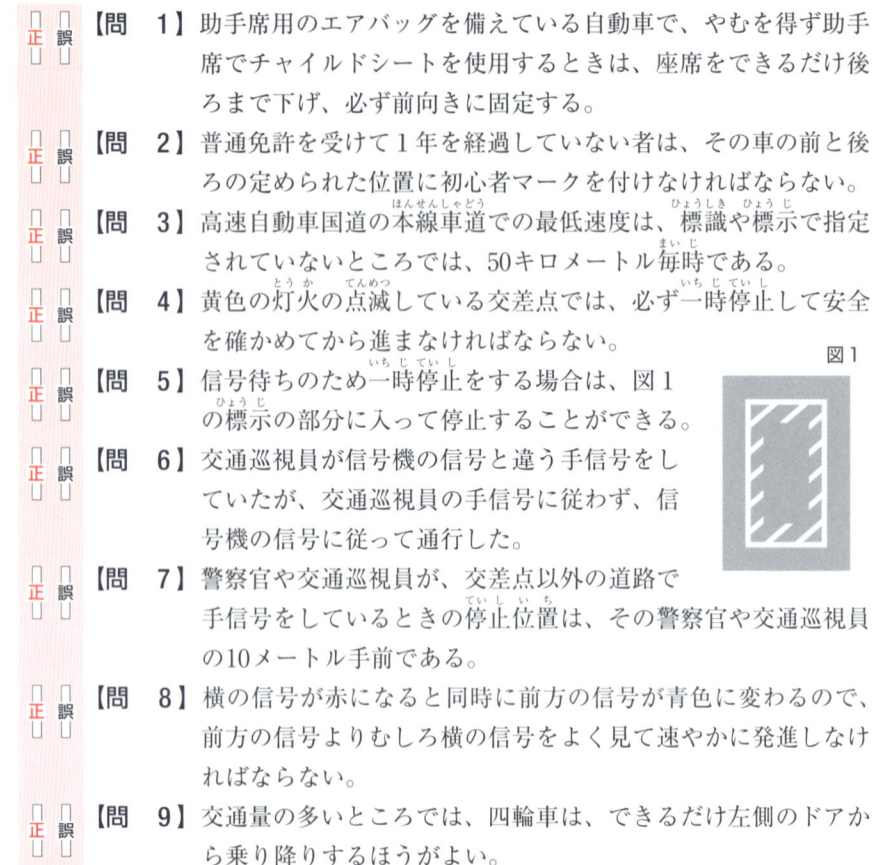

【問 1】助手席用のエアバッグを備えている自動車で、やむを得ず助手席でチャイルドシートを使用するときは、座席をできるだけ後ろまで下げ、必ず前向きに固定する。

【問 2】普通免許を受けて1年を経過していない者は、その車の前と後ろの定められた位置に初心者マークを付けなければならない。

【問 3】高速自動車国道の本線車道での最低速度は、標識や標示で指定されていないところでは、50キロメートル毎時である。

【問 4】黄色の灯火の点滅している交差点では、必ず一時停止して安全を確かめてから進まなければならない。

【問 5】信号待ちのため一時停止をする場合は、図1の標示の部分に入って停止することができる。

図1

【問 6】交通巡視員が信号機の信号と違う手信号をしていたが、交通巡視員の手信号に従わず、信号機の信号に従って通行した。

【問 7】警察官や交通巡視員が、交差点以外の道路で手信号をしているときの停止位置は、その警察官や交通巡視員の10メートル手前である。

【問 8】横の信号が赤になると同時に前方の信号が青色に変わるので、前方の信号よりむしろ横の信号をよく見て速やかに発進しなければならない。

【問 9】交通量の多いところでは、四輪車は、できるだけ左側のドアから乗り降りするほうがよい。

【問10】高速自動車国道での車間距離は、一般的に50メートルから60メートルは必要である。

【問11】四輪車を運転するときのシートの前後の位置は、クラッチペダルを踏み込んだとき、ひざがまっすぐ伸びる状態に合わせるのがよい。

【問12】普通免許では、最大積載量が2トンの貨物自動車を運転することができる。

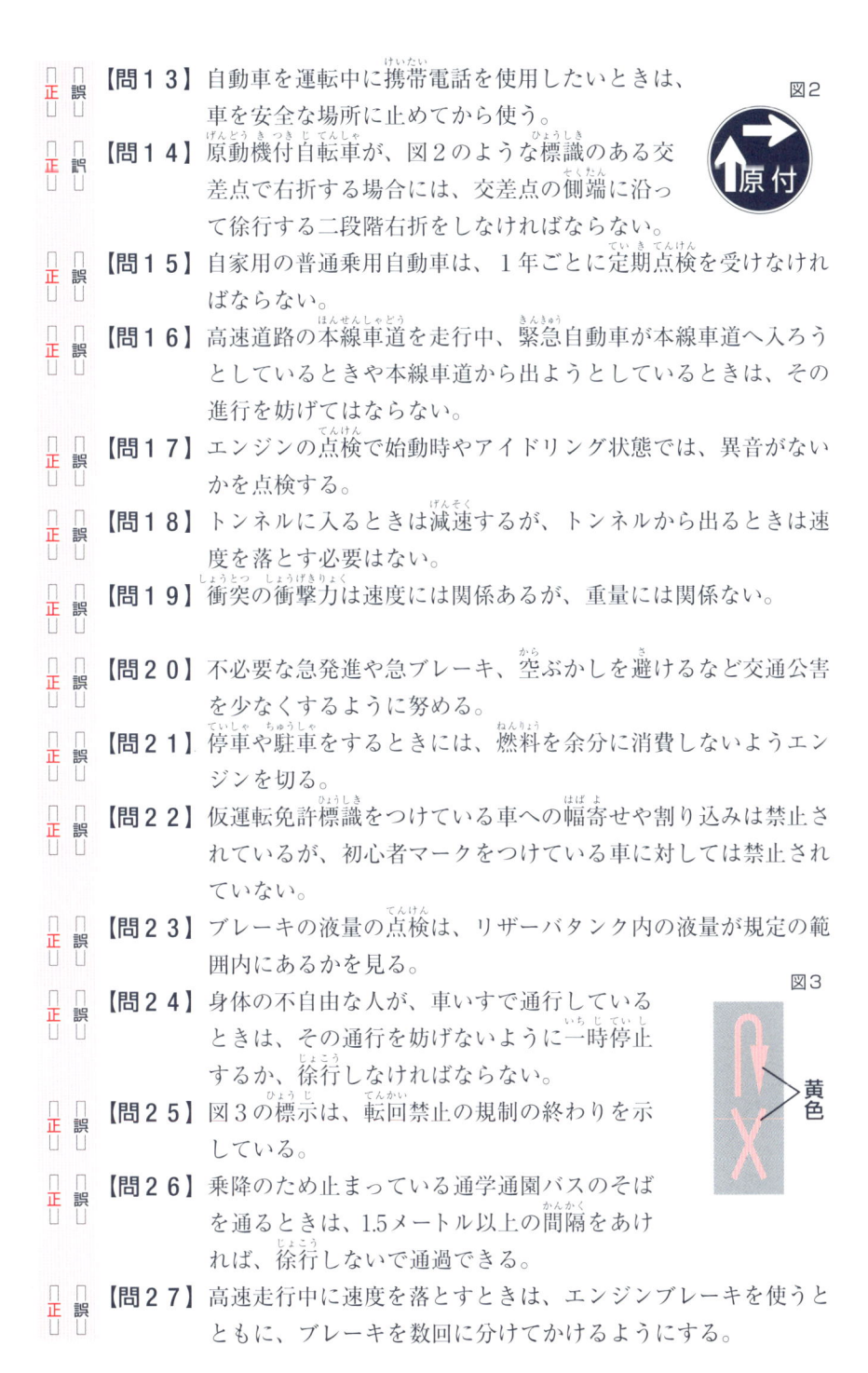

【問13】自動車を運転中に携帯電話を使用したいときは、車を安全な場所に止めてから使う。

【問14】原動機付自転車が、図2のような標識のある交差点で右折する場合には、交差点の側端に沿って徐行する二段階右折をしなければならない。

図2

【問15】自家用の普通乗用自動車は、1年ごとに定期点検を受けなければならない。

【問16】高速道路の本線車道を走行中、緊急自動車が本線車道へ入ろうとしているときや本線車道から出ようとしているときは、その進行を妨げてはならない。

【問17】エンジンの点検で始動時やアイドリング状態では、異音がないかを点検する。

【問18】トンネルに入るときは減速するが、トンネルから出るときは速度を落とす必要はない。

【問19】衝突の衝撃力は速度には関係あるが、重量には関係ない。

【問20】不必要な急発進や急ブレーキ、空ぶかしを避けるなど交通公害を少なくするように努める。

【問21】停車や駐車をするときには、燃料を余分に消費しないようエンジンを切る。

【問22】仮運転免許標識をつけている車への幅寄せや割り込みは禁止されているが、初心者マークをつけている車に対しては禁止されていない。

【問23】ブレーキの液量の点検は、リザーバタンク内の液量が規定の範囲内にあるかを見る。

【問24】身体の不自由な人が、車いすで通行しているときは、その通行を妨げないように一時停止するか、徐行しなければならない。

【問25】図3の標示は、転回禁止の規制の終わりを示している。

図3 黄色

【問26】乗降のため止まっている通学通園バスのそばを通るときは、1.5メートル以上の間隔をあければ、徐行しないで通過できる。

【問27】高速走行中に速度を落とすときは、エンジンブレーキを使うとともに、ブレーキを数回に分けてかけるようにする。

【問28】著しく他人に迷惑を及ぼす騒音を発生するような急発進、急加速、空ぶかしをしてはならない。

【問29】高齢者は危険を回避するためにとっさの行動をとることが困難なので、その通行に支障のある高齢者が通行しているときは、警音器を軽く鳴らすとよい。

【問30】同乗者に急がれ、最高速度を超えて運転した場合は、同乗者にその責任があり、運転者には責任がない。

【問31】図4の標識のある交差点では、停止線の直前で一時停止するとともに、交差する道路を通行する車の通行を妨げてはならない。

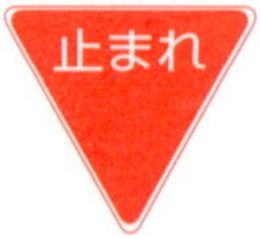

図4
止まれ

【問32】雨にぬれた道路や砂利道では、制動距離が長くなる。

【問33】ブレーキを強くかけると、短い距離で止まることができ、安全である。

【問34】徐行とは、20キロメートル毎時以下の速度で走ることである。

【問35】車両通行帯のない道路では、中央線から左側ならどの部分を通行してもよい。

【問36】高速自動車国道の本線車道が片側2車線のときは、原則として左側の車両通行帯を通行し、右側の車両通行帯は追い越しをするとき以外通行してはならない。

【問37】横断歩道のない交差点を歩行者が横断していたので、警音器を鳴らして横断を中止させて通過した。

【問38】同一方向に2つの車両通行帯がある道路では、速度の速い車は右側の通行帯を通行し、速度の遅い車は左側の通行帯を通行する。

【問39】普通自動車の一般道路での最高速度は80キロメートル毎時である。

【問40】路線バスなどの優先通行帯は、路線バスのほか軽車両だけが通行できる。

【問41】車で交差点付近以外のところを通行中、緊急自動車が近づいてきたので、道路の左側に寄って進路を譲った。

【問42】原動機付自転車は、交通量が少ないときには自転車道を通行してもよい。

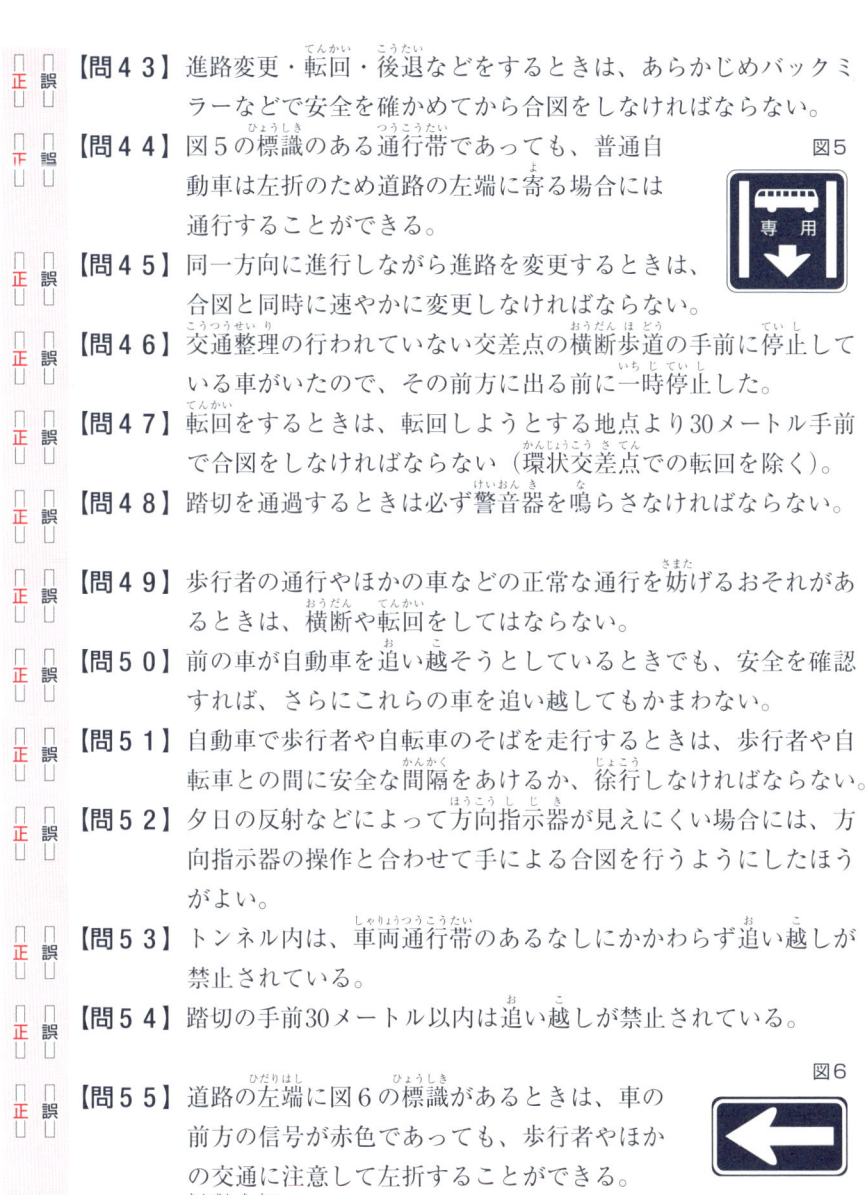

| 正 | 誤 | 【問43】進路変更・転回・後退などをするときは、あらかじめバックミラーなどで安全を確かめてから合図をしなければならない。

| 正 | 誤 | 【問44】図5の標識のある通行帯であっても、普通自動車は左折のため道路の左端に寄る場合には通行することができる。

| 正 | 誤 | 【問45】同一方向に進行しながら進路を変更するときは、合図と同時に速やかに変更しなければならない。

| 正 | 誤 | 【問46】交通整理の行われていない交差点の横断歩道の手前に停止している車がいたので、その前方に出る前に一時停止した。

| 正 | 誤 | 【問47】転回をするときは、転回しようとする地点より30メートル手前で合図をしなければならない（環状交差点での転回を除く）。

| 正 | 誤 | 【問48】踏切を通過するときは必ず警音器を鳴らさなければならない。

| 正 | 誤 | 【問49】歩行者の通行やほかの車などの正常な通行を妨げるおそれがあるときは、横断や転回をしてはならない。

| 正 | 誤 | 【問50】前の車が自動車を追い越そうとしているときでも、安全を確認すれば、さらにこれらの車を追い越してもかまわない。

| 正 | 誤 | 【問51】自動車で歩行者や自転車のそばを走行するときは、歩行者や自転車との間に安全な間隔をあけるか、徐行しなければならない。

| 正 | 誤 | 【問52】夕日の反射などによって方向指示器が見えにくい場合には、方向指示器の操作と合わせて手による合図を行うようにしたほうがよい。

| 正 | 誤 | 【問53】トンネル内は、車両通行帯のあるなしにかかわらず追い越しが禁止されている。

| 正 | 誤 | 【問54】踏切の手前30メートル以内は追い越しが禁止されている。

| 正 | 誤 | 【問55】道路の左端に図6の標識があるときは、車の前方の信号が赤色であっても、歩行者やほかの交通に注意して左折することができる。

| 正 | 誤 | 【問56】安全地帯のそばを通るときには、歩行者がいるいないにかかわらず徐行しなければならない。

| 正 | 誤 | 【問57】道路の片側に障害物があって、その場所で対向車と行き違うときは、障害物のある反対側の車線の車があらかじめ一時停止するか減速をして道を譲らなければならない。

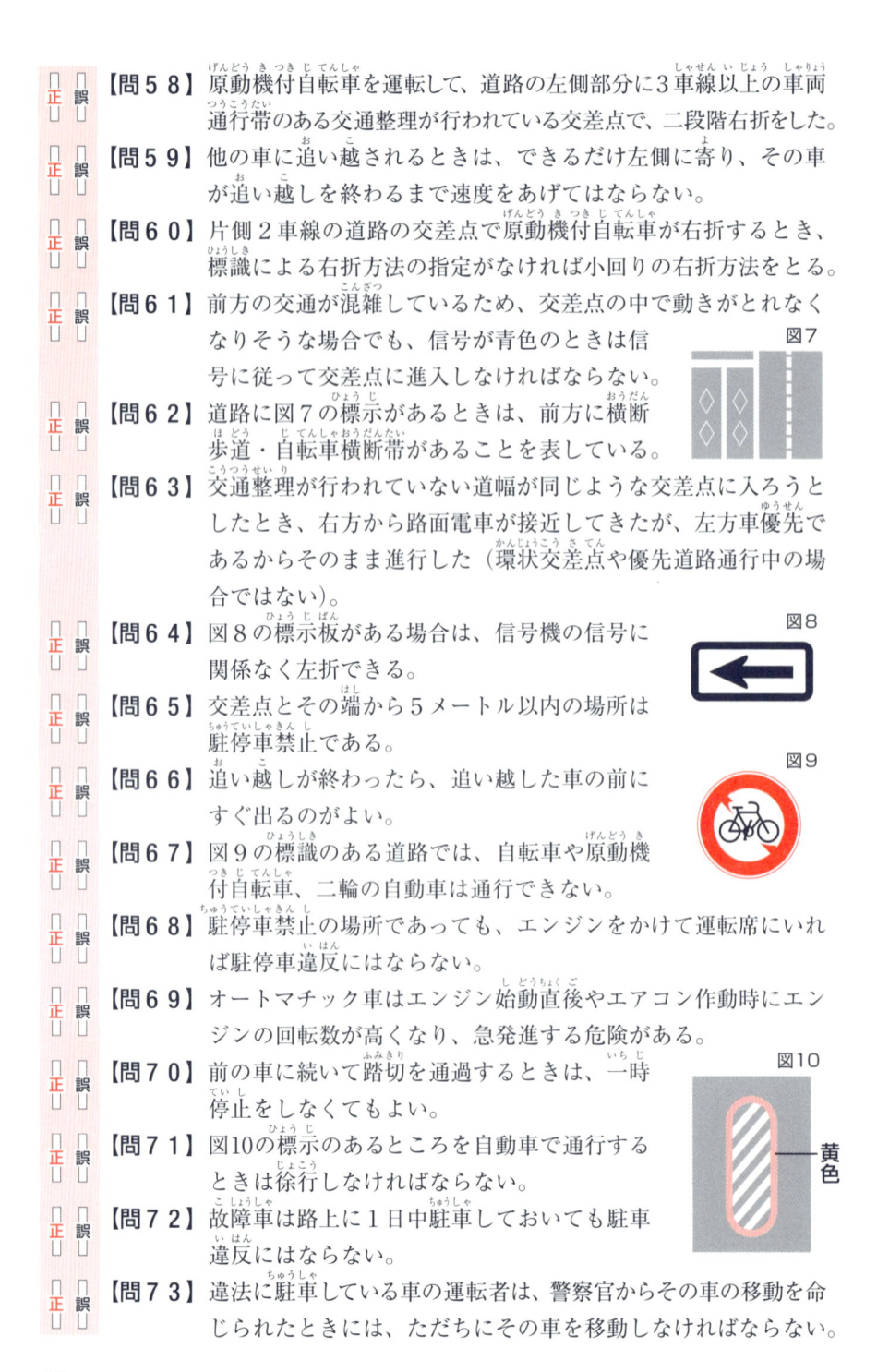

【問58】原動機付自転車を運転して、道路の左側部分に3車線以上の車両通行帯のある交通整理が行われている交差点で、二段階右折をした。

【問59】他の車に追い越されるときは、できるだけ左側に寄り、その車が追い越しを終わるまで速度をあげてはならない。

【問60】片側2車線の道路の交差点で原動機付自転車が右折するとき、標識による右折方法の指定がなければ小回りの右折方法をとる。

【問61】前方の交通が混雑しているため、交差点の中で動きがとれなくなりそうな場合でも、信号が青色のときは信号に従って交差点に進入しなければならない。

図7

【問62】道路に図7の標示があるときは、前方に横断歩道・自転車横断帯があることを表している。

【問63】交通整理が行われていない道幅が同じような交差点に入ろうとしたとき、右方から路面電車が接近してきたが、左方車優先であるからそのまま進行した（環状交差点や優先道路通行中の場合ではない）。

図8

【問64】図8の標示板がある場合は、信号機の信号に関係なく左折できる。

【問65】交差点とその端から5メートル以内の場所は駐停車禁止である。

図9

【問66】追い越しが終わったら、追い越した車の前にすぐ出るのがよい。

【問67】図9の標識のある道路では、自転車や原動機付自転車、二輪の自動車は通行できない。

【問68】駐停車禁止の場所であっても、エンジンをかけて運転席にいれば駐停車違反にはならない。

【問69】オートマチック車はエンジン始動直後やエアコン作動時にエンジンの回転数が高くなり、急発進する危険がある。

図10

【問70】前の車に続いて踏切を通過するときは、一時停止をしなくてもよい。

【問71】図10の標示のあるところを自動車で通行するときは徐行しなければならない。

黄色

【問72】故障車は路上に1日中駐車しておいても駐車違反にはならない。

【問73】違法に駐車している車の運転者は、警察官からその車の移動を命じられたときには、ただちにその車を移動しなければならない。

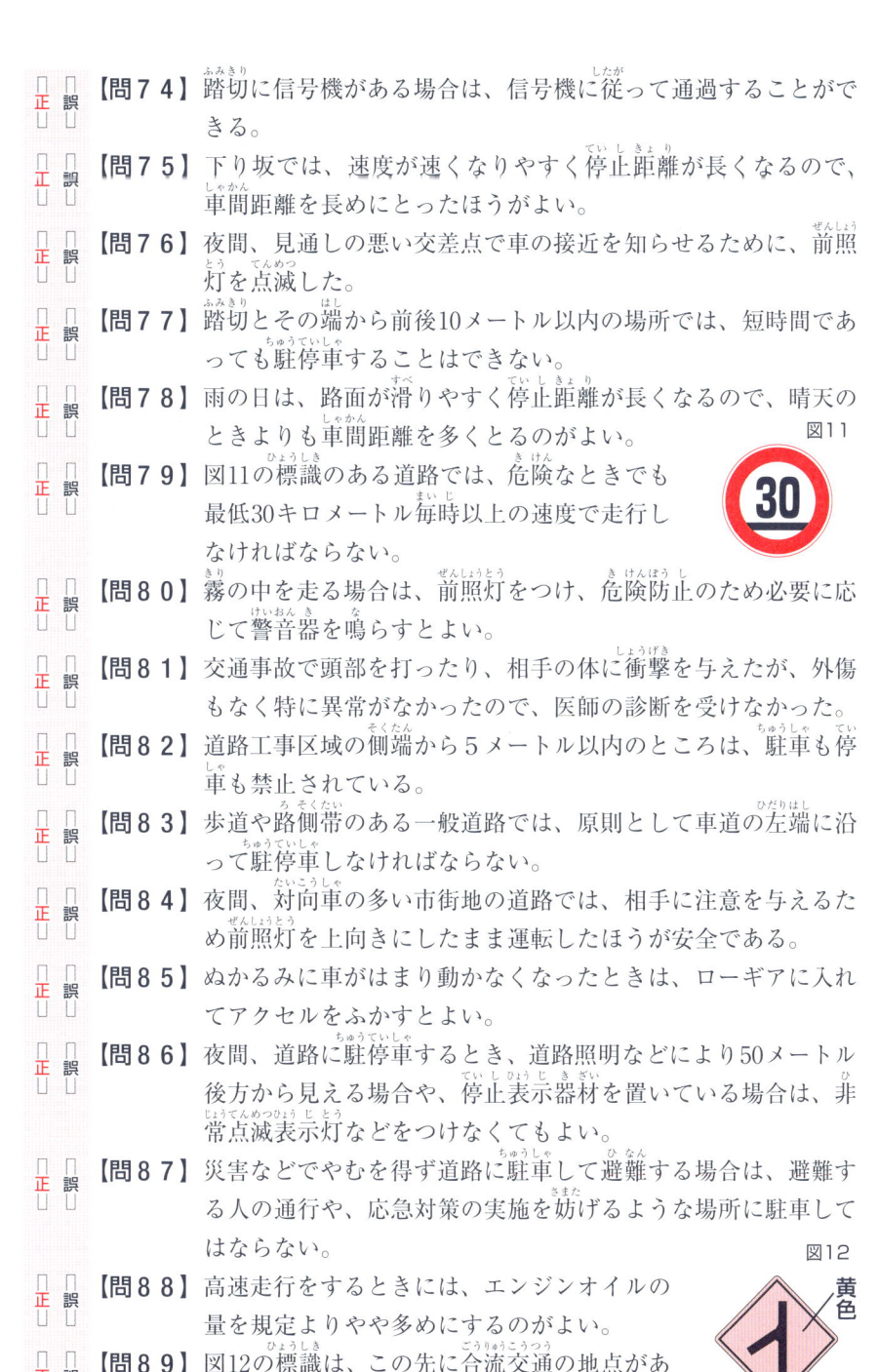

【問74】踏切に信号機がある場合は、信号機に従って通過することができる。

【問75】下り坂では、速度が速くなりやすく停止距離が長くなるので、車間距離を長めにとったほうがよい。

【問76】夜間、見通しの悪い交差点で車の接近を知らせるために、前照灯を点滅した。

【問77】踏切とその端から前後10メートル以内の場所では、短時間であっても駐停車することはできない。

【問78】雨の日は、路面が滑りやすく停止距離が長くなるので、晴天のときよりも車間距離を多くとるのがよい。

図11

【問79】図11の標識のある道路では、危険なときでも最低30キロメートル毎時以上の速度で走行しなければならない。

【問80】霧の中を走る場合は、前照灯をつけ、危険防止のため必要に応じて警音器を鳴らすとよい。

【問81】交通事故で頭部を打ったり、相手の体に衝撃を与えたが、外傷もなく特に異常がなかったので、医師の診断を受けなかった。

【問82】道路工事区域の側端から5メートル以内のところは、駐車も停車も禁止されている。

【問83】歩道や路側帯のある一般道路では、原則として車道の左端に沿って駐停車しなければならない。

【問84】夜間、対向車の多い市街地の道路では、相手に注意を与えるため前照灯を上向きにしたまま運転したほうが安全である。

【問85】ぬかるみに車がはまり動かなくなったときは、ローギアに入れてアクセルをふかすとよい。

【問86】夜間、道路に駐停車するとき、道路照明などにより50メートル後方から見える場合や、停止表示器材を置いている場合は、非常点滅表示灯などをつけなくてもよい。

【問87】災害などでやむを得ず道路に駐車して避難する場合は、避難する人の通行や、応急対策の実施を妨げるような場所に駐車してはならない。

図12

【問88】高速走行をするときには、エンジンオイルの量を規定よりやや多めにするのがよい。

【問89】図12の標識は、この先に合流交通の地点があることを表しており、左側からの車の進入に

注意して進行しなければならない。

【問９０】交通事故を起こした場合は、救急車を待つ間に止血などの措置をしたほうがよい。

【問９１】30km/hで進行しています。どのようなことに注意して運転しますか？

(1) 大型トラックは交差点で左折しようとしているので、トラックの右側を加速して進行する。
(2) 大型トラックは交差点で左折するためにいったんハンドルを右に切ってから曲がることがあるので、トラックの動きに注意し、速度を落として進行する。
(3) 大型トラックのほかに通行している車や歩行者が見えないので、そのまま安心して進行する。

【問９２】冬の朝、路面の一部が光って見える道路を30km/hで進行しています。どのようなことに注意して運転しますか？

(1) 前を走るバイクが転倒するかもしれないので、速度を落としながら注意して進行する。
(2) 対向車が横滑りを起こし、はみ出してくることが考えられるので、速度を落として道路の左側に寄って進行する。
(3) カーブで自分の車がスリップするかもしれないので、速度を落として注意して進行する。

【問93】舗装されていない道路を30km/hで進行しています。どのようなことに注意して運転しますか？

(1) 正 誤
(2) 正 誤
(3) 正 誤

(1) 路面のでこぼこによってハンドルをとられることがあるので、速度を落として対向車とすれ違うようにする。
(2) 未舗装の道路ではゆっくり走るよりも高速で走行したほうが安定するので、スピードを上げるようにする。
(3) 対向車とすれ違った後は対向車の巻き上げる砂じんで前が見えなくなることがあるので、速度を落としてすれ違うようにする。

【問94】80km/hで高速道路の本線車道を進行しています。どのようなことに注意して運転しますか？

(1) 正 誤
(2) 正 誤
(3) 正 誤

(1) 左側の加速車線に合流車がいるので、速度を調節して安全に進入できるようにする。
(2) 左側の加速車線に合流車がいるので、合流車のじゃまにならないように追い越し車線の安全を確かめて追い越し車線に移る。
(3) このままの速度で進行しても合流車は安全に進入できると思われるので、そのまま進行する。

【問95】雨降りの高速道路を60km/hで進行しています。どのようなことに注意して運転しますか？
(1) 前車のあげる水しぶきで前方が見えにくくなるので、速度を落とし、車間距

離を多めにとり、慎重に運転する。
(2) 雨の日は、前方が見えにくくなるため前車に続いて進行した方が安全なので、前車に接近して走る。
(3) 横風が強いので、速度を落とし、ハンドルをしっかり握りハンドルがとられないようにする。

(1) 正 誤
(2) 正 誤
(3) 正 誤

第13回 実力判定模擬テスト 解答＆解説

● ……試験によく出る頻出問題　✋ ……引っかけ問題　★……理解しておきたい難問

問1：正 ●　　問2：正　　問3：正
問4：誤　歩行者や車などは、他の交通に注意して進むことができる。
問5：誤　問題の標示は「停止禁止部分」なので、この部分で停止することはできない。
問6：誤　交通巡視員等の手信号などと信号機の信号が違っているときは、交通巡視員等の指示に従わなければならない。
問7：誤　交差点以外で、横断歩道や自転車横断帯、踏切もないところでの停止位置は警察官等の1メートル手前である。
問8：誤　信号機の信号は、一時的に全部赤色となるところもあるので、横の信号にとらわれずに前方の信号を見る。●
問9：正
問10：誤　高速自動車国道での車間距離は、最低80メートルから100メートルは必要である。
問11：誤　シートの前後の位置は、クラッチペダルを踏み込んだとき、ひざがわずかに曲がる状態に合わせる。
問12：誤　普通免許で運転することができるのは最大積載量2トン未満の車なので、普通免許では運転できない。
問13：正 ●　　問14：正　　問15：正 ★　　問16：正 ★　　問17：正

問18：誤　トンネルなど明るさが急に変わるところでは視力が一時急激に低下するので、**入る**ときも**出る**ときも**速度を落とす**。
問19：誤　重量が重くなれば衝撃力も大きくなる。★
問20：正　　　問21：正
問22：誤　**初心者マーク、聴覚障害者マーク、高齢者マーク、身体障害者マーク、仮免許練習標識**をつけている車への**幅寄せや割り込みは禁止**されている。🔴
問23：正　　　問24：正
問25：誤　問題の標示は転回禁止を意味しているので、この道路では転回することはできない。
問26：誤　**通学通園バスのそばを通るときは徐行**しなければならない。✋
問27：正　　　問28：正
問29：誤　通行に支障のある高齢者はとっさの行動をとることが困難なので、警音器を鳴らしたりせず、一時停止か徐行をする。★
問30：誤　最高速度を超えて運転した場合は、運転者に責任がある。
問31：正　　　問32：正
問33：誤　急ブレーキをかけると横滑りを起こすことがある。**ブレーキは数回に分けてかける。**★
問34：誤　徐行とは、車がすぐに停止できるような速度で進むことをいう。🔴
問35：誤　車両通行帯のない道路では、追い越しなどやむを得ない場合のほかは、道路の左に寄って通行する。★
問36：正
問37：誤　**横断歩道のない交差点**やその近くを**歩行者が横断している**ときは、その**通行を妨げてはならない。**
問38：誤　２つの車両通行帯のある道路では、右側の車両通行帯は追い越しのためにあけておき、左側の車両通行帯を通行しなければならない。★
問39：誤　普通自動車の一般道路での最高速度は、標識や標示で指示されていないときは60キロメートル毎時である。
問40：誤　路線バスなどの優先通行帯は自動車や原動機付自転車も通行できる。✋
問41：正
問42：誤　自転車道は交通量が少なくても**自転車以外は通行できない**。
問43：正　　　問44：正
問45：誤　合図をしてから３秒後に行動する。✋
問46：正🔴　　問47：正
問48：誤　警音器は標識による指定や危険を避けるときのみ使用する。
問49：正★

問50：誤　二重追い越しになるので禁止されている。

問51：正　　問52：正

問53：誤　トンネル内は、車両通行帯がない場合に限り、追い越しが禁止されている。✋

問54：正

問55：誤　問題の標識は、「一方通行」を意味している。

問56：誤　**安全地帯**であっても**歩行者**がいなければ、そのまま**進行**することができ、歩行者がいれば徐行する。⭐

問57：誤　障害物のある場所で対向車と行き違うときは、障害物のある側の車が一時停止するか減速して道を譲る。

問58：正　　問59：正　　問60：正

問61：誤　前方の交通が混雑しているため**交差点内で止まるおそれがあるときは、信号が青色でも交差点に入ってはならない**。🔴

問62：正

問63：誤　路面電車に対しては右方、左方に関係なく路面電車に**優先権**がある。✋

問64：正 🔴　　問65：正

問66：誤　追い越した車との間に**安全な間隔**をとってから**前方に出る**。✋

問67：誤　問題の標識は「特定小型原動機付自転車・自転車通行止」を意味しているので、原動機付自転車と二輪車などの自動車は通行できる。

問68：誤　駐停車禁止場所では駐停車することはできない。🔴

問69：正

問70：誤　踏切を通過するときは、前車に続いて通過するときでも一時停止をし、安全を確かめなければならない。⭐

問71：誤　問題の標示は、「立入り禁止部分」を意味し、その部分に**入ることはできない。徐行の必要もない**。

問72：誤　**故障車**は、できるだけ早くその場所から**移動しなければならない**。✋

問73：正　　問74：正　　問75：正

問76：正 ✋　　問77：正　　問78：正

問79：誤　問題の標識は最低速度30キロメートル毎時を表しているが、危険防止のためには30キロメートル毎時未満の速度で走行できる。✋

問80：正

問81：誤　外傷がなくとも頭部などに強い衝撃を受けたときは、必ず医師の診断を受けるようにする。

問82：誤　駐車は禁止されているが、停車は禁止されていない。✋

問83：正

問84：誤　交通量の多い市街地の道路などでは、常に前照灯を下向きに切り替えておく。★

問85：誤　古毛布、砂利などを滑り止めに使うと効果的である。

問86：正　　問87：正 ★

問88：誤　エンジンオイルの量は規定の量でなければならない。✋

問89：正　　問90：正

問91：　(1) 誤　(2) 正　(3) 誤
- 大型車は内輪差が大きいので、左折するときに前輪を大きく右に振ることがあるため、突然右側に出てくることがある。
- この場合、トラックは右側車線にはみ出してくることが予測できるため、速度を落としてトラックの動きに注意する。

問92：　(1) 正　(2) 正　(3) 正
- 冬は路面が日陰になっているときには凍結していることがあるので、このような場所では速度を落とし、慎重に通行しなければならない。
- この場合、前を走るバイクが転倒するかもしれないし、対向車が滑ってはみ出してくるかもしれない。また、自分の車がスリップするかもしれないので、十分に注意しなければならない。

問93：　(1) 正　(2) 誤　(3) 正
- 舗装されていない道路では、路面のでこぼこによってハンドルをとられることがあるので、速度を落として進行しなければならない。また、すれ違った後は、対向車のまき上げる砂じんにより前方が見えにくくなることも予想される。

問94：　(1) 正　(2) 正　(3) 誤
- 加速車線から進入しようとしている車があるときは、ミラーや目視で確認して安全であれば追い越し車線に移り、その車に進路を譲るようにする。また、後続車がないときや追い越し車線に車がいて進路を変更することができないときは速度を調節して、できるだけ進入しやすいようにする。

問95：　(1) 正　(2) 誤　(3) 正
- 雨の中を高速走行すると、前車や側方を走行する車の水しぶきで前方が見えなくなることがある。このようなときは、速度を落とすとともに、車間距離を長めにとり、慎重に走行しなければならない。また、降雨時の速度は50キロメートル毎時に制限されていることもある。
- この場合、横風が強いので、ハンドルをしっかり握りハンドルがとられないようにすることも必要。

第14回 実力判定模擬テスト

◆制限時間：50分　◆90点以上正解で合格　◆問1〜問90：各1点、問91〜問95：各2点
（ただし、問91〜問95は3つの質問すべてを正解した場合に限り得点となる）

◆次のそれぞれの問題について、正しいものは「正」、誤っているものは「誤」のワクの中をぬりつぶしなさい。

【問 1】雨の日は速度を落とし、できるだけ前の車に接近して走行するとよい。

【問 2】駐車場の出入り口から3メートル以内の場所は駐車が禁止されている。

【問 3】運転者が疲れていると、危険を認知して判断するまでに時間がかかるので、制動距離は長くなる。

【問 4】図1の標識は、車も歩行者も通行できないことを表している。

図1

【問 5】路線バスなどの専用通行帯は、自動車や原動機付自転車は通行できない。

【問 6】総排気量660ccを超える普通自動車に積載できる貨物の高さは荷台から3.8メートル未満である。

【問 7】交通整理が行われていない左右の見通しがきかない交差点を通行するときは徐行しなければならない（優先道路通行中の場合を除く）。

【問 8】赤信号の交差点で警察官が「進め」の手信号をしているときは、徐行して通行しなければならない。

【問 9】60キロメートル毎時でコンクリートの壁に衝突した場合、約14メートル（5階程度）の高さから落ちたのと同じ程度の衝撃を受ける。

【問10】オートマチック車は、エンジン始動直後の高速回転時にチェンジレバーを切り替えると急発進することがある。

【問11】ひとりで歩いているこどもを見かけたときは、一時停止か徐行をしながら、警音器を鳴らして注意する。

【問12】図2の標識は、最大積載量が3トン以上の普通貨物自動車は通行できないことを表している。

図2

【問13】運転中に携帯電話を使用すると追突事故などを起こす危険があるので、電源を切っておくか、ドライブモードに設定しておく。

【問14】追い越しをするときは、前車との車間距離をできるだけ短くし、方向指示器を出すと同時に追い越しを始める。

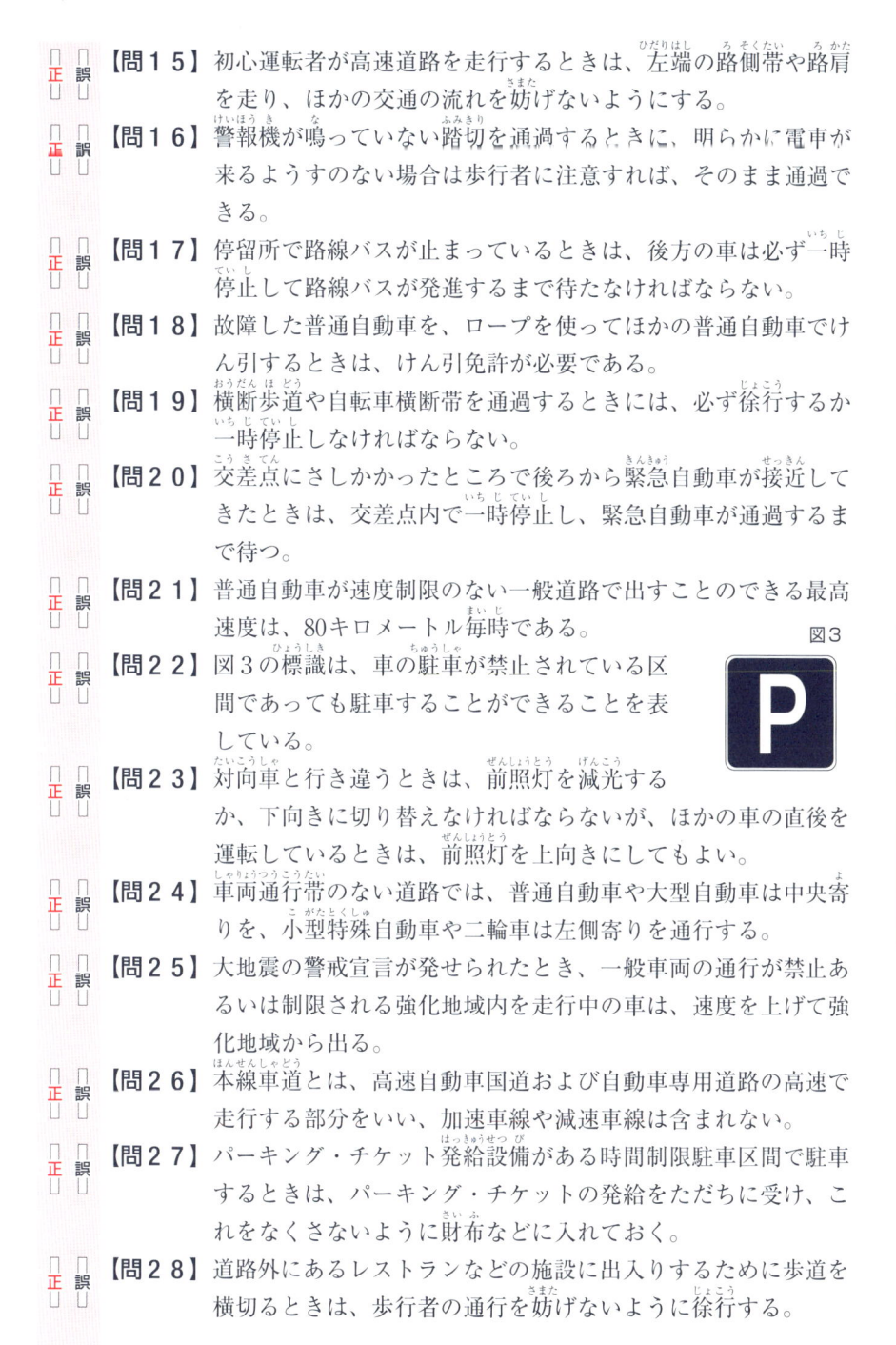

【問15】初心運転者が高速道路を走行するときは、左端の路側帯や路肩を走り、ほかの交通の流れを妨げないようにする。

【問16】警報機が鳴っていない踏切を通過するときに、明らかに電車が来るようすのない場合は歩行者に注意すれば、そのまま通過できる。

【問17】停留所で路線バスが止まっているときは、後方の車は必ず一時停止して路線バスが発進するまで待たなければならない。

【問18】故障した普通自動車を、ロープを使ってほかの普通自動車でけん引するときは、けん引免許が必要である。

【問19】横断歩道や自転車横断帯を通過するときには、必ず徐行するか一時停止しなければならない。

【問20】交差点にさしかかったところで後ろから緊急自動車が接近してきたときは、交差点内で一時停止し、緊急自動車が通過するまで待つ。

【問21】普通自動車が速度制限のない一般道路で出すことのできる最高速度は、80キロメートル毎時である。

【問22】図3の標識は、車の駐車が禁止されている区間であっても駐車することができることを表している。

図3

【問23】対向車と行き違うときは、前照灯を減光するか、下向きに切り替えなければならないが、ほかの車の直後を運転しているときは、前照灯を上向きにしてもよい。

【問24】車両通行帯のない道路では、普通自動車や大型自動車は中央寄りを、小型特殊自動車や二輪車は左側寄りを通行する。

【問25】大地震の警戒宣言が発せられたとき、一般車両の通行が禁止あるいは制限される強化地域内を走行中の車は、速度を上げて強化地域から出る。

【問26】本線車道とは、高速自動車国道および自動車専用道路の高速で走行する部分をいい、加速車線や減速車線は含まれない。

【問27】パーキング・チケット発給設備がある時間制限駐車区間で駐車するときは、パーキング・チケットの発給をただちに受け、これをなくさないように財布などに入れておく。

【問28】道路外にあるレストランなどの施設に出入りするために歩道を横切るときは、歩行者の通行を妨げないように徐行する。

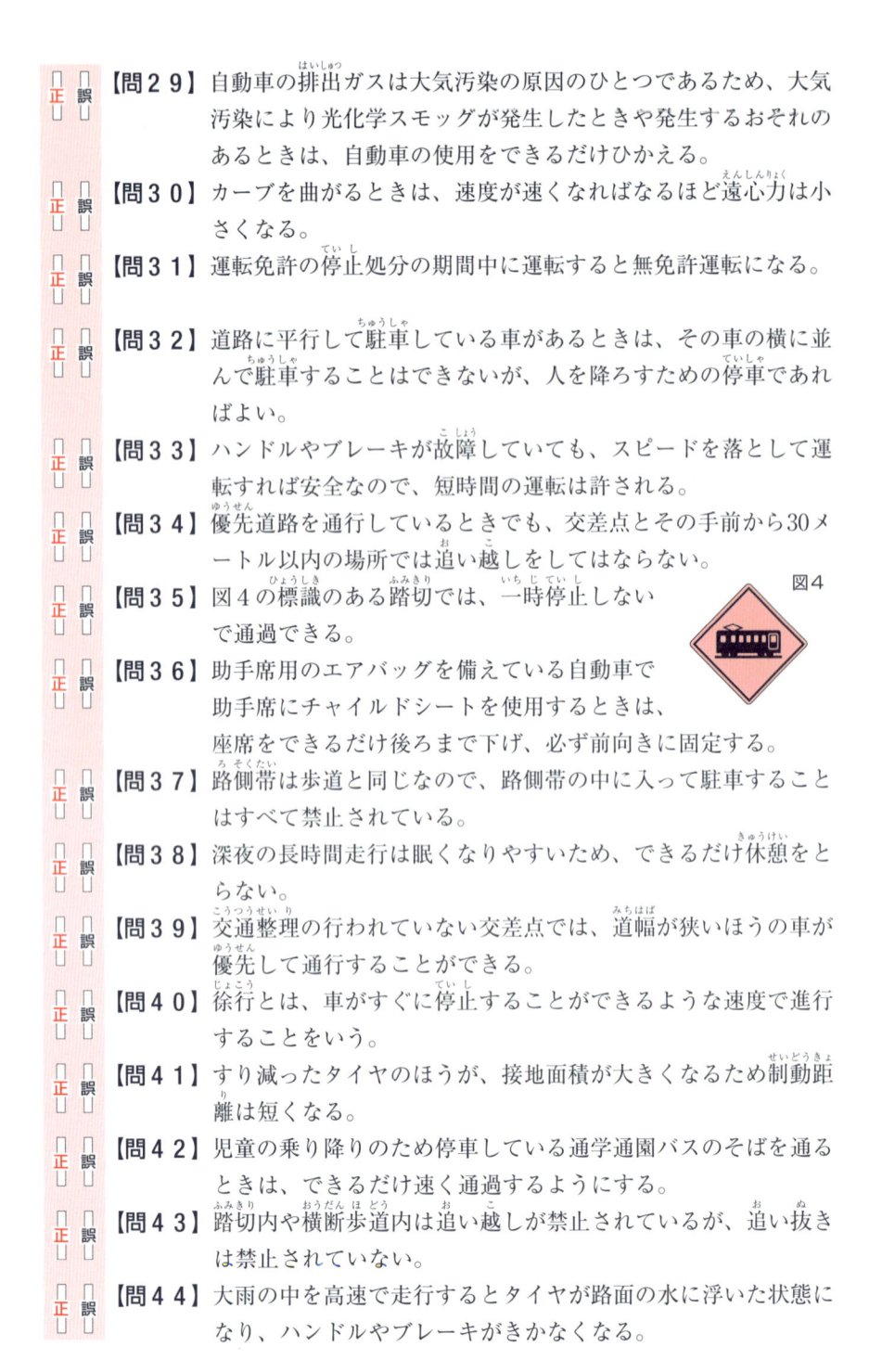

正	誤		
□	□	【問29】	自動車の排出ガスは大気汚染の原因のひとつであるため、大気汚染により光化学スモッグが発生したときや発生するおそれのあるときは、自動車の使用をできるだけひかえる。
□	□	【問30】	カーブを曲がるときは、速度が速くなればなるほど遠心力は小さくなる。
□	□	【問31】	運転免許の停止処分の期間中に運転すると無免許運転になる。
□	□	【問32】	道路に平行して駐車している車があるときは、その車の横に並んで駐車することはできないが、人を降ろすための停車であればよい。
□	□	【問33】	ハンドルやブレーキが故障していても、スピードを落として運転すれば安全なので、短時間の運転は許される。
□	□	【問34】	優先道路を通行しているときでも、交差点とその手前から30メートル以内の場所では追い越しをしてはならない。
□	□	【問35】	図4の標識のある踏切では、一時停止しないで通過できる。
□	□	【問36】	助手席用のエアバッグを備えている自動車で助手席にチャイルドシートを使用するときは、座席をできるだけ後ろまで下げ、必ず前向きに固定する。
□	□	【問37】	路側帯は歩道と同じなので、路側帯の中に入って駐車することはすべて禁止されている。
□	□	【問38】	深夜の長時間走行は眠くなりやすいため、できるだけ休憩をとらない。
□	□	【問39】	交通整理の行われていない交差点では、道幅が狭いほうの車が優先して通行することができる。
□	□	【問40】	徐行とは、車がすぐに停止することができるような速度で進行することをいう。
□	□	【問41】	すり減ったタイヤのほうが、接地面積が大きくなるため制動距離は短くなる。
□	□	【問42】	児童の乗り降りのため停車している通学通園バスのそばを通るときは、できるだけ速く通過するようにする。
□	□	【問43】	踏切内や横断歩道内は追い越しが禁止されているが、追い抜きは禁止されていない。
□	□	【問44】	大雨の中を高速で走行するとタイヤが路面の水に浮いた状態になり、ハンドルやブレーキがきかなくなる。

図4

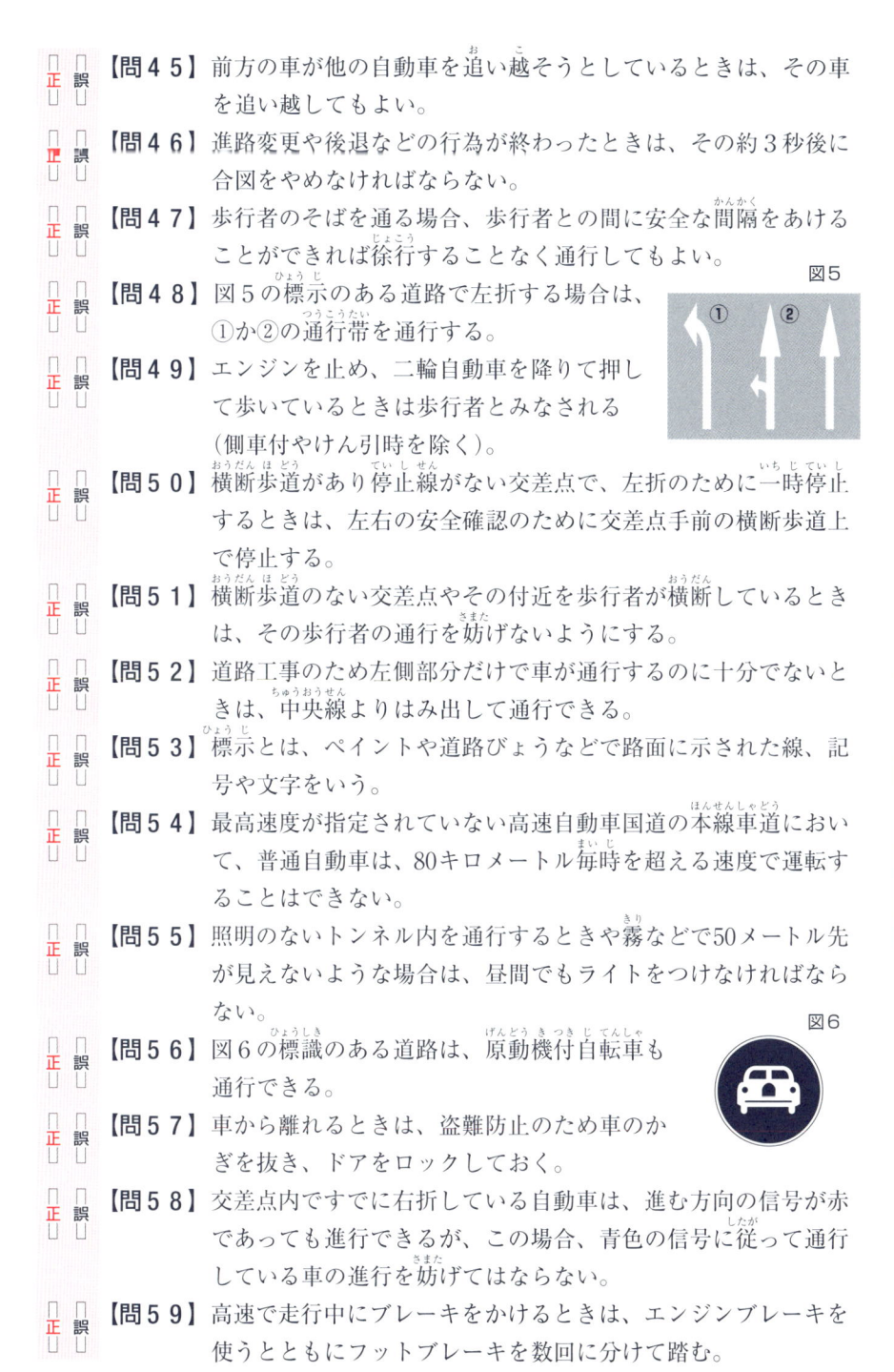

【問45】前方の車が他の自動車を追い越そうとしているときは、その車を追い越してもよい。

【問46】進路変更や後退などの行為が終わったときは、その約3秒後に合図をやめなければならない。

【問47】歩行者のそばを通る場合、歩行者との間に安全な間隔をあけることができれば徐行することなく通行してもよい。

【問48】図5の標示のある道路で左折する場合は、①か②の通行帯を通行する。

【問49】エンジンを止め、二輪自動車を降りて押して歩いているときは歩行者とみなされる（側車付やけん引時を除く）。

【問50】横断歩道があり停止線がない交差点で、左折のために一時停止するときは、左右の安全確認のために交差点手前の横断歩道上で停止する。

【問51】横断歩道のない交差点やその付近を歩行者が横断しているときは、その歩行者の通行を妨げないようにする。

【問52】道路工事のため左側部分だけで車が通行するのに十分でないときは、中央線よりはみ出して通行できる。

【問53】標示とは、ペイントや道路びょうなどで路面に示された線、記号や文字をいう。

【問54】最高速度が指定されていない高速自動車国道の本線車道において、普通自動車は、80キロメートル毎時を超える速度で運転することはできない。

【問55】照明のないトンネル内を通行するときや霧などで50メートル先が見えないような場合は、昼間でもライトをつけなければならない。

【問56】図6の標識のある道路は、原動機付自転車も通行できる。

【問57】車から離れるときは、盗難防止のため車のかぎを抜き、ドアをロックしておく。

【問58】交差点内ですでに右折している自動車は、進む方向の信号が赤であっても進行できるが、この場合、青色の信号に従って通行している車の進行を妨げてはならない。

【問59】高速で走行中にブレーキをかけるときは、エンジンブレーキを使うとともにフットブレーキを数回に分けて踏む。

【問60】ビール一杯の飲酒なら自動車を注意して運転すればさしつかえない。

【問61】交通整理の行われていない道幅が同じような交差点(環状交差点や優先道路通行中の場合を除く)では、路面電車が左方から来ても右方から来ても、路面電車の進行を妨げてはならない。

【問62】バスの停留所の標示板から10メートル以内の場所には、バスの運行時間中でなければ駐停車してもよい。

【問63】一方通行の道路で交差点(環状交差点を除く)を右折しようとするときには、あらかじめ道路の中央に寄っていなければならない。

【問64】車両通行帯が黄の線で区画されている道路は、横断する場合にかぎり、進路を変更することができる。

【問65】道路で故障のため駐車する場合は、停止表示器材を置いたり、トランクをあけるなどしてほかの車に停止していることがわかるようにする。

【問66】自動車の座席は人を乗せるためのものなので、荷物を載せるときは必ずトランクや荷台に載せるようにする。

【問67】図7の標識のある交差点では、左斜めの道路への左折は禁止されていない。

図7

【問68】踏切内で車が動かなくなってしまったときは、警報機の柱などにある踏切支障報知装置を活用するか、発煙筒を使い、列車にできるだけ早く知らせる。

【問69】同一の方向に進行しながら進路を右方または左方に変えるときは、進路を変えようとするときの約3秒前に合図をする。

【問70】アンチロックブレーキシステムを備えた自動車で急ブレーキをかけるときには、ブレーキを強く数回踏むのがよい。

【問71】高速自動車国道を通行しているときの車間距離は、速度に関係なく50メートル必要である。

【問72】雪道ではスノータイヤなどの雪路用タイヤをつけていれば、一般の道路と同じように運転しても安全である。

【問73】横断歩道とその端から前後に10メートル以内の部分では、駐車と停車が禁止されている。

【問74】運転免許証を携帯していれば、自動車検査証は車に備え付けなくても、自動車を運転することができる。

【問75】原動機付自転車に乗るときは、身体の露出がなるべく少なくなるような服装をする。

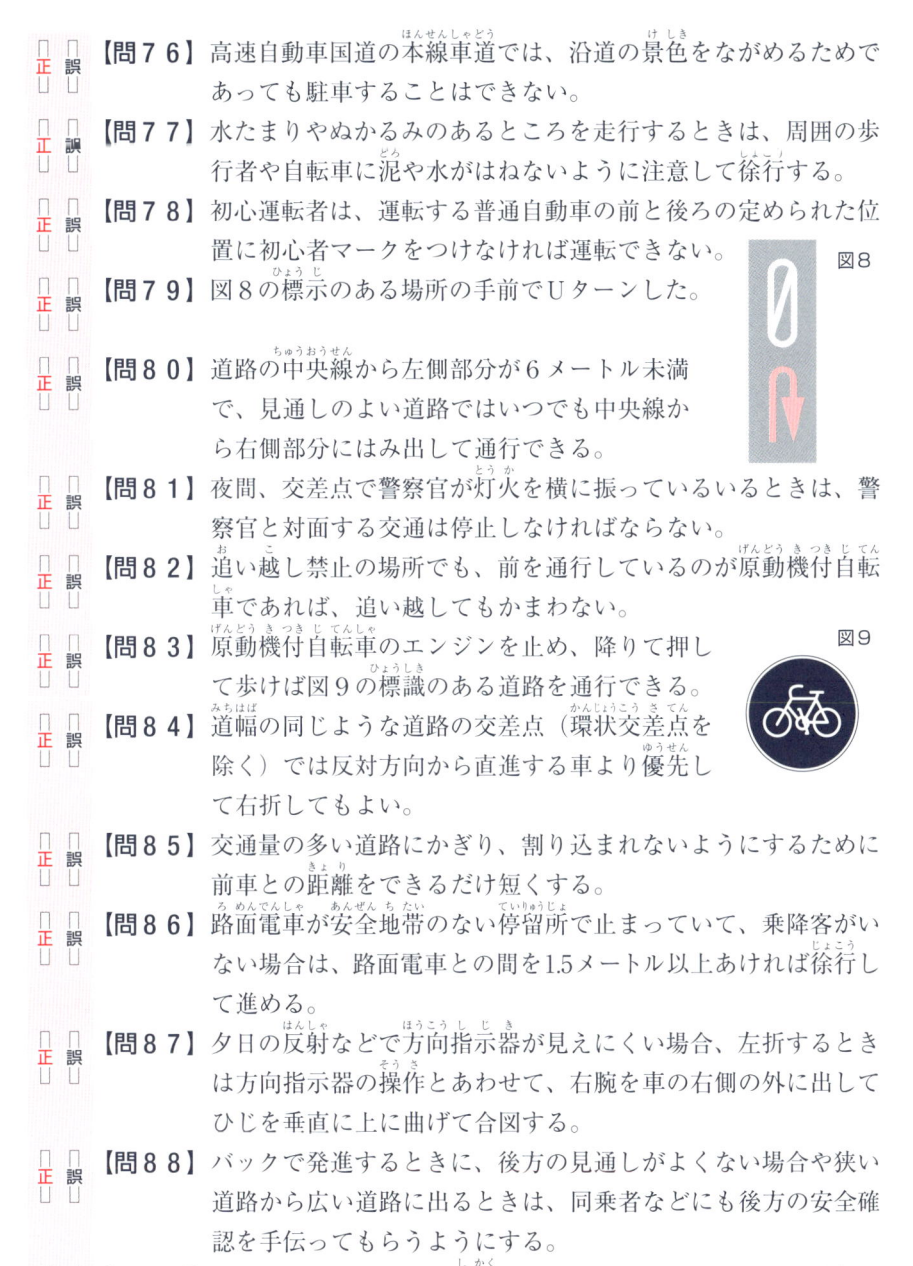

| 正 | 誤 | 【問76】 | 高速自動車国道の本線車道では、沿道の景色をながめるためであっても駐車することはできない。 |

| 正 | 誤 | 【問77】 | 水たまりやぬかるみのあるところを走行するときは、周囲の歩行者や自転車に泥や水がはねないように注意して徐行する。 |

| 正 | 誤 | 【問78】 | 初心運転者は、運転する普通自動車の前と後ろの定められた位置に初心者マークをつけなければ運転できない。 |

| 正 | 誤 | 【問79】 | 図8の標示のある場所の手前でUターンした。 |

| 正 | 誤 | 【問80】 | 道路の中央線から左側部分が6メートル未満で、見通しのよい道路ではいつでも中央線から右側部分にはみ出して通行できる。 |

| 正 | 誤 | 【問81】 | 夜間、交差点で警察官が灯火を横に振っているいるときは、警察官と対面する交通は停止しなければならない。 |

| 正 | 誤 | 【問82】 | 追い越し禁止の場所でも、前を通行しているのが原動機付自転車であれば、追い越してもかまわない。 |

| 正 | 誤 | 【問83】 | 原動機付自転車のエンジンを止め、降りて押して歩けば図9の標識のある道路を通行できる。 |

| 正 | 誤 | 【問84】 | 道幅の同じような道路の交差点（環状交差点を除く）では反対方向から直進する車より優先して右折してもよい。 |

| 正 | 誤 | 【問85】 | 交通量の多い道路にかぎり、割り込まれないようにするために前車との距離をできるだけ短くする。 |

| 正 | 誤 | 【問86】 | 路面電車が安全地帯のない停留所で止まっていて、乗降客がいない場合は、路面電車との間を1.5メートル以上あければ徐行して進める。 |

| 正 | 誤 | 【問87】 | 夕日の反射などで方向指示器が見えにくい場合、左折するときは方向指示器の操作とあわせて、右腕を車の右側の外に出してひじを垂直に上に曲げて合図する。 |

| 正 | 誤 | 【問88】 | バックで発進するときに、後方の見通しがよくない場合や狭い道路から広い道路に出るときは、同乗者などにも後方の安全確認を手伝ってもらうようにする。 |

| 正 | 誤 | 【問89】 | 高速で走行していると視覚がにぶくなり、近くのものが見えにくくなるので注意する必要がある。 |

| 正 | 誤 | 【問90】 | 放置車両確認標章を取り付けられた車の運転者は、車を運転するときは放置車両確認標識を取り除くことができる。 |

【問91】40km/hで片側1車線の道路を通行しています。どのようなことに注意して運転しますか？

(1) 正 誤
(2) 正 誤
(3) 正 誤

(1) 対向車が前を走っている自転車をよけて中央線からはみ出してくるかもしれないので、中央線寄りを通行して対向車がはみ出してこないようにする。
(2) 対向車が中央線からはみ出してくることを考えて、左寄りを通行し、対向車と安全な間隔を保ってすれ違うようにする。
(3) 片側1車線の道路では自分が走行する車線だけに注意すれば安全なので、対向車線まで注意する必要はない。

【問92】20km/hで交差点を前車に続いて左折しようとしています。どのようなことに注意して運転しますか？

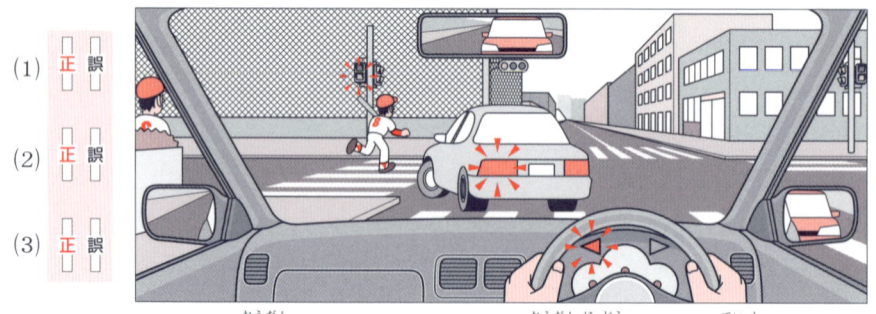

(1) 正 誤
(2) 正 誤
(3) 正 誤

(1) 前の車は歩行者が横断しようとしているため横断歩道の手前で停止すると思われるので、速度を落として走行する。
(2) 前の車は歩道上の歩行者が横断を始める前に左折すると思われるので、そのままの速度で交差点内に進入する。
(3) 前の車は横断歩道の手前で停止すると思われるので、急ブレーキで停止することのないようにブレーキを数回に分けて踏み、後ろの車に停止することを知らせる。

【問93】前方に駐車している車と、その後ろを自転車が2台並んで走っている道路を30km/hで走行しています。どのようなことに注意して運転しますか?

(1) 正 誤
(2) 正 誤
(3) 正 誤

(1) 自転車が駐車している車の横を通過するときに自転車を追い越すと危険なので、自転車が駐車車両の横を通過してから安全な間隔をあけて自転車を追い越す。
(2) 急いで走行すれば自転車を駐車車両の手前で追い越せると思うので、スピードを上げるとよい。
(3) 自転車が駐車車両を避けるために道路の右側に出てくると危険なので、自転車が駐車車両の横を通過したあと、安全な場所を選んで側方を通過する。

【問94】40km/hで走行しています。左側の歩道にいる歩行者は道路を横断しようとしていると思われます。どのようなことに注意して運転しますか?

(1) 正 誤
(2) 正 誤
(3) 正 誤

(1) 歩行者は自分の車が通過する前に道路を横断すると思われるので、警音器を鳴らして歩行者が横断しないように注意し、速度を上げる。
(2) 横断歩道のない道路を横断することは禁止されているので、歩行者は横断しないと思われるので、そのままの速度で通行する。
(3) 歩行者は道路を横断すると考えて、速度を落として歩行者の動きに注意して通行する。

【問95】長い下り坂を40km/hで走行しています。前の車がブレーキランプを点灯している場合、どのようなことに注意して運転しますか？

(1) 正 誤
(2) 正 誤
(3) 正 誤

(1) 長い下り坂を通行するときにはエンジンブレーキを活用し、車間距離を十分にとって走行する。
(2) 下り坂が続いていると速度がだんだんと速くなるので、足ブレーキで速度を調整しながら走行し、エンジンブレーキは速度調整が難しいので使用は避ける。
(3) 下り坂では加速がつき、停止距離が長くなるので、ブレーキをかけ速度を落としている前の車との車間距離を多めにとるようにする。

第14回 実力判定模擬テスト 解答＆解説

●……試験によく出る頻出問題　🖐……引っかけ問題　★……理解しておきたい難問

問1：誤　雨の日は停止距離が長くなるので、前車との車間距離を長めにとる。
問2：正 ★
問3：誤　運転者が疲れていると危険を認知して判断するまでに時間がかかるので空走距離が長くなる。★
問4：誤　問題の標識は、一方通行路の出口などに設けられ、車は標識の方向からは進入することができない。歩行者は通行できる。
問5：誤　路線バスなどの専用通行帯では自動車（小型特殊自動車を除く）は通行できないが、原動機付自転車は通行できる。★
問6：誤　**普通自動車に積載できる貨物の高さは地面から3.8メートル以下**で、総排気量660cc以下や三輪の普通自動車は2.5メートル以下である。
問7：正 ●
問8：誤　警察官が進めの手信号をしているときは、徐行しないでそのまま通行することができる。
問9：正　　問10：正 ★
問11：誤　ひとりで歩いているこどもが安全に通行できるように一時停止か徐行

をしなければならないが、**警音器は使用しない。**★

問12：正　　　問13：正 ★
問14：誤　追い越しをするときでも、車間距離を十分にとり、進路変更の約3秒前には方向指示器などで進路変更の合図をする。
問15：誤　初心運転者でも路側帯や路肩を走ることは禁止されている。
問16：誤　**信号機のない踏切に入る前には一時停止しなければならない。**
問17：誤　停留所で止まっている路線バスが発進の合図をしているときのみ、後方の車は路線バスの発進を妨げないようにする。✋
問18：誤　故障車をロープを使ってけん引するときはけん引免許は必要ない。
問19：誤　横断歩道や自転車横断帯を通過するときに横断する人や自転車がいないことが明らかな場合は必ずしも徐行や一時停止する必要はない。★
問20：誤　**交差点付近で緊急自動車が接近してきたときは、交差点を避けて道路の左側に寄り一時停止をする。**★
問21：誤　普通自動車の一般道路での法定最高速度は60キロメートル毎時である。
問22：正
問23：誤　対向車と行き違うときや、ほかの車の直後を運転しているときは、前照灯を減光するか、下向きに切り替えなければならない。★
問24：誤　車両通行帯のない道路では車はすべて左側寄りを通行する。
問25：誤　大地震の警戒宣言が発せられたとき強化地域内を走行中の運転者は、地震の発生に備えて速度を十分落とし、ラジオなどの情報に応じて行動する。★
問26：正 🔴
問27：誤　パーキング・チケットの発給を受けたら、これを車の前面の見やすいフロントガラスの内側などに掲示する。
問28：誤　道路外の施設に出入りするため歩道を横切るときは、一時停止しなければならない。★
問29：正　排出ガスには、窒素酸化物や一酸化炭素など有害物質が含まれる。
問30：誤　カーブでは速度が速くなればなるほど遠心力は大きくなる。また、カーブの半径が小さくなるほど遠心力は大きくなる。
問31：正 ★
問32：誤　**道路に平行して駐停車している車と並んでは駐車も停車もできない。**★
問33：誤　ハンドルやブレーキが故障している車は運転してはならない。
問34：誤　優先道路を通行しているときには、交差点とその手前から30メートル以内の場所でも追い越しは禁止されていない。🔴
問35：誤　問題の標識は踏切ありを表示しているので、**踏切に信号機がある場合**

以外は一時停止しなければならない。

問36：正 ⭐

問37：誤　駐停車が禁止されていない幅の広い路側帯では、0.75メートル以上の余地をあけて中に入り駐車することができる。

問38：誤　眠くなったら休憩をとるようにする。

問39：誤　交通整理の行われていない交差点では、道幅が広いほうの車が優先する。

問40：正　徐行とは、車が1メートル以内で停止することができる速度をいう。⭐

問41：誤　タイヤがすり減っているとグリップは弱まり、制動距離は長くなる。

問42：誤　停車している通学通園バスのそばを通るときは徐行する。⭐

問43：誤　踏切内や横断歩道内での追い越しや追い抜きは禁止されている。⭐

問44：正　大雨の中を高速で走行すると、ハンドルやブレーキがきかなくなる。これをハイドロプレーニング現象という。

問45：誤　前の車がその前の自動車を追い越そうとしているときに追い越しをすると二重追い越しになる。⭕

問46：誤　進路変更などの行為が終わったときは、ただちに合図をやめる。

問47：正　歩行者のそばを通る場合は、歩行者との間に安全な間隔をあけるか、徐行する。⭐

問48：正　　　問49：正

問50：誤　停止線がない交差点で一時停止するときに、横断歩道や自転車横断帯がある場合は、その直前で停止する。✋

問51：正 ⭐　　問52：正　　　問53：正

問54：誤　最高速度が指定されていない本線車道において、普通自動車は100キロメートル毎時以下で走行できるが、三輪の普通自動車は80キロメートル毎時以下である。

問55：正

問56：誤　問題の標識は高速自動車国道または自動車専用道路であることを示しているので、原動機付自転車は通行できない。

問57：正　　　問58：正 ⭐　　問59：正 ⭐

問60：誤　少しでも酒を飲んだら運転してはいけない。⭐

問61：正 ⭕　　問62：正

問63：誤　一方通行の道路で交差点を右折しようとするときには、あらかじめ道路の右端に寄っていなければならない。✋

問64：誤　車両通行帯が黄の線で区画されている場合、進路を変更できない。

問65：正

問66：誤　自動車の座席にも荷物を載せることができる。
問67：誤　問題の標識は指定方向外進行禁止を表すので、左斜めの道路への左折は禁止されている。
問68：正　　問69：正 ★
問70：誤　アンチロックブレーキシステムを備えた自動車で急ブレーキをかけるときには、一気に踏み込み、そのまま踏み込み続けることが必要である。
問71：誤　**車間距離のめやすとしては、高速道路で60キロメートル毎時を超える速度ではスピードメーターの示す数値以上である。**
問72：誤　雪道では、雪路用タイヤをつけていても慎重に運転しなければならない。★
問73：誤　横断歩道とその端から前後5メートル以内の部分が駐停車禁止である。
問74：誤　自動車検査証や運転免許証は常時携帯していなければならない。
問75：正
問76：正　高速自動車国道の本線車道では事故などの場合を除いて駐停車してはいけない。
問77：正 ★　　問78：正
問79：誤　問題の標示は転回禁止の終わりを表示しており、その手前は転回禁止場所である。
問80：誤　中央線から左側部分が6メートル未満であっても**右側部分にはみ出して通行することはできない。**追い越しのためのはみ出しは可。✋
問81：正
問82：誤　追い越し禁止の場所では、追い越しをしてはならない。
問83：誤　問題の標識は特定小型原動機付自転車・自転車専用道路であることを表しているので、特定小型原動機付自転車・普通自転車以外の車と歩行者は通行できない。✋
問84：誤　道幅の同じ交差点で右折しようとする場合は、反対方向から直進または左折する車に、徐行または一時停止をして進路を譲らなければならない。
問85：誤　車間距離は交通量に関係なく安全な距離をとらなければならない。
問86：正 ★　　問87：正　　問88：正　　問89：正
問90：正　放置車両確認標章は車の使用者、運転者やその車の管理について責任がある者は、これを取り除くことができる。
問91：　　(1) 誤　　(2) 正　　(3) 誤
　　　●片側1車線の道路では自分の走行する車線だけに注意が集中しがち

であるが、対向車線の交通にも注意する必要がある。
●この場面では、対向車が自転車をよけてはみ出してくることを考えておく必要がある。このような場合には、あらかじめ左寄りを通行することにより、対向車と安全な間隔を保ってすれ違うようにする。

問92： (1) 正　(2) 誤　(3) 正
●信号機のある交差点では、信号が変わらないうちに交差点を通過したいと考えがちである。あせらず、落ち着いて通過するようにする。
●交差点に接近するときは、前車だけに注意を集中しないで、前車が止まる原因となる歩行者などがいないかなどにも注意しなければならない。
●この場合、歩道のこどもがとび出してきて前車が急停止することが考えられるので、安全な車間距離をとる。

問93： (1) 正　(2) 誤　(3) 正
●歩行者や自転車の側方を通過するときは、安全な間隔をあけるか、安全な間隔がとれない場合は徐行する。
●この場面では、自転車が駐車車両をよけるために急に右側へ出てきた場合、安全な間隔をとれなくなるおそれがある。無理をせず、安全な場所を選んで側方を通過するようにする。駐車車両の横で自転車を追い越すのは危険なので、速度を落として先に行かせるようにする。

問94： (1) 誤　(2) 誤　(3) 正
●横断歩道がなくても歩行者は自分の判断で道路を横断することがある。運転するときは歩行者にも注意を向ける必要がある。歩行者の中には、車が接近していても自分の都合で横断を始める人もいる。
●横断歩道がない場所であっても、歩行者が横断を始めた場合や始めようとしていると思われるときは、速度を落としたり、一時停止するなど歩行者が安全に横断できるようにする必要がある。

問95： (1) 正　(2) 誤　(3) 正
●長い下り坂で足ブレーキを使いすぎるとブレーキのききが悪くなったり、きかなくなったりすることがある。長い下り坂で足ブレーキを踏み続けないと最適な速度が保てないようであれば、低速のギアに変え、エンジンブレーキを十分に活用し、足ブレーキは補助的に使うようにする。
●下り坂では加速がつき、停止距離が長くなるため、前の車との車間距離を多めにとることも必要である。

第15回 実力判定模擬テスト

◆制限時間：50分　◆90点以上正解で合格　◆問1～問90：各1点、問91～問95：各2点
（ただし、問91～問95は3つの質問すべてを正解した場合に限り得点となる）

◆次のそれぞれの問題について、正しいものは「正」、誤っているものは「誤」のワクの中をぬりつぶしなさい。

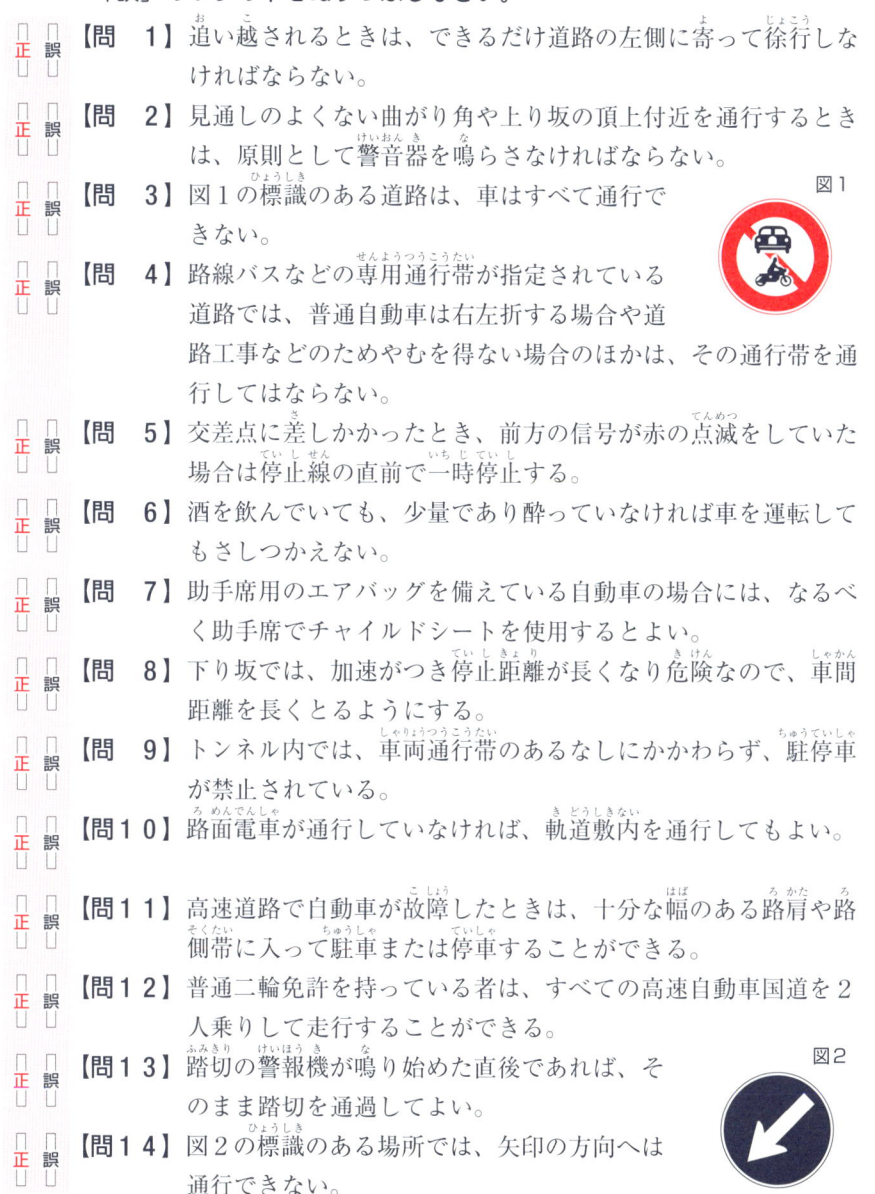

【問　1】追い越されるときは、できるだけ道路の左側に寄って徐行しなければならない。

【問　2】見通しのよくない曲がり角や上り坂の頂上付近を通行するときは、原則として警音器を鳴らさなければならない。

【問　3】図1の標識のある道路は、車はすべて通行できない。

【問　4】路線バスなどの専用通行帯が指定されている道路では、普通自動車は右左折する場合や道路工事などのためやむを得ない場合のほかは、その通行帯を通行してはならない。

【問　5】交差点に差しかかったとき、前方の信号が赤の点滅をしていた場合は停止線の直前で一時停止する。

【問　6】酒を飲んでいても、少量であり酔っていなければ車を運転してもさしつかえない。

【問　7】助手席用のエアバッグを備えている自動車の場合には、なるべく助手席でチャイルドシートを使用するとよい。

【問　8】下り坂では、加速がつき停止距離が長くなり危険なので、車間距離を長くとるようにする。

【問　9】トンネル内では、車両通行帯のあるなしにかかわらず、駐停車が禁止されている。

【問10】路面電車が通行していなければ、軌道敷内を通行してもよい。

【問11】高速道路で自動車が故障したときは、十分な幅のある路肩や路側帯に入って駐車または停車することができる。

【問12】普通二輪免許を持っている者は、すべての高速自動車国道を2人乗りして走行することができる。

【問13】踏切の警報機が鳴り始めた直後であれば、そのまま踏切を通過してよい。

【問14】図2の標識のある場所では、矢印の方向へは通行できない。

271

【問15】優先道路を通行しているときでも、左右の見通しのきかない交差点にさしかかったときは、必ず徐行しなければならない。

【問16】道路の曲がり角とその前後30メートル以内の場所では、追い越しが禁止されている。

【問17】マニュアル車を運転していて踏切でエンストしたときは、ギアを低速に入れたままセルモーターを使って車を動かすとよい。

【問18】踏切を通過するときは、対向車との衝突を防ぐため、できるだけ左端を通るようにする。

【問19】一方通行の道路を通行中、消防車がサイレンを鳴らしながら近づいてきたときは、右端に寄って進路を譲ることができる。

【問20】ほかの車を追い越すときは、原則として、その車の右側を追い越すが、路面電車を追い越すときも同じく右側を追い越す。

【問21】路面電車の軌道敷内は、運行中の時間帯でなければ駐車してよい。

【問22】住所地など自動車の使用の本拠の位置から1キロメートル以内の道路以外の場所に自動車の保管場所を確保しなければならない。

【問23】3つ以上の車両通行帯のある道路では、普通自動車は最も右側の通行帯を通行する。

【問24】ブレーキのリザーバ・タンク内の液量の点検は、整備工場で行うので一般の人は点検してはならない。

【問25】運転中の自動車に働く遠心力や衝撃力は、その速度の2乗に比例して大きくなる。

【問26】登坂車線のある道路では、荷物を積んでいるため速度の遅い車は登坂車線を通るようにする。

【問27】夜間でも、街路灯のついている道路では、前照灯をつけずに走ってもよい。

【問28】パーキング・チケット発給設備のある場所で駐車するときは、パーキング・チケットの発給を受け、これを車の前面の見やすい場所に掲示する。

【問29】交差する道路が優先道路や広い道路の交差点に入るときは徐行する。

【問30】道路の中心線に平行に黄色のペイントが引かれている標示の意味は、右側部分にはみ出しての追い越しは禁止である。

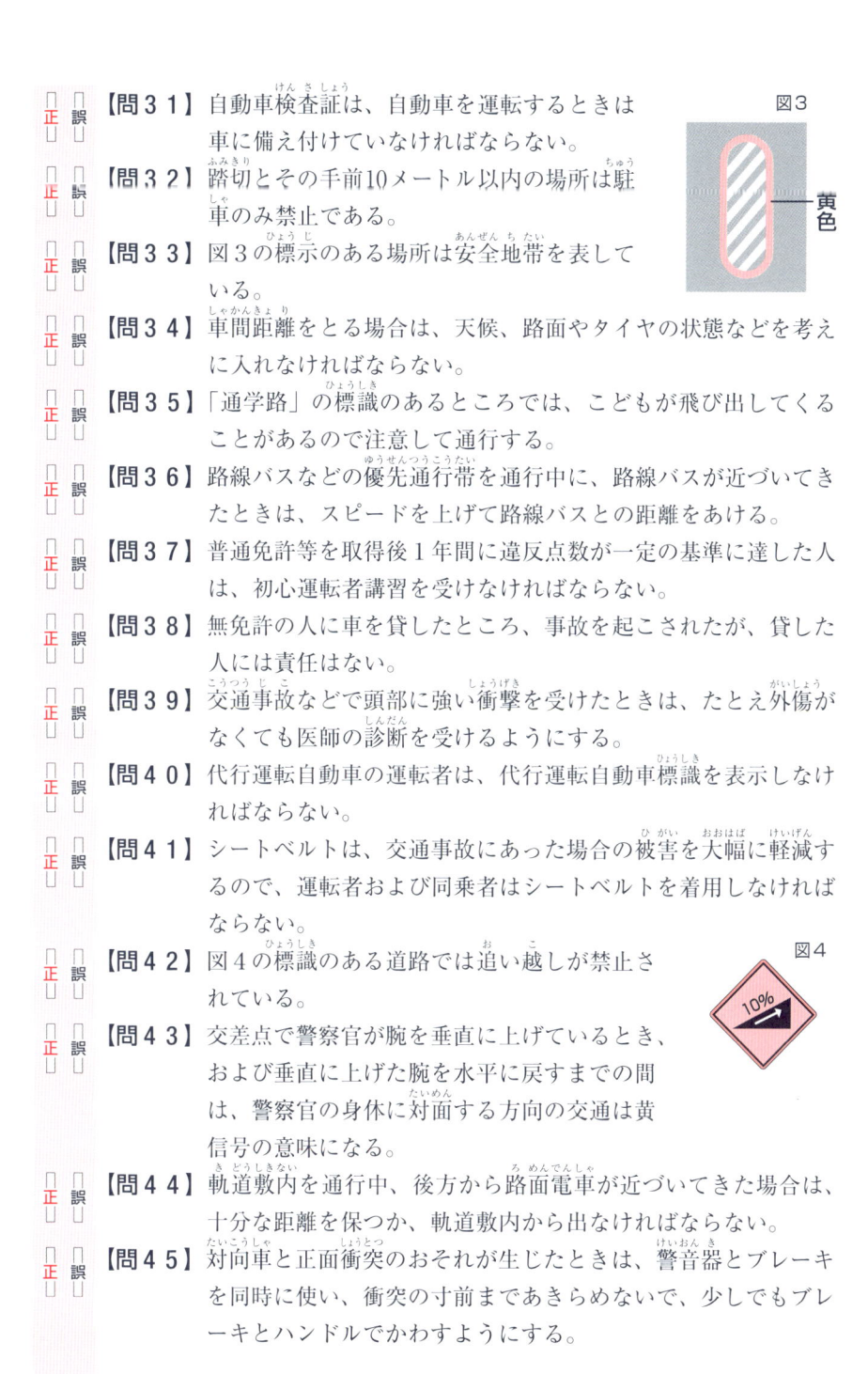

【問31】自動車検査証は、自動車を運転するときは車に備え付けていなければならない。

【問32】踏切とその手前10メートル以内の場所は駐車のみ禁止である。

【問33】図3の標示のある場所は安全地帯を表している。

【問34】車間距離をとる場合は、天候、路面やタイヤの状態などを考えに入れなければならない。

【問35】「通学路」の標識のあるところでは、こどもが飛び出してくることがあるので注意して通行する。

【問36】路線バスなどの優先通行帯を通行中に、路線バスが近づいてきたときは、スピードを上げて路線バスとの距離をあける。

【問37】普通免許等を取得後1年間に違反点数が一定の基準に達した人は、初心運転者講習を受けなければならない。

【問38】無免許の人に車を貸したところ、事故を起こされたが、貸した人には責任はない。

【問39】交通事故などで頭部に強い衝撃を受けたときは、たとえ外傷がなくても医師の診断を受けるようにする。

【問40】代行運転自動車の運転者は、代行運転自動車標識を表示しなければならない。

【問41】シートベルトは、交通事故にあった場合の被害を大幅に軽減するので、運転者および同乗者はシートベルトを着用しなければならない。

【問42】図4の標識のある道路では追い越しが禁止されている。

【問43】交差点で警察官が腕を垂直に上げているとき、および垂直に上げた腕を水平に戻すまでの間は、警察官の身体に対面する方向の交通は黄信号の意味になる。

【問44】軌道敷内を通行中、後方から路面電車が近づいてきた場合は、十分な距離を保つか、軌道敷内から出なければならない。

【問45】対向車と正面衝突のおそれが生じたときは、警音器とブレーキを同時に使い、衝突の寸前まであきらめないで、少しでもブレーキとハンドルでかわすようにする。

【問46】夜間の走行は、遠くを見ないで直前を見るようにして運転するのがよい。

【問47】坂道ではすべて駐停車禁止である。

【問48】交差点で左折するときは、左折する直前に道路の左端に寄らなければならない。

【問49】進路変更をするときに後続車との間に追突を避けるだけの距離がなければ行ってはならない。

【問50】普通自動車に載せることのできる荷物の幅はその車の幅以下である。

【問51】車を運転していて、盲導犬をつれて歩いている人がいたときは、一時停止か徐行をすれば、その人に少しの間、道を譲ってもらってもよい。

【問52】交通巡視員が手信号を行っているときは、警察官が行う手信号と同じように従わなければならない。

【問53】夜間、走行中に対向車のライトがまぶしいときは、目を細くして対向車を見るようにする。

【問54】往復の方向別に分離されていない高速自動車国道の区間では、速度制限は一般道路と同じである。

【問55】右折、左折または転回をするときは、それらを行う地点の30メートル手前で合図を始めなければならない（環状交差点での右左折・転回を除く）。

【問56】追い越しのときは、追い越した車がルームミラーで見えるくらいの距離までそのまま進み、ゆるやかに左に寄る。

【問57】横断歩道の直前で停止している車のそばを通過してその前方に出ようとするときは、その前方に出る前に一時停止する。

【問58】図5の標識のある交差点では、車は徐行しなければならない。

図5

【問59】ハンドブレーキのレバーは、いっぱいに引いたときに引きしろが残っているのは不良である。

【問60】アンチロックブレーキシステムを備えた自動車で急ブレーキをかける場合には、システムを作動させるために、一気に強く踏み込み、そのまま踏み込み続けることが必要である。

【問61】駐車違反をして車輪止め装置と車輪止め標章が取り付けられたときは、車輪止め標章は自分で取り除くことができる。

【問62】図6の標識のある交差点を原動機付自転車で右折するときは、自転車と同じように二段階で右折する。

【問63】歩道も路側帯もない道路を普通自動車で通行するときは、路肩にはみ出してはいけない。

【問64】信号機のない踏切では、必ず直前で一時停止し、左右の安全を確認しなければならない。

【問65】交差点とその端から5メートル以内の場所では、駐車と停車が禁止されている。

【問66】荷台に人を乗せることは禁止されているが、荷物の見張りのため必要な最小限度の人を乗せるのは許される。

【問67】進行中に前方の信号が青から黄に変わったときは、横断歩道上でもかまわないから停止する。

【問68】長時間にわたって運転することは危険なので、2時間に1回程度の休憩時間をとって、ゆとりのある走行計画を立てるようにする。

【問69】警察官が交差点の中央で灯火を頭上に上げているときは、これと対面する交通は、赤信号と同じ意味となる。

【問70】四輪車を運転中にエンジンの回転数が上がった後、故障などにより下がらなくなったときは、ただちにエンジンスイッチを切る。

【問71】標識などにより最高速度の指定がない一般道路での、総排気量660cc以下の普通自動車の最高速度は50キロメートル毎時である。

【問72】高齢者マークをつけている高齢者が運転している車の前方に入るときは、その車の側方に幅寄せをしたり、無理に割り込んではならない。

【問73】疲労の影響は最も目に現れるので、疲れてきたら速度を上げ、目的地に早く着くようにする。

【問74】標識や標示によって指定されていない高速自動車国道の本線車道での最低速度は、すべての自動車で60キロメートル毎時である。

【問75】図7の標識のある場所では道路外の施設や場所に出入りするための左折も禁止されている。

【問76】原動機付自転車は、高速自動車国道だけでなく、自動車専用道路も通行できない。

| 正 | 誤 | 【問77】普通免許で運転できるのは、普通自動車のほか、原動機付自転車と小型特殊自動車である。

| 正 | 誤 | 【問78】乾燥した路面で二輪車のブレーキをかけるときは、前輪ブレーキをやや強くかける。

| 正 | 誤 | 【問79】警察署の前の道路など、「停止禁止部分」の標示のある場所は、信号などで停止して動きがとれなくなるおそれがあるときは、その中に入ってはならない。

| 正 | 誤 | 【問80】安全地帯の左側とその前後10メートル以内の場所は、駐車は禁止されているが、停車は禁止されていない。

| 正 | 誤 | 【問81】交通整理の行われていない道幅が同じような交差点（環状交差点や優先道路通行中の場合を除く）では、左方から来る車の進行を妨げてはならない。

| 正 | 誤 | 【問82】普通免許を持っていれば、ミニカーを運転することができる。

| 正 | 誤 | 【問83】やむを得ずブレーキをかけるときは、一気に強くブレーキをかけずに、数回に分けてペダルを踏むのがよい。

| 正 | 誤 | 【問84】ぬかるみや水たまりの道路を通るときは、歩行者に迷惑をかけないように徐行して通らなければならない。

| 正 | 誤 | 【問85】運転者は、荷物をトランクに入れた場合にトランクが完全に閉まらなくても慎重に運転すればよい。

| 正 | 誤 | 【問86】後ろの車が自分の車を追い越そうとしていたので、急いで前の車を追い越した。

| 正 | 誤 | 【問87】片側ががけになっている道路で、安全な行き違いができないような場合には、がけ側の車が一時停止をして道を譲る。

図8

| 正 | 誤 | 【問88】図8の標識のある道路では、車は右側部分にはみ出しての追い越しはすることができない。

追越し禁止

| 正 | 誤 | 【問89】オートマチック二輪車に無段変速装置が採用されている場合、エンジンの回転数が低いときには、車輪にエンジンの力が伝わりにくい特性がある。

| 正 | 誤 | 【問90】停止するときは、その行為をしようとする地点から30メートル手前の地点に達したときに合図を行う。

【問91】40km/hで運転して交差点を直進しようとするとき、どのようなことに注意して運転しますか？

(1) 信号は青であり、とくに危険があるとは思われないので、そのままの速度で走行する。

(1) 正 誤
(2) 正 誤
(3) 正 誤

(2) 対向車線の車の状況はトラックのかげで見えないので、トラックのかげから車が右折してくることも考えて速度を落として走行する。
(3) トラックのかげから右折しようとする車が出てくることがあるので、左側に寄り、対向車線の状況を見るようにする。

【問92】 交差点を右折するため10km/hで通行しています。どのようなことに注意して運転しますか？

(1) 正 誤
(2) 正 誤
(3) 正 誤

(1) 前の車が右折を開始したら、ただちに前の車に続いて右折する。
(2) 前の車は右折をしても横断歩道の手前で歩行者が横断しているために停止すると思われるので、前の車のようすを確認してから右折する。
(3) 前の車が右折したら対向車の状況を確認し、安全を確かめてから右折を開始する。

【問93】 40km/hで走行しています。前のタクシーは客を乗せるために停車するものと思われます。どのようなことに注意して運転しますか？

(1) タクシーは客を乗せるために急停止するかもしれないので、スピードを落としてタクシーの動きに注意する。
(2) 前のタクシーは左側に寄って停車すると思われるので、スピードを上げて中央線を越えタクシーを追い越す。
(3) タクシーは停止すると思われるが、停車中のタクシーの右側を通過するときには対向車線の車の動きに注意しなければならない。

(1) 正 誤
(2) 正 誤
(3) 正 誤

【問94】30km/hで通行しています。停留所に停車している路線バスが発進の合図をしているとき、どのようなことに注意して運転しますか？

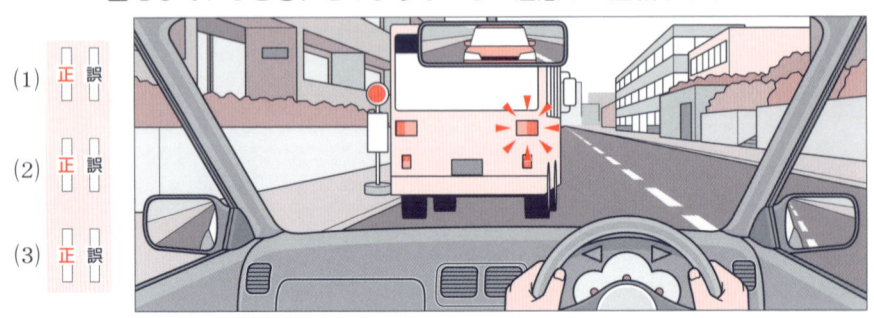

(1) 正 誤
(2) 正 誤
(3) 正 誤

(1) 路線バスの発進を妨げないようにブレーキペダルを数回に分けて踏み、スピードを落として進行する。
(2) スピードを落とし、場合によっては一時停止をして路線バスの発進を妨げないようにして、発進をしたら安全な車間距離を保ち進行する。
(3) 路線バスは発進の合図をしてもすぐには発進しないと思われるので、スピードを上げて急いで路線バスの横を通過する。

【問95】30km/hで進行しています。前方の信号機が青色の灯火の交差点を直進するとき、どのようなことに注意して運転しますか？

(1) 正 誤
(2) 正 誤
(3) 正 誤

(1) 前のトラックは左折しようとして左折側の横断歩道の手前で一時停止するか

もしれないので、右側の車線に移りそのままの速度で進行する。
(2) 対向車線の右折車は自分の車が通過するまで停止していると思われるので、左折するトラックの右側に十分な間隔をとり、そのままの速度で進行する。
(3) トラックの右側に十分な間隔をとり、対向車線の車が急に右折を始めることも予測して、いつでも危険を避けられるように速度を落として進行する。

第15回 実力判定模擬テスト 解答＆解説

● ……試験によく出る頻出問題　　✋……引っかけ問題　　★……理解しておきたい難問

問1：誤　追い越されるときは、できるだけ道路の左側に寄り道を譲る必要があるが、徐行しなければならない規定はない。✋
問2：誤　「警笛鳴らせ」や「警笛区間」の標識がある場合のほかは、**危険を避けるため以外には**警音器を鳴らしてはならない。
問3：誤　問題の標識は自動車と原動機付自転車の通行は禁止しているが、自転車などの軽車両の通行は禁止していない。
問4：正 ★　　問5：正
問6：誤　少量でも酒を飲んで運転してはならない。★
問7：誤　助手席用のエアバッグを備えている自動車の場合には、なるべく後部座席でチャイルドシートを使用するようにする。★
問8：正 ●　　問9：正 ★
問10：誤　「軌道敷内通行可」の標識によって認められた自動車や、右左折などの場合以外は通行できない。
問11：正
問12：誤　大型二輪免許および普通二輪免許を受けている満20歳以上の者で、大型・普通二輪免許を受けていた期間が3年以上の者以外は高速道路で2人乗りすることができない。
問13：誤　警報機が鳴っている踏切には進入してはならない。★
問14：誤　問題の標識は矢印の方向以外への通行を禁止している。
問15：誤　**優先道路**では、左右の見とおしのきかない交差点に入るときでも**徐行する必要はない。**★
問16：誤　追い越しが禁止されているのは道路の曲がり角付近である。
問17：正　ただし、クラッチを踏まないとエンジンが始動しない車では、この方法は使えない。
問18：誤　**踏切を通過する**ときは落輪を防ぐため、できるだけ**中央寄りを通る**ようにする。★

問19：正　一方通行の道路で左端に寄ると緊急自動車の進行の妨げになる場合は右端に寄って進路を譲る。

問20：誤　路面電車を追い越すときは、原則として左側を追い越す。★

問21：誤　**路面電車の軌道敷内は、終日駐車禁止である。**

問22：誤　住所地など自動車の使用の本拠の位置から2キロメートル以内の道路以外の場所に自動車の保管場所を確保しなければならない。

問23：誤　車両通行帯が3つ以上ある道路では、標識や標示により通行区分が示されている場合を除き、最も右側の通行帯は追い越しのためにあけておく。

問24：誤　ブレーキのリザーバ・タンクの液量は自分で点検する。

問25：正　　　問26：正

問27：誤　夜間は前照灯・車幅灯・尾灯などをつけて運転しなければならない。●

問28：正　　問29：正★　　問30：正　　問31：正

問32：誤　踏切とその端から前後10メートル以内の場所は駐停車禁止である。

問33：誤　問題の標示は立入り禁止部分を表している。

問34：正　　　問35：正★

問36：誤　路線バスが近づいてきたときは、**すみやかに優先通行帯から出なければならない。**✋

問37：正

問38：誤　無免許とわかっている人に車を貸し、事故を起こしたときには、貸した人にも責任がかかる。

問39：正　　　問40：正　　　問41：正

問42：誤　問題の標識は上り急こう配あり。下り急こう配であれば追い越し禁止。

問43：誤　交差点で警察官が腕を垂直に上げているときや腕を水平に戻す間は、警察官の身体に対面する交通は赤の信号の意味になる。★

問44：正　軌道敷内を通行中、路面電車が近づいてきた場合は、十分な距離を保つか、軌道敷内を出る。★

問45：正

問46：誤　夜間は視線をできるだけ先へ向けて、少しでも早く前方の障害を発見するようにする。★

問47：誤　上り坂の頂上付近、こう配の急な坂が駐停車禁止場所である。

問48：誤　左折するときは、**交差点の手前であらかじめ左端に寄る。**

問49：正●

問50：誤　普通自動車には自動車の幅×1.2メートル以下まで積載物を積むことができる（ただし車体の左右0.1倍まで）。

問51：誤　盲導犬をつれて歩いている人がいたときは、一時停止か徐行をし、そ

の人の通行を妨げてはならない。★

問52：正 ★
問53：誤　走行中に対向車のライトがまぶしいときは、視線をやや左前方に移して目がくらまないようにする。
問54：正　往復の方向別に分離されていない高速自動車国道では、標識や標示で規制されていないかぎり最高速度は60キロメートル毎時である。★
問55：正　　　問56：正　　　問57：正 ★　　問58：正
問59：誤　ハンドブレーキのレバーは、いっぱいに引いたときに引きしろが残っていなければならない。
問60：正　アンチロックブレーキシステムとは、走行中の自動車が急ブレーキをかけたときにスリップを防止できる装置である。
問61：誤　車輪止め標章は勝手に取り除いたり、破ったりしてはならない。
問62：誤　問題の標識は小回り右折を表している。
問63：正　　問64：正 ●　　問65：正 ★　　問66：正 ★
問67：誤　信号が変わったとき、安全に停止できないときはそのまま通過する。★
問68：正　　問69：正 ★
問70：誤　四輪車の場合は、ギアをニュートラル（N）にして車輪にエンジンの力をかけないようにしながら路肩などの安全な場所で停止した後、エンジンスイッチを切る。★
問71：誤　最高速度の指定がない一般道路では、すべての普通自動車の最高速度は60キロメートル毎時である。
問72：正
問73：誤　疲れているときには、休憩するようにする。
問74：誤　標識や標示によって指定されていない高速自動車国道の本線車道では、最低速度はすべての自動車とも50キロメートル毎時である。
問75：誤　問題の標識は「車両横断禁止」を表しており、右横断は禁止だが、左横断は可能。
問76：正 ★　問77：正 ★　問78：正　　問79：正 ★
問80：誤　安全地帯の左側とその前後10メートル以内の場所は駐停車禁止である。●
問81：正 ★　問82：正　　問83：正　　問84：正
問85：誤　荷物が走行中に落ちないようにトランクを確実に閉める。
問86：誤　後ろの車が自分の車を追い越そうとしているときは、前の車の追い越しを始めてはならない。
問87：正
問88：誤　問題の標識は追い越し禁止を表しているので、右側部分にはみ出さなくても追い越しをしてはならない。

問89：正
問90：誤　停止するときは、その行為をしようとする時点で合図を行う。
問91：　　(1) 誤　　(2) 正　　(3) 正
●右折するトラックのかげで対向車線の状況が見えないが、対向車がトラックの陰から急に右折するために飛び出してくることがある。
●このような場面では、左側に寄り、少しでも対向車線の状況を見ることが大切である。少しでも危険と感じることがあれば速度を落とす。
問92：　　(1) 誤　　(2) 正　　(3) 正
●前の車に続いて右折する場合、前の車の状況を確認する必要がある。前の車に続いて右折すると、前車が横断歩道の手前で停止した場合、自車は交差点内で停止するため対向車の進路を妨げることになる。
●右折するときには、対向車線の状況の安全を確認しなければならない。前車のために対向車線の二輪車が見えなかったり、横断歩道の状況が確認できない場合がある。
問93：　　(1) 正　　(2) 誤　　(3) 正
●前を走行しているタクシーは、客を乗せるために停車するかもしれないし、すでに客を乗せているためにそのまま通過するかもしれない。タクシーの動きに注意して速度を落とすことが大切である。
●タクシーが停車した場合は、対向車線の車の動きに注意して、対向車がいる場合はタクシーの後方で停止し、対向車がいない場合はタクシーの動きに注意してその右側を通過する。
問94：　　(1) 正　　(2) 正　　(3) 誤
●停留所に停車している路線バスが発進の合図をしているときは、後方の車は急ブレーキや急ハンドルで避けなければならない場合以外は、徐行または一時停止をして発進を妨げないようにする。
●この場合、後続車がいるので、ブレーキを数回に分けて踏み、ブレーキ灯を点滅させて、追突事故を防止するようにする。
問95：　　(1) 誤　　(2) 誤　　(3) 正
●トラックのかげで左折側の横断歩道の手前に歩行者などがいてトラックが急停止することも予想して、車間距離を十分にとる。トラックに続いてそのままの速度で進行するのは危険である。
●対向車線の右折車は、トラックに注意が向き、後続の自車を見落とすかもしれない。トラックが左折を始めると、急に右折を始めるかもしれない。自車が通過するまで右折車は停止していると決めつけず、速度を落として危険を回避できるようにする。

第16回 実力判定模擬テスト

◆制限時間：50分　◆90点以上正解で合格　◆問1〜問90：各1点、問91〜問95：各2点
（ただし、問91〜問95は3つの質問すべてを正解した場合に限り得点となる）

◆次のそれぞれの問題について、正しいものは「正」、誤っているものは「誤」のワクの中をぬりつぶしなさい。

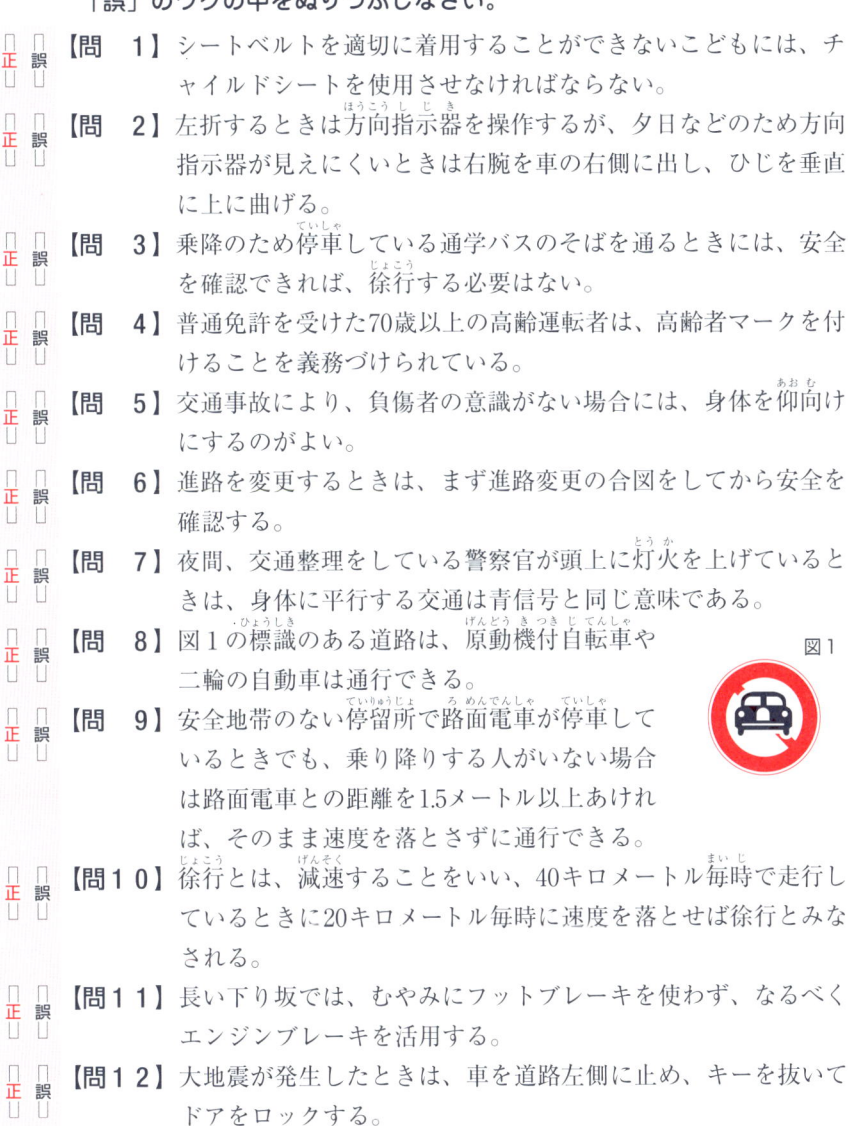

【問1】シートベルトを適切に着用することができないこどもには、チャイルドシートを使用させなければならない。

【問2】左折するときは方向指示器を操作するが、夕日などのため方向指示器が見えにくいときは右腕を車の右側に出し、ひじを垂直に上に曲げる。

【問3】乗降のため停車している通学バスのそばを通るときには、安全を確認できれば、徐行する必要はない。

【問4】普通免許を受けた70歳以上の高齢運転者は、高齢者マークを付けることを義務づけられている。

【問5】交通事故により、負傷者の意識がない場合には、身体を仰向けにするのがよい。

【問6】進路を変更するときは、まず進路変更の合図をしてから安全を確認する。

【問7】夜間、交通整理をしている警察官が頭上に灯火を上げているときは、身体に平行する交通は青信号と同じ意味である。

【問8】図1の標識のある道路は、原動機付自転車や二輪の自動車は通行できる。

図1

【問9】安全地帯のない停留所で路面電車が停車しているときでも、乗り降りする人がいない場合は路面電車との距離を1.5メートル以上あければ、そのまま速度を落とさずに通行できる。

【問10】徐行とは、減速することをいい、40キロメートル毎時で走行しているときに20キロメートル毎時に速度を落とせば徐行とみなされる。

【問11】長い下り坂では、むやみにフットブレーキを使わず、なるべくエンジンブレーキを活用する。

【問12】大地震が発生したときは、車を道路左側に止め、キーを抜いてドアをロックする。

【問13】疲れ、心配ごと、病気のときは運転をひかえる。

正 誤 【問14】カーブを曲がろうとするときにかかる遠心力は、カーブの半径が小さいほど大きくなり、速度の2乗に比例して大きくなる。

正 誤 【問15】火災報知機から1メートル以内の場所は、駐車はできないが停車はできる。

正 誤 【問16】赤信号が点滅しているときは、車はほかの交通に注意しながら進むことができる。

正 誤 【問17】バスの停留所の付近では、バスが停車する位置付近から10メートル以内が駐車禁止場所である。

正 誤 【問18】こう配の急な坂とは、こう配率が10%以上の場合をいう。

正 誤 【問19】右折するためにすでに交差点（環状交差点を除く）に入っていれば、左折車や直進車より優先して進行することができる。

正 誤 【問20】警察官の手信号と信号機の信号とが違っていた場合は、警察官の手信号に従う。

正 誤 【問21】安全な車間距離は、制動距離と同じ距離である。

正 誤 【問22】濃い霧で50メートル先が見えにくいときでも、昼間はライトを点灯してはならない。

正 誤 【問23】原動機付自転車を運転して自動車専用道路を通行することができる。

正 誤 【問24】一般道路では、交通規則を守っていれば十分であり、お互いに相手のことを考えるとかえって交通の円滑を阻害する。

正 誤 【問25】踏切内では、対向車があってもできるだけ中央寄りを、発進したときと同じ低速ギアのまま通過する。

正 誤 【問26】図2の標識のある場所では、自動車は駐停車できないが、原動機付自転車は停車に限りすることができる。

図2

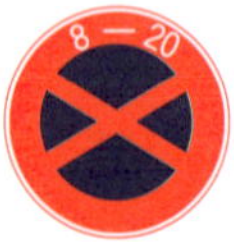

正 誤 【問27】雪道では、できるだけわだち（前の車が通ったタイヤの跡）を通るとよい。

正 誤 【問28】交通事故を起こしたときには、負傷者の保護よりも先に警察に連絡する。

正 誤 【問29】カーブを曲がるときは、カーブに入る直前で減速する。

正 誤 【問30】交差点を通行中に、緊急車両が近づいてきたときは、速やかに交差点の端に寄って一時停止する。

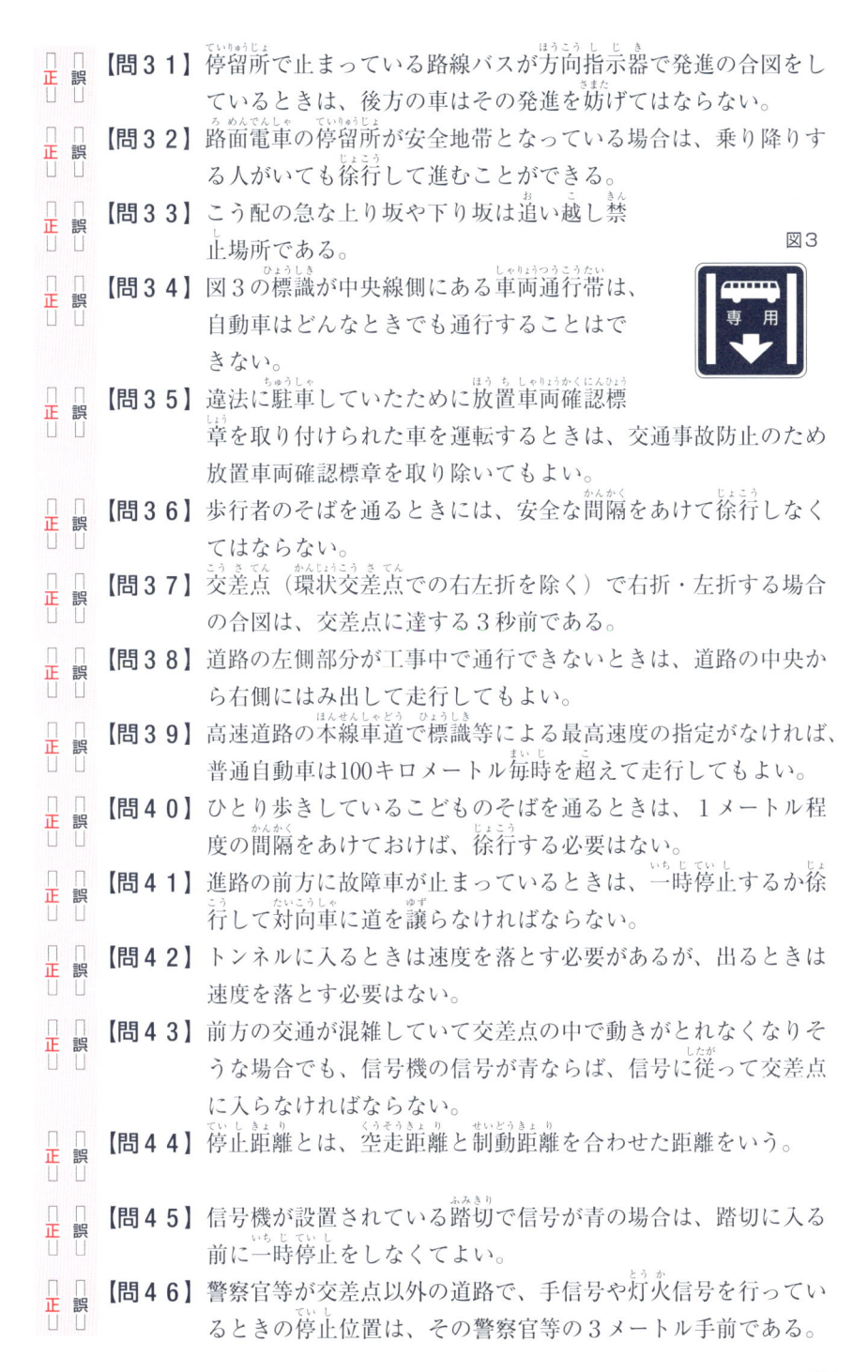

【問31】停留所で止まっている路線バスが方向指示器で発進の合図をしているときは、後方の車はその発進を妨げてはならない。

【問32】路面電車の停留所が安全地帯となっている場合は、乗り降りする人がいても徐行して進むことができる。

【問33】こう配の急な上り坂や下り坂は追い越し禁止場所である。

【問34】図3の標識が中央線側にある車両通行帯は、自動車はどんなときでも通行することはできない。

図3

【問35】違法に駐車していたために放置車両確認標章を取り付けられた車を運転するときは、交通事故防止のため放置車両確認標章を取り除いてもよい。

【問36】歩行者のそばを通るときには、安全な間隔をあけて徐行しなくてはならない。

【問37】交差点（環状交差点での右左折を除く）で右折・左折する場合の合図は、交差点に達する3秒前である。

【問38】道路の左側部分が工事中で通行できないときは、道路の中央から右側にはみ出して走行してもよい。

【問39】高速道路の本線車道で標識等による最高速度の指定がなければ、普通自動車は100キロメートル毎時を超えて走行してもよい。

【問40】ひとり歩きしているこどものそばを通るときは、1メートル程度の間隔をあけておけば、徐行する必要はない。

【問41】進路の前方に故障車が止まっているときは、一時停止するか徐行して対向車に道を譲らなければならない。

【問42】トンネルに入るときは速度を落とす必要があるが、出るときは速度を落とす必要はない。

【問43】前方の交通が混雑していて交差点の中で動きがとれなくなりそうな場合でも、信号機の信号が青ならば、信号に従って交差点に入らなければならない。

【問44】停止距離とは、空走距離と制動距離を合わせた距離をいう。

【問45】信号機が設置されている踏切で信号が青の場合は、踏切に入る前に一時停止をしなくてよい。

【問46】警察官等が交差点以外の道路で、手信号や灯火信号を行っているときの停止位置は、その警察官等の3メートル手前である。

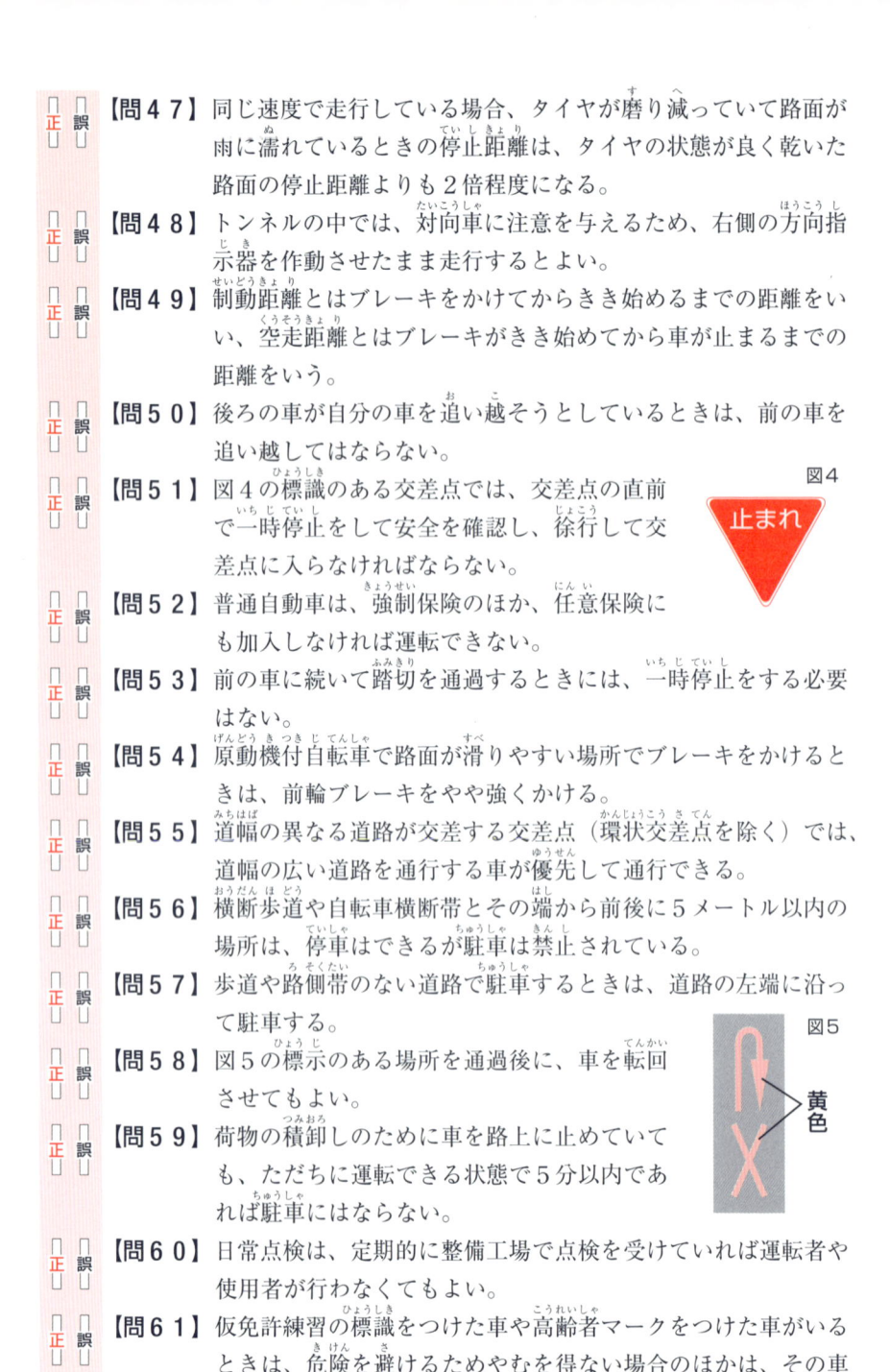

【問47】同じ速度で走行している場合、タイヤが磨り減っていて路面が雨に濡れているときの停止距離は、タイヤの状態が良く乾いた路面の停止距離よりも2倍程度になる。

【問48】トンネルの中では、対向車に注意を与えるため、右側の方向指示器を作動させたまま走行するとよい。

【問49】制動距離とはブレーキをかけてからきき始めるまでの距離をいい、空走距離とはブレーキがきき始めてから車が止まるまでの距離をいう。

【問50】後ろの車が自分の車を追い越そうとしているときは、前の車を追い越してはならない。

【問51】図4の標識のある交差点では、交差点の直前で一時停止をして安全を確認し、徐行して交差点に入らなければならない。

【問52】普通自動車は、強制保険のほか、任意保険にも加入しなければ運転できない。

【問53】前の車に続いて踏切を通過するときには、一時停止をする必要はない。

【問54】原動機付自転車で路面が滑りやすい場所でブレーキをかけるときは、前輪ブレーキをやや強くかける。

【問55】道幅の異なる道路が交差する交差点（環状交差点を除く）では、道幅の広い道路を通行する車が優先して通行できる。

【問56】横断歩道や自転車横断帯とその端から前後に5メートル以内の場所は、停車はできるが駐車は禁止されている。

【問57】歩道や路側帯のない道路で駐車するときは、道路の左端に沿って駐車する。

【問58】図5の標示のある場所を通過後に、車を転回させてもよい。

【問59】荷物の積卸しのために車を路上に止めていても、ただちに運転できる状態で5分以内であれば駐車にはならない。

【問60】日常点検は、定期的に整備工場で点検を受けていれば運転者や使用者が行わなくてもよい。

【問61】仮免許練習の標識をつけた車や高齢者マークをつけた車がいるときは、危険を避けるためやむを得ない場合のほかは、その車を追い越してはならない。

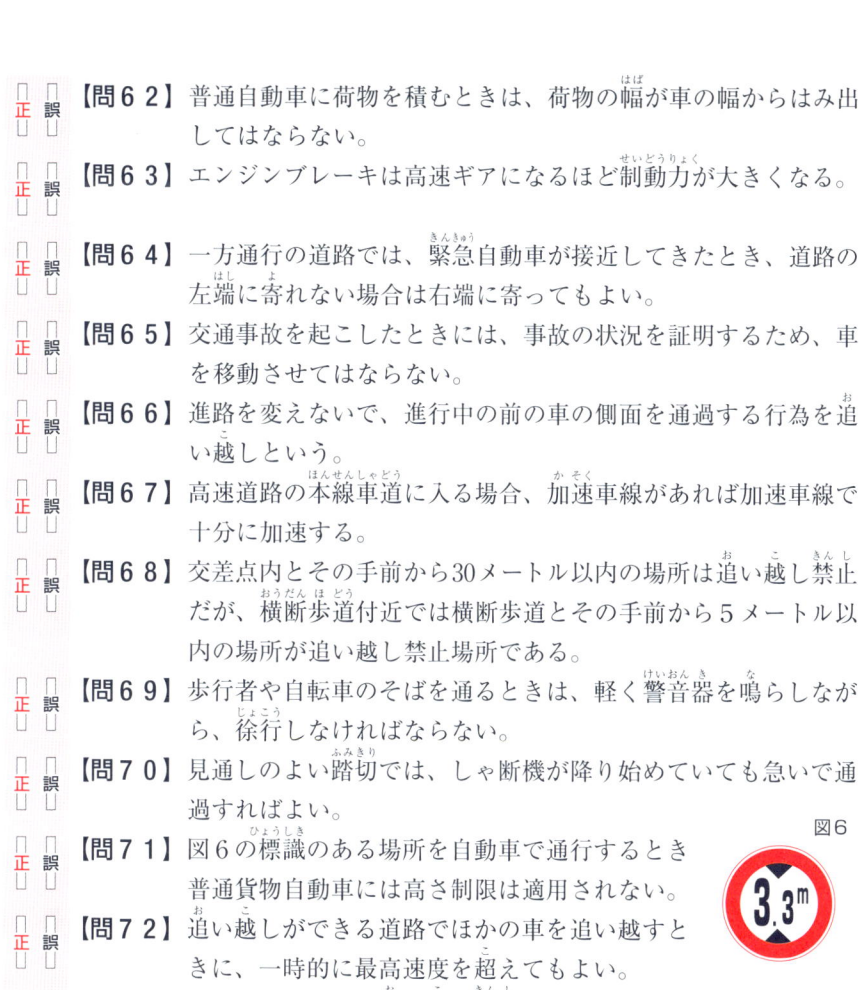

【問62】普通自動車に荷物を積むときは、荷物の幅が車の幅からはみ出してはならない。

【問63】エンジンブレーキは高速ギアになるほど制動力が大きくなる。

【問64】一方通行の道路では、緊急自動車が接近してきたとき、道路の左端に寄れない場合は右端に寄ってもよい。

【問65】交通事故を起こしたときには、事故の状況を証明するため、車を移動させてはならない。

【問66】進路を変えないで、進行中の前の車の側面を通過する行為を追い越しという。

【問67】高速道路の本線車道に入る場合、加速車線があれば加速車線で十分に加速する。

【問68】交差点内とその手前から30メートル以内の場所は追い越し禁止だが、横断歩道付近では横断歩道とその手前から5メートル以内の場所が追い越し禁止場所である。

【問69】歩行者や自転車のそばを通るときは、軽く警音器を鳴らしながら、徐行しなければならない。

【問70】見通しのよい踏切では、しゃ断機が降り始めていても急いで通過すればよい。

【問71】図6の標識のある場所を自動車で通行するとき普通貨物自動車には高さ制限は適用されない。

図6
3.3m

【問72】追い越しができる道路でほかの車を追い越すときに、一時的に最高速度を超えてもよい。

【問73】トンネルの中は、追い越し禁止であり、どのような場合でも追い越しをしてはならない。

【問74】路線バスの専用通行帯には、道路工事や右左折などやむを得ない場合を除き、普通自動車は入ることはできない。

【問75】チャイルドシートをエアバッグの備えのある助手席で使用する場合は、座席をできるだけ後ろまで下げ、必ず後ろ向きに固定する。

【問76】交通整理の行われていない道幅が同じような道路の交差点（環状交差点や優先道路通行中の場合を除く）では、左方から来る車の進行を優先しなければならない。

【問77】道路の曲がり角では、見通しがよい場合でも徐行して進まなければならない。

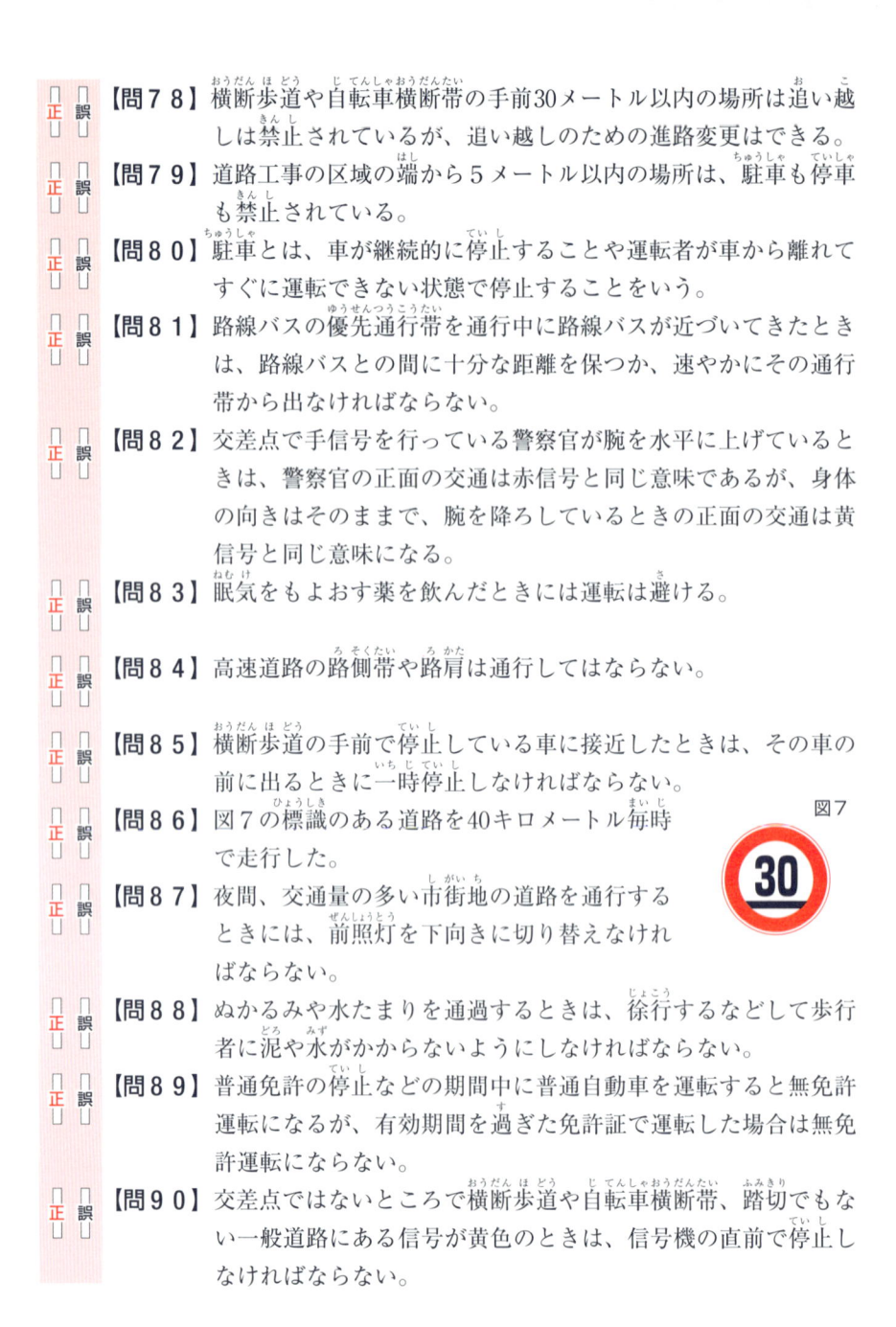

【問78】横断歩道や自転車横断帯の手前30メートル以内の場所は追い越しは禁止されているが、追い越しのための進路変更はできる。

【問79】道路工事の区域の端から5メートル以内の場所は、駐車も停車も禁止されている。

【問80】駐車とは、車が継続的に停止することや運転者が車から離れてすぐに運転できない状態で停止することをいう。

【問81】路線バスの優先通行帯を通行中に路線バスが近づいてきたときは、路線バスとの間に十分な距離を保つか、速やかにその通行帯から出なければならない。

【問82】交差点で手信号を行っている警察官が腕を水平に上げているときは、警察官の正面の交通は赤信号と同じ意味であるが、身体の向きはそのままで、腕を降ろしているときの正面の交通は黄信号と同じ意味になる。

【問83】眠気をもよおす薬を飲んだときには運転は避ける。

【問84】高速道路の路側帯や路肩は通行してはならない。

【問85】横断歩道の手前で停止している車に接近したときは、その車の前に出るときに一時停止しなければならない。

【問86】図7の標識のある道路を40キロメートル毎時で走行した。

図7

【問87】夜間、交通量の多い市街地の道路を通行するときには、前照灯を下向きに切り替えなければならない。

【問88】ぬかるみや水たまりを通過するときは、徐行するなどして歩行者に泥や水がかからないようにしなければならない。

【問89】普通免許の停止などの期間中に普通自動車を運転すると無免許運転になるが、有効期間を過ぎた免許証で運転した場合は無免許運転にならない。

【問90】交差点ではないところで横断歩道や自転車横断帯、踏切でもない一般道路にある信号が黄色のときは、信号機の直前で停止しなければならない。

【問91】カーブしている道路を30km/hで通行しています。どのようなことに注意して運転しますか？

(1) 正 誤
(2) 正 誤
(3) 正 誤

(1) 対向車線の車がカーブの内側にはみ出して進行してきても接触しないように、車線の左側に寄って速度を落として進行する。
(2) 路面がぬれているためカーブでスリップしないように、直線部分で速度を十分に落としておく。
(3) 路面がぬれているため、右側の車線にはみ出してでも、できるだけ大回りしてゆっくりとカーブを通過する。

【問92】30km/hで通行しています。路面電車が安全地帯のない停留所で停止しているとき、どのようなことに注意して運転しますか？

(1) 正 誤
(2) 正 誤
(3) 正 誤

(1) 路面電車への乗り降りが終わったときに路面電車の横をすばやく通過できるように、速度を落として進行する。
(2) 路面電車に乗り降りしている人のほかに、路面電車に乗ろうとして急に道路に人が出てくるおそれがあるので、徐行して通過する。
(3) 路面電車に乗り降りする人が見えるので、路面電車の後方で停止して、乗り降りする人がいなくなるまで待つ。

【問93】雨の日の道路を20km/hで通行しています。どのようなことに注意して運転しますか？

(1) 正 誤
(2) 正 誤
(3) 正 誤

(1) 傘をさしている歩行者は車が近づいていることに気づきにくいので、歩行者との間に安全な間隔をあけ、速度を落として進行する。
(2) 前を走る車が歩行者を避けるために急停止することも考えられるので、十分な車間距離をとって進行する。
(3) 歩行者は傘をさしていても車の存在に気づいて避けてくれると思うので、そのままの速度で運転しても安全である。

【問94】交差点で右折のため停止しています。対向車が左折の合図をしながら近づいてきたとき、どのようなことに注意して運転しますか？

(1) 正 誤
(2) 正 誤
(3) 正 誤

(1) 左折の合図をしている対向車が交差点に接近しているので、対向車が左折するのを待って、対向車線の安全を確認してから右折する。
(2) 横断している歩行者がいるので、対向車線の左折車は横断歩道の手前で停止すると思われるので、左折車が横断歩道を通過するまで待つ。
(3) 対向車は左折の合図をしており、交差点の手前で速度を落とすと思われるので、対向車より先に急いで右折する。

【問95】40km/hで進行しています。どのようなことに注意して運転しますか？

(1) 正 誤
(2) 正 誤
(3) 正 誤

(1) 大型トラックの後ろの車がトラックを追い越すために中央線を越えてくるかもしれないので、対向車の動きに注意して通行する。
(2) 大型トラックの後ろの車がトラックを追い越すために中央線をはみ出してくるかもしれないので、はみ出してこないように中央線寄りを進行する。
(3) 1台の車がトラックを追い越すと次々と追い越してくることがあるので、対向車の動きに注意する。

第16回 実力判定模擬テスト　解答＆解説

◉……試験によく出る頻出問題　✋……引っかけ問題　★……理解しておきたい難問

問1：正 ★　　問2：正
問3：誤　通学バスのそばを通るときは、徐行して安全確認する。★
問4：誤　70歳以上の運転者は高齢者マークを付けるようにしましょうとされているが、義務化はされていない。
問5：誤　負傷者の身体を横向きに寝かせ、気道がふさがるのを防ぐ。
問6：誤　あらかじめ安全を確認してから、合図を行い、進路を変更する。
問7：誤　警察官の身体に平行する交通は、黄信号と同じ意味である。★
問8：正
問9：誤　路面電車との距離を1.5メートル以上あけたうえで、徐行して通行しなければならない。
問10：誤　徐行とは、いつでも停止できる速度で進むことをいい、一般的に10キロメートル毎時以下の速度である。
問11：正 ◉
問12：誤　避難するときは、できるだけ道路外、または道路の左端に車を寄せて、エンジンを止め、キーは、いつでも移動できるようにつけたままにし

ておく。ドアもロックしない。

問13：正　　　　問14：正　　　　問15：正 ★

問16：誤　車は一時停止し、安全を確認しなければならない。

問17：誤　バスの停留所では、運行時間に限り標示板の位置から10メートル以内の場所が駐停車禁止である。

問18：正

問19：誤　交差点では左折車や直進車が優先する。★

問20：正 ★

問21：誤　前の車が急に止まっても衝突しない停止距離以上が安全な車間距離。

問22：誤　濃い霧で先が見えにくいときは、昼間でもライトを点灯する。★

問23：誤　原動機付自転車は、自動車専用道路や高速自動車国道を走れない。

問24：誤　交通規則を守るのは当然で、ほかの交通のことも考え、安全に運転する。

問25：正　踏切内では、落輪しないように中央寄りを、エンスト防止のために発進したときと同じ低速ギアで通過する。●

問26：誤　問題の標識は駐停車禁止なので、原動機付自転車も含めて車は駐車や停車をすることはできない。

問27：正 ★

問28：誤　交通事故が起きたときには、まず事故の続発を防ぐための措置や負傷者の保護にあたってから、警察に連絡する。

問29：誤　カーブに近づくときには、カーブの直前ではなく、手前の直線部分で減速し、安全な速度で通過する。

問30：誤　交差点付近では交差点を避けて、道路の左側に寄って一時停止する。

問31：正 ★　　　問32：正

問33：誤　こう配の急な下り坂は追い越し禁止だが、こう配の急な上り坂は追い越し禁止ではない。

問34：誤　中央線側に専用通行帯がある場合でも、右折などをする場合や工事などでやむを得ない場合は、その通行帯を通行することができる。

問35：正 ●

問36：誤　安全な間隔を十分あけていれば、徐行しなくてもよい。

問37：誤　右折・左折の合図は右左折する地点から30メートル手前で行う。

問38：正

問39：誤　高速自動車国道の法定速度は100キロメートル毎時（三輪のものは80キロメートル毎時）なので、法定速度以下の速度で走行しなくてはならない。✋

問40：誤　こどもがひとりで歩いているときは、一時停止か徐行しなければならない。

問41：正 ★

問42：誤　明るさが急に変わると視力が一時的に低下するため、トンネルに入るときも出るときも速度を落とす必要がある。★

問43：誤　前方の道路が混雑しているため交差点内で停止するおそれがある場合は、信号が青でも交差点に入ってはならない。★

問44：正 ★　　問45：正 ★

問46：誤　停止位置は、警察官や交通巡視員の約1メートル手前である。

問47：正

問48：誤　方向指示器をむやみに作動させてはならない。

問49：誤　空走距離はブレーキをかけてからきき始めるまでの距離をいい、制動距離はブレーキがきき始めてから車が止まるまで距離をいう。

問50：正 ⬤

問51：誤　問題の標識は一時停止なので、交差点の直前（停止線があるときはその直前）で一時停止をしなければならないが、徐行の規定はない。

問52：誤　任意保険には加入しなくても運転できるが、できる限り加入する。

問53：誤　信号機のない踏切を通過するときは、一時停止して安全を確認しなければならない。★

問54：誤　二輪車が路面の滑りやすい場所でブレーキをかけるときは、後輪ブレーキをやや強くかける。　　問55：正

問56：誤　横断歩道や自転車横断帯とその端から前後に5メートル以内の場所は駐車も停車も禁止である。★

問57：正 ★

問58：誤　問題の標示は転回禁止を表しているので、転回することはできない。

問59：正　ただちに運転できる状態で5分以内の荷物の積卸しは停車である。⬤

問60：誤　日常点検は、自動車の使用者や自動車を運行しようとする者が、日頃自動車を使用していく中で、自分自身の責任において行う点検で、自動車の走行距離や運行時の状態などから判断して、適切な時期に行う。

問61：誤　仮免許練習の標識や高齢者マークをつけた車の追い越しは禁止されていない。

問62：誤　普通自動車には、自動車の幅×1.2メートル以下まで積載物を積むことができる（ただし、車体の左右幅0.1倍まで）。

問63：誤　エンジンブレーキは、低速ギアになるほど制動力が大きくなる。

問64：正 ★

問65：誤　交通事故が起きたときは、事故の続発をふせぐため、車を安全な場所へ移動させなければならない。

問66：誤　進路を変えないで、進行中の前の車の側面を通過する行為は、追い抜きになる。

問67：正

問68：誤　横断歩道とその手前から30メートル以内の場所が追い越し禁止である。★

問69：誤　警音器は使用しない。歩行者や自転車との間に安全な間隔をあけるか、徐行する。

問70：誤　しゃ断機が降り始めたら踏切に入ってはいけない。★

問71：誤　普通貨物自動車であっても最大3.8メートルの高さまで荷物を積載できるので、規制の対象になる。

問72：誤　決められた最高速度は超えてはならない。

問73：誤　車両通行帯があるトンネルの中は追い越しできる。

問74：正 🔴

問75：誤　チャイルドシートをエアバッグの備えのある助手席で使用する場合は、座席をできるだけ後ろまで下げ、必ず前向きに固定する。🔴

問76：正 ★　　問77：正 ★

問78：誤　横断歩道や自転車横断帯の手前30メートル以内の場所は、追い越しのための進路変更も禁止されている。

問79：誤　道路工事の区域の端から5メートル以内の場所は、駐車のみ禁止である。★

問80：正 ★

問81：誤　優先通行帯を通行中に路線バスなどが近づいてきたときは、速やかにそこから出なければならない。✋

問82：誤　警察官が腕を下ろしているときも、腕を水平に上げているときと同じく正面の交通は赤信号になる。

問83：正　　問84：正

問85：正　横断歩道の手前で停止している車の前に出るときは一時停止しなければならない。★

問86：正　　問87：正　　問88：正

問89：誤　有効期間を過ぎた免許証で運転した場合も無免許運転になる。★

問90：正　ただし、信号機の直前で安全に停止できない場合を除く。

問91：　　(1) 正　(2) 正　(3) 誤

●カーブを曲がるときには道路の状況をよく確認する。工事のため対向車線側の道路が狭くなっているときには、対向車が中央線を越えて

進行してくるかもしれないので、車線の左側に寄って進行する。
●カーブの向こう側に工事関係の車両が駐車しているかもしれないため、速度を落として慎重に運転することが大切である。
●見通しの悪いカーブであり、対向車が急に視界に現れるかもしれないため、中央線を越えて進行することは危険である。

問92：　(1) 誤　(2) 誤　(3) 正
●安全地帯のない停留所で、路面電車が停止しているときは、車は路面電車の後方で停止する。路面電車の横を進行することはできない。
●停留所では、路面電車への乗り降りのために急いで道路を横断する人や、高齢者や幼児を伴った人などゆっくり道路を横断する人もいる。横断する人はいないだろうと勝手に判断して進行すると、突然横断してきた人と接触し大事故にもなりかねない。完全に横断者がいなくなったのを確認してから進行する。

問93：　(1) 正　(2) 正　(3) 誤
●傘をさしている歩行者は車の接近に気づきにくいため、徐行するか歩行者との間に十分な間隔をとり速度を落として進行する。
●雨の日はスリップしやすく、前を走る車が急停止することも考え、前車との間に十分な車間距離をとるようにする。

問94：　(1) 正　(2) 正　(3) 誤
●交差点で右折するときに、対向車が左折しようとしている場合は、対向車を先に左折させるか、左折車が接近する前に自分の車が右折するかは、対向車の交差点までの距離や速度などを見て判断する。
●右折方向の横断歩道を横断している歩行者がいるため対向車線の左折車は横断歩道の手前で一時停止することが考えられ、自分の車が右折すると対向車線の一部をふさぐおそれがあるので、左折車が横断歩道を通過してから右折するようにする。

問95：　(1) 正　(2) 誤　(3) 正
●トラックが荷物を積んでいるため、法定速度よりもかなり遅い速度で走行していることがある。このようなとき、後続車はイライラして、次々とトラックの追い越しをすることがある。
●この場合、トラックの後続車はトラックの前方が確認しにくいため、中央線を越えて前方を確認したり、無理に追い越しをする場合があるので、対向車の動きに注意して通行する。

編 集 協 力／有限会社ヴュー企画
本文イラスト／荒井孝昌・高橋なおみ
本文デザイン／編集室クルー

完全合格！
普通免許総まとめ問題集1800

著　者／学科試験問題研究所
発行者／永岡純一
発行所／株式会社永岡書店

〒176-8518　東京都練馬区豊玉上1-7-14
☎ 03 (3992) 5155 (代表)
☎ 03 (3992) 7191 (編集)

印刷／誠宏印刷
製本／ヤマナカ製本

ISBN978-4-522-46149-5　C3065
●落丁本・乱丁本はお取り替えいたします。⑧
●本書の無断複写・複製・転載を禁じます。